高职高专"十二五"规划教材

机电设备使用与维护
（第2版）

主 编　段性军　杨淑先
副主编　陈　丽　刘佳坤　王　锋　张光普
主 审　鞠加彬

北京航空航天大学出版社

内 容 简 介

本书以应用广泛的标准机床为例,从机电设备维护与管理基础、机电设备的安装及调试、机电设备检验及验收、机电设备机械结构故障诊断及维护、机电设备电气控制系统故障诊断及维护、机电设备典型故障诊断及维护六方面内容入手,深入浅出地阐明了机电设备应用与维护的理论依据,系统地介绍了机电设备使用与维护的方法和手段。本书内容涵盖了普通机床与数控机床的各个组成部分,并通过一系列实例分析,重点培养学生解决实际问题的能力。本书内容具有先进性、实用性和技术的综合性。

本教材是高等职业技术教育设备维修与管理专业的适用教材,也可作为高等职业院校、高等专科院校、成人高校、民办高校及本科院校举办的二级职业技术学院数控维修、数控技术、机电一体化及相关专业的学习用书,并可作为社会从业人士的业务参考书及培训用书。

本书配有课件供任课教师参考,如有需要,请发邮件至 goodtextbook@126.com 或致电 010-82317037 申请索取。

图书在版编目(CIP)数据

机电设备使用与维护 / 段性军,杨淑先主编. -- 2 版. -- 北京:北京航空航天大学出版社,2015.5
ISBN 978-7-5124-1790-8

Ⅰ. ①机… Ⅱ. ①段… ②杨… Ⅲ. ①机电设备—使用方法—教材②机电设备—维护—教材 Ⅳ. ①TM

中国版本图书馆 CIP 数据核字(2015)第 100433 号

机电设备使用与维护(第 2 版)

主 编 段性军 杨淑先
副主编 陈 丽 刘佳坤 王 锋 张光普
主 审 鞠加彬
责任编辑 金友泉

*

北京航空航天大学出版社出版发行

北京市海淀区学院路 37 号(邮编 100191)　http://www.buaapress.com.cn
发行部电话:(010)82317024 传真:(010)82328026
读者信箱:goodtextbook@126.com 邮购电话:(010)82316936
北京兴华昌盛印刷有限公司印装　各地书店经销

*

开本:787×1 092　1/16　印张:19　字数:486 千字
2015 年 7 月第 2 版　2015 年 7 月第 1 次印刷　印数:3 000 册
ISBN 978-7-5124-1790-8　定价:38.00 元

若本书有倒页、脱页、缺页等印装质量问题,请与本社发行部联系调换。联系电话:010—82317024

前　言

机电设备是集机、电、液、气、微机和自动控制及测试技术为一身的机电一体化设备。近年来,各种机电设备在自动化加工领域中的占有率越来越高,由此对加工技术人才的需求越来越迫切。作为机电类专业的应用型人才,必须懂得机电设备的结构、特点、工艺范围、工作原理等,只有这样才能更好地使用、维护好机电设备。

基于目前机电设备教学的特点,作者根据多年的一线操作和教学经验,于2009年编写了《机电设备使用与维护》一书。该书自出版至今,一直销量很好。为更好地适应教学改革和时代发展的需要,今年对该书做了一次全面的修改,尤其是第4、6章进行了详细修改,升华了原有的旧知识,补充了不少新知识,同时还增加了必要的图例,使知识更加通俗、易懂。

本教材的主要特点是:

1. 教材的结构设计构思新颖,结构合理,讲解深入浅出,内容丰富,详简得当;以培养学生的实践能力为主线,既注重先进性又照顾实用性;建立以能力培养为目标的课程教学模式和教材体系,并且以具体项目为载体,在学习项目过程中,项目涉及什么内容讲什么内容,使理论与实践达到有效结合;本书文字论述通俗易懂,图文并茂,是一本实用性强、适用面宽的学习和培训教材。

2. 在内容选择上,以岗位(群)需求和职业能力为依据,以工作任务为中心,以技术实践知识为焦点,以技术理论知识为背景,以拓展知识为延伸,针对机电行业企业发展需要和完成机电设备使用与维护岗位实际工作任务需要的知识、能力和素质要求,以工作过程为导向,组织教学内容。做到教学内容针对性强,学以致用。教材充分体现了高职高专的"职业性"和"高等性"的统一。

本教材主要内容包括机电设备维护与管理基础、机电设备的安装及调试、机电设备检验及验收、机电设备机械结构故障诊断及维护、机电设备电气控制系统的故障诊断及维护、机电设备典型故障诊断及维护实例六方面内容。全书系统地介绍了机电设备使用与维护的方法和手段,内容涵盖了普通机床与数控机床的各个组成部分,每节均设有学习目标、工作项目,每章均设有思考与练习题供读者选用,使学生在学习过程中能有目的地去学习,从而提高学生的学习积极性及学习效果。本教材通过一系列的实例分析,突出解决实际问题的方法、能力,充分体现"能力本位、知行合一"的教学理念,形成了富有新意、别具一格的教材内容体系。

本教材由黑龙江农业工程职业学院段性军、杨淑先主编,参加编写的有黑龙江农业工程职业学院刘佳坤(第1章)、杨淑先(第2章、第4章的4.1到4.3节)、张光普(第3章)、王锋(第6章)、段性军(第5章),以及江西广播电视大学陈丽(第4章的4.4和4.5节)。本教材由黑龙江农业工程职业学院鞠佳彬教授任主审。

限于编者的水平和经验,书中欠妥之处恳请读者批评指正。

编　者
2015年5月

目　　录

第1章　机电设备维护与管理基础

1.1　机电设备入门 ……………………………………………………………… 1
　　1.1.1　机电设备的发展 ………………………………………………………… 1
　　1.1.2　机电设备的发展过程 …………………………………………………… 3
　　1.1.3　机电设备的发展趋势 …………………………………………………… 4
　　1.1.4　现代机电设备的特点 …………………………………………………… 5
1.2　机电设备的分类 ……………………………………………………………… 5
1.3　机电设备的构成 ……………………………………………………………… 6
　　1.3.1　机械系统 ………………………………………………………………… 6
　　1.3.2　电气控制系统 …………………………………………………………… 11
　　1.3.3　液压与气压系统 ………………………………………………………… 14
1.4　机电设备的常见故障及诊断维护要点 …………………………………… 14
　　1.4.1　常见故障种类 …………………………………………………………… 15
　　1.4.2　机电设备的维护 ………………………………………………………… 15
　　1.4.3　故障诊断技术 …………………………………………………………… 17
1.5　机电设备的管理 ……………………………………………………………… 19
　　1.5.1　机电设备的技术管理 …………………………………………………… 19
　　1.5.2　机电设备管理制度 ……………………………………………………… 24
　　1.5.3　现有机床管理流程实例 ………………………………………………… 26
思考与练习 …………………………………………………………………………… 30

第2章　机电设备的安装及调试

2.1　一般机电设备的安装与调试 ……………………………………………… 32
　　2.1.1　机电设备的安装前的准备工作 ………………………………………… 32
　　2.1.2　机电设备的安装基础 …………………………………………………… 34
　　2.1.3　机电设备的安装与调试 ………………………………………………… 36
2.2　数控机床安装、调试与维护实例 ………………………………………… 41
　　2.2.1　机床的初就位和组装 …………………………………………………… 41
　　2.2.2　数控系统的连接和调整 ………………………………………………… 41
　　2.2.3　开机调试 ………………………………………………………………… 45
　　2.2.4　机床精度和功能的调试 ………………………………………………… 46
　　2.2.5　机床试运行 ……………………………………………………………… 46
思考与练习 …………………………………………………………………………… 47

第3章 机电设备检验及验收

3.1 数控机床精度检验 …………………………………………………………… 48
   3.1.1 数控机床几何精度检验 …………………………………………… 48
   3.1.2 数控机床定位精度检验 …………………………………………… 63
   3.1.3 切削精度验收 ……………………………………………………… 67
3.2 数控机床性能及数控功能检验 …………………………………………… 72
   3.2.1 数控机床性能检验 ………………………………………………… 72
   3.2.2 数控功能检验 ……………………………………………………… 73
   3.2.3 机床空载运行检验 ………………………………………………… 74
3.3 数控系统的验收 …………………………………………………………… 74
思考与练习 ……………………………………………………………………… 76

第4章 机电设备机械结构故障诊断及维护

4.1 机电设备机械结构的故障诊断方法 ……………………………………… 77
   4.1.1 实用诊断技术的应用 ……………………………………………… 78
   4.1.2 机床异响的诊断 …………………………………………………… 80
   4.1.3 现代诊断技术的应用 ……………………………………………… 81
4.2 机电设备主传动系统的故障诊断及维护 ………………………………… 83
   4.2.1 普通机床主传动系统的故障诊断及维护 ………………………… 83
   4.2.2 数控机床主传动系统的故障诊断及维护 ………………………… 87
4.3 机电设备进给传动系统的故障诊断及维护 ……………………………… 99
   4.3.1 普通机床进给传动系统的故障诊断及维护 ……………………… 100
   4.3.2 数控机床进给传动系统的故障诊断及维护 ……………………… 105
4.4 机床换刀装置的故障诊断及维护 ………………………………………… 121
   4.4.1 普通机床换刀装置的故障诊断及维护 …………………………… 122
   4.4.2 数控机床换刀装置的故障诊断及维护 …………………………… 126
4.5 机床液压、气压控制系统的维护保养 …………………………………… 139
   4.5.1 液压控制系统的维护保养 ………………………………………… 140
   4.5.2 气压控制系统的维护保养 ………………………………………… 155

第5章 机电设备电气控制系统的故障诊断及维护

5.1 电气控制系统的故障诊断方法 …………………………………………… 172
   5.1.1 电路中的物理量 …………………………………………………… 172
   5.1.2 电气识图 …………………………………………………………… 173
   5.1.3 万用表的使用 ……………………………………………………… 176
   5.1.4 电气控制系统故障诊断方法 ……………………………………… 177
5.2 电源维护及故障诊断 ……………………………………………………… 182
   5.2.1 电源的认识 ………………………………………………………… 183

  5.2.2 数控机床电源维护及故障诊断 …………………………………………… 185
 5.3 电动机正反转控制线路故障诊断与维修 ………………………………………… 189
  5.3.1 电路的结构 …………………………………………………………………… 190
  5.3.2 电路中所用基本元器件 ……………………………………………………… 191
  5.3.3 电路的工作原理 ……………………………………………………………… 193
  5.3.4 常见故障诊断 ………………………………………………………………… 193
  5.3.5 接触器常见故障及维护 ……………………………………………………… 193
  5.3.6 热继电器的常见故障及维护 ………………………………………………… 194
 5.4 数控机床输入/输出的故障诊断 ………………………………………………… 201
  5.4.1 可编程逻辑控制器 …………………………………………………………… 202
  5.4.2 PLC 输入/输出元件 ………………………………………………………… 207
  5.4.3 数控机床输入输出(I/O)控制的故障诊断 ………………………………… 208
 5.5 数控系统的故障诊断及维护 ……………………………………………………… 217
  5.5.1 数控系统简介 ………………………………………………………………… 217
  5.5.2 FANUC 系统面板操作 ……………………………………………………… 217
  5.5.3 数控系统的维护及保养 ……………………………………………………… 221
  5.5.4 数控系统常见故障 …………………………………………………………… 225
 5.6 数控机床伺服系统的故障诊断 …………………………………………………… 232
  5.6.1 主轴驱动系统 ………………………………………………………………… 233
  5.6.2 进给伺服系统 ………………………………………………………………… 234
  5.6.3 主轴驱动系统的故障诊断与维修 …………………………………………… 236
  5.6.4 进给伺服系统的故障诊断与维修 …………………………………………… 243
 思考与练习 ……………………………………………………………………………… 258

第6章 数控设备典型故障诊断及维护实例

 6.1 电源故障诊断与维护 ……………………………………………………………… 259
  6.1.1 FANUC 电源模块原理 ……………………………………………………… 259
  6.1.2 故障分析与排查 ……………………………………………………………… 261
 6.2 回参考点故障诊断 ………………………………………………………………… 263
 6.3 主轴系统故障诊断 ………………………………………………………………… 269
  6.3.1 主轴伺服驱动系统(以 FANUC 为例) ……………………………………… 269
  6.3.2 主轴伺服驱动系统故障分析与排查 ………………………………………… 273
 6.4 进给轴系统故障诊断 ……………………………………………………………… 280
  6.4.1 FANUC 进给伺服驱动系统 ………………………………………………… 280
  6.4.2 进给轴典型故障分析与排查 ………………………………………………… 282
 6.5 自动换刀系统故障诊断 …………………………………………………………… 289

参考文献 ………………………………………………………………………………… 293

第 1 章　机电设备维护与管理基础

学习目标

1. 了解机电设备发展的相关知识。
2. 掌握机电设备的分类、构成、故障种类、维护和管理的相关知识。
3. 初步掌握机电设备技术管理的内容。
4. 熟悉企业设备管理制度。

工作任务

根据对机电设备的基本知识学习,做出基本的机电设备维护和组织、管理文件。

相关实践与理论知识

1.1　机电设备入门

设备是指人们在生产和生活中长期使用,并能基本保持原有实物形态和功能的物质资料的总称。机电设备是指融合了机械、电子、电器、检测、控制和计算机等技术的设备。通常所说的机械设备是机电设备中最重要的组成部分。

1.1.1　机电设备的发展

随着科学技术的迅猛发展,机电设备已经广泛应用于国民经济的各个领域。机电设备的技术水平已经成为衡量一个国家工业生产水平和能力的重要标志之一。

① 工业机床:工业生产中使用的发电机组、加工中心、数控铣床如图 1-1 所示。

(a) 发电机组　　　　　(b) 加工中心　　　　　(c) 数控铣床

图 1-1　工业生产中常用的机电设备

② 农业机具:农业生产中使用的拖拉机、联合收割机、插秧机如图 1-2 所示。

(a) 拖拉机　　　　(b) 联合收割机　　　　(c) 插秧机

图 1-2　农业生产中常用的机电设备

③ 交通工具：交通运输业中使用的汽车、火车和飞机如图 1-3 所示。

(a) 汽车　　　　(b) 火车　　　　(c) 飞机

图 1-3　交通运输中常用的机电设备

④ 办公用品：办公自动化用的打印机、复印机、计算机如图 1-4 所示。

(a) 打印机　　　　(b) 复印机　　　　(c) 计算机

图 1-4　办公常用的机电设备

⑤ 家用电器：日常生活中使用的空调、冰箱、洗衣机如图 1-5 所示。

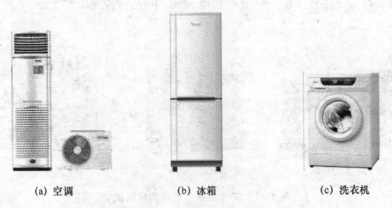

(a) 空调　　　　(b) 冰箱　　　　(c) 洗衣机

图 1-5　日常生活中常用的机电设备

⑥ 国防武器:国防领域使用的火箭、坦克、军舰如图1-6所示。

(a) 火箭

(b) 坦克

(c) 军舰

图1-6 国防领域中常用的机电设备

1.1.2 机电设备的发展过程

机电设备是随着科学技术的发展而不断发展的,其发展过程大致可以分为3个阶段。

1. 早期机电设备阶段

大约在6 000多年前,就出现了类似现代钻床和车床的简易设备,17世纪中叶人们开始用畜力作为机床的动力,并出现了具有动力源、传动机构和工作机构等3个部分的机械设备。18世纪,随着瓦特发明了蒸汽机,促进了机械制造业的发展,使制造业成为一个重要的产业,并使机械设备的应用范围不断扩大。

早期机械设备阶段,其动力源主要是人力、畜力以及蒸汽机,传动机构和工作机构的结构相对比较简单,对机械设备的控制主要通过人脑来完成。

2. 传统的机电设备阶段

19世纪20年代初,电动机逐渐取代了蒸汽机成为各种机械设备的主要动力,机械设备发展到机电结合的初始阶段,此时标志着机电设备已经发展到传统的机电设备阶段。传统的机电设备是以机械技术和电气技术应用为主的设备。例如普通机床,其运动的传递、运动速度的变换主要是由机械机构来实现的,而运动的控制则是由开关、接触器、继电器等电器构成的电气系统来实现的,这里的"机"、"电"分别构成各自独立的系统,两者的"融合性"很差,这是传统机电设备的共同特点。虽然传统的机电设备也能实现自动化,但是自动化程度低、功能有限、耗材多、能耗大、设备的工作效率低、性能水平不高。此时机电设备的应用几乎遍及所有的生产和科研部门,并逐步深入到生活和服务领域。

在传统机电设备阶段,其动力源由普通的电动机来承担,传动机构和工作机构的结构比较复杂,尤其是机电设备的控制部分已经由功能多样的逻辑电路代替了人脑。

3. 现代机电设备阶段

为了提高机电设备的自动化程度和性能,从20世纪60年代开始,人们自觉或不自觉地将机械技术与电子技术结合,以改善机械产品的性能,结果出现了许多性能优良的机电产品或设备。到了20世纪七八十年代,微电子技术获得了惊人的发展,各种功能的大规模集成电路不断涌现,导致计算机与信息技术广泛使用。这是人们自觉、主动地利用微电子技术的成果。开发新的机电产品或设备使得机电产品或设备的发展发生了脱胎换骨的变化,机电产品或设备不再是简单的"机"和"电"相加,而是成为集机械技术、控制技术、计算机与信息技术等为一体的全新技术产品。到了20世纪90年代,这种机电一体化技术迅猛发展。时至今日,机电一体化产品或设备已经渗透到国民经济和社会生活的各个领域。

现代机电设备是在传统机电设备的基础上,融合了电子技术、检测技术、控制技术、软件工程技术等现代技术的产物。

1.1.3 机电设备的发展趋势

随着社会生产和科学技术的进步,先进科学技术大量应用到机电设备的设计、制造、维修等领域,促使机电设备向高性能化、智能化、网络化、微型化、系统化和轻量化等方向发展。

1. 高性能化

高性能化一般包括高速度、高精度、高效率和高可靠性。为了满足"四高"的要求,新一代数控系统采用了32位多CPU结构,在伺服系统方面使用了超高数字信号处理器,以达到对电动机的高速、高精度控制。为了提高加工精度,采用高分辨率、高响应的检测传感器和各种误差补偿技术;在提高可靠性方面,新型数控系统大量使用大规模和超大规模集成电路,从而减少了元器件数量和它们之间连线的焊点,以降低系统的故障率,提高可靠性。

2. 智能化

人工智能在机电设备中的应用越来越多,例如自动编程智能化系统在数控机床上的应用。原来必须由编程员设定的零件加工部位、加工工序、使用刀具、切削条件、刀具使用顺序等,现在可以由自动编程智能化系统自动地设定,操作者只需输入工件素材的形状和加工形状的数据,加工程序就会自动生成。这样不仅缩短了数控加工的编程周期,而且简化了操作。

目前,除了数控编程和故障诊断的智能化外,还出现了智能制造系统控制器。这种控制器可以模拟专家的智能制造活动,对制造中的问题进行分析、判断、推理、构思和决策。因此,随着科学技术的进步,各种人工智能技术将普遍应用于机电设备之中。

3. 网络化

将来的机电设备都会有与计算机相连的网络接口,在出厂时每一台机电设备都设有特定的信息代码,该代码所包含的信息可以在网络上查询,生产厂家和使用单位都可以通过互联网实现对该设备工作状态的实时监控、远程控制、故障异地诊断等,从而提高设备的使用效率,降低设备的维护成本。网络化也将成为机电设备发展的必然趋势之一。

4. 微型化

随着微型技术的发展,机电设备的微型化已成为其主要发展方向,是精细加工的必然趋势,在生物、医疗、军事、信息等方面都有较大应用。这一技术将引领人们用微米(μm)甚至是纳米(nm)来测量机器,而不是用毫米(mm)。在过去的几十年间,计算机的硬盘体积已经缩小到最初的1/800,但信息容量却增加了2.4万倍。晶体管大小很快将发展成仅有90个原子膜厚,其尺寸比病毒还要小得多。如今,在美国已经开发出细如发丝的硅齿轮,直径大约70 μm,传动跨度达50 μm,可应用于微型发动机中。

5. 系统化

由于机电一体化技术在机电设备中的应用,机电设备的构成已不是简单的"机"和"电",而是由机械技术、电子技术、控制技术、信息技术、软件技术、传感技术构成的一个综合系统。各技术间相互融合、相互渗透,更具有系统性、完整性,可使设备获得最佳性能。

6. 轻量化

构成现代机电设备的机械主体除了使用钢铁材料之外,还广泛使用复合材料和非金属材料。随着电子装置组装技术的进步,设备的总体尺寸也越来越小。

1.1.4 现代机电设备的特点

现代机电设备是融合了电子技术、检测技术、控制技术、软件工程技术等现代技术的产物,使系统得以优化,面貌得以改观。

1. 功能完善,工作精度高

由于现代机电设备采用了机电一体化技术,简化了机构、减少了机械传动部件,从而使机械部件间的磨损、配合间隙及受力变形等因素所产生的误差大大减小;由于现代机电设备采用了自动控制技术,从而可以对各种干扰所造成的误差进行自行诊断、校正、补偿,从而使机电设备的工作精度得以提高。

2. 系统柔性好,生产能力高

"柔性"是相对于"刚性"而言的,传统的刚性自动化生产线主要实现单一品种的大批量生产,柔性生产则广泛适用于多品种、小批量产品的批量生产。对于传统的机电设备,由于设备是刚性连接和控制的,一旦加工对象发生变化,就要对设备进行调整,甚至要全部更换。现代机电设备采用高性能微处理器作为系统的控制器,可通过改变软件的程序对产品的结构和生产过程做必要的调整和修改,从而适应不同产品的需要,无需或很少改变系统设备,可以缩短产品的开发周期,加速产品的更新换代。例如在数控机床上,加工不同零件时,只需重新编制程序就能实现对零件的加工,它不同于传统的机床,不需要更换工、夹具,不需要重新调整机床就能快速地从加工一种零件转变为加工另一种零件。所以,适应多品种、小批量的加工要求。

3. 体积小,重量轻

机电一体化技术的应用,促使现代机电设备的控制装置,显示部件等采用大规模集成电路,取代了电气控制的复杂机械变速传动,因而设备的体积减小,重量减轻,用材减少。

4. 操作简便,自动化程度高

现代机电设备采用程序控制和数字显示,具有良好的人机界面,操作按钮和手柄数量减少,改善了设备的操作性能,操作简单方便,用户容易掌握。

5. 生产效率高

机电设备涉及多学科知识,自动化程度高,是知识密集型产品,具有很高的功能水平,可将人们从繁重的劳动中解放出来,实现生产自动化。采用现代机电设备,可减少生产准备和辅助时间,缩短产品开发周期,加速产品的更新换代,提高生产效率,降低生产成本。

6. 安全性、可靠性高

现代机电设备中,由于采用电子元器件装置代替了机械运动构件和零部件,从而减少了设备中的可动部件和磨损部件,可靠性不断增强,故障率得以降低。同时,现代机电设备具有自动监视、自动诊断、自动保护等功能,在工作中出现过载、过压、失速、漏电、停电、短路等故障时,能够采取相应的保护措施,提高系统的安全性。

1.2 机电设备的分类

机电设备的门类、规格、品种繁多,其分类方法多种多样。

① 机电设备按用途的不同可分为产业类机电设备、信息类机电设备、民生类机电设备三大类。产业类机电设备是指用于企业生产的机电设备；信息类机电设备是指用于信息的采集、传输和存储处理的机电设备；民生类机电设备是指用于人民生活领域的机电设备。具体类型如表1-1所列。

表1-1 机电设备按用途分类

类型	设备举例
产业类	车床、铣床、数控机床、线切割机床、食品包装机械、塑料机械、纺织机械、制药机械、自动化生产线、工业机器人、电动机、发电机等
信息类	计算机终端、通信设备、传真机、打印机、复印机及其他办公自动化设备等
民生类	VCD、DVD、空调、电冰箱、微波炉、全自动洗衣机、汽车、医疗器械及健身运动机械

② 按国民经济行业分类，机电设备可分为通用机械类，通用电工类，通用、专用仪器仪表类，专用设备类。具体类型如表1-2所列。

表1-2 机电设备按国民经济行业分类

类型	设备举例
通用机械类	机械制造设备(金属切削机床、锻压机械、铸造机械等)；起重设备(电动葫芦、装卸机、各种起重机、电梯等)；农、林、牧、渔机械设备(如拖拉机、收割机、各种农副产品加工机械等)；泵、风机、通风采暖设备；环境保护设备；木工设备；交通运输设备(铁道车辆、汽车、摩托车、船舶、飞行器等)等
通用电工类	电站设备；工业锅炉；工业汽轮机；电动机；电动工具；电气自动化控制装置；电炉；电焊机；电工专用设备；电工测试设备；日用电器(电冰箱、空调、微波炉、洗衣机等)等
通用、专用仪器仪表类	自动化仪表、电工仪表、专业仪器仪表(气象仪器仪表、地震仪器仪表、教学仪器、医疗仪器等)；成分分析仪表；光学仪器；试验机；实验仪器及装置等
专用设备类	矿山机械；建筑机械；石油冶炼设备；电影机械设备；照相设备；科研、办公机械、食品加工机械；服装加工机械；家具加工机械；造纸机械；纺织机械；塑料成型机械；电子、通信设备(雷达、电话机、电话交换机、传真机、广播电视发射设备、电视、VCD、DVD等)、计算机及外围设备、印刷机械等

1.3 机电设备的构成

随着科学技术的发展，机电设备的种类越来越多，工作原理各不相同，在结构和功能上也存在较大差异。但从基本构成上来看，机电设备主要由机械系统、电气控制系统和液压与气压系统3大部分组成。

1.3.1 机械系统

机械系统是机电设备的主体部分，它是由若干个零部件及装置组成的一个特定系统。在机电设备中，机械系统具有目的性、相关性、整体性和环境适应性的特性。一个完整的机械系统主要包括机体、动力源、传动机构和润滑系统4大部分。

1. 机体

机体用来固定传动系统、驱动装置、操纵控制系统和执行系统的装置，它是机器或机电设备的躯体,主要包括机壳、机架、机床床身和立柱等。现代设备对机体的要求很高,如体积小、重量轻、刚度大、精度高、外形美观、操作方便。机体结构的合理性和材料选择的科学性直接影响机电设备的性能。

2. 动力源

任何机电设备的运行都离不开动力。电能、风能、热能、化学能等都可以作为机电设备的动力。在现代机电设备中常用的动力源有内燃机、电动机等。

(1) 内燃机

内燃机是指燃料在汽缸内部燃烧产生的热能直接转化为机械能的动力机械。主要有活塞式和旋转式两大类。一般所说的内燃机大都是指往复活塞式内燃机,如图1-7所示。

往复活塞式内燃机的主要组成部分有:机体、曲柄连杆机构、配气机构、供油系统、润滑系统和冷却系统、启动系统等。内燃机的工作循环通常由进气、压缩、做功、排气等过程组成,其中膨胀过程是对外做功的过程。按实现一个工作循环的行程数,可将内燃机分为二冲程和四冲程两大类。

图1-7 内燃机外形图

(2) 电动机

在电力资源充足,且机电设备位置固定或移动范围不大时,可以选用电动机作为动力源。电动机是根据电磁感应原理工作的,它将输入的电能转换为机械能并输出,驱动机械部分运转。

电动机的分类:电动机的品种很多,可按不同的方法分类。

① 按电动机输入电流类型,可分为直流电动机和交流电动机,其中交流电动机又可分为同步电动机和异步电动机。

② 按电动机相数,可分为单相电动机和多相(常用三相)电动机。

③ 按电动机的容量或尺寸大小,可分为大、中、小和微型电动机。

3. 传动机构

机电设备的传动机构是把动力源输出的动力和运动方式传递给执行机构,并在传递过程中根据需要完成变速、变向和改变转矩的任务,以完成预定的工作。在机电设备中常用的传动方式主要有:连杆机构传动、带传动、链传动、齿轮传动、螺旋传动、蜗杆传动和液压与气压传动等。

(1) 连杆机构

连杆机构是用铰链、滑道等构件相互连接而成的机构,用以实现动力传递和运动的变换。在连杆机构中,若构件间是平面运动或平行平面运动的运动方式,则称为平面连杆机构;若构件间是空间运动的运动方式则称为空间连杆机构。

连杆机构中的构件又称为杆,通常由四个构件组成的连杆机构称为四杆机构,五杆以上构成的连杆机构则称为多杆机构。其中平面四杆机构是构成和研究平面连杆机构的基础,应用最广泛。

(2) 带传动

带传动是通过环状挠性件,在两个或多个传动轮间依靠摩擦力传递动力和运动的机械传动装置,又称为挠性件传动,如图1-8所示。根据带的横截面形状,带传动可分为平带传动、

V带传动、圆带传动和同步带传动等。

带传动具有以下特点：

① 适用于两中心距较大的传动。

② 传动带本身具有弹性，能吸收振动和缓和冲击，使传动平稳、无噪声。

③ 当传动过载时，传动带在轮上打滑，可防止其他零件损坏。

④ 结构简单，成本低，安装维护方便。

⑤ 外廓尺寸较大，结构不够紧凑。

⑥ 不能保证准确的传动比。

⑦ 由于传动带需要施加张紧力，轴和轴承受力较大，使得带传动寿命较短。

（3）链传动

链传动由主动链轮、链条、从动链轮构成。工作时依靠链轮轮齿与链节的啮合来传递运动和动力，如图1-9所示。

1—主动带轮；2—传动带；3—从动带轮　　1—主动链轮；2—链条；3—从动链轮

图1-8　同步带传动　　　　　　　　　图1-9　链传动

链传动具有以下特点：

① 具有准确的传动比。

② 结构与带传动相比较为紧凑。

③ 承载能力较大，效率高。

④ 振动和噪声较大，无过载保护功能。

⑤ 铰链易磨损，链身会伸长，易造成脱链。

（4）齿轮机构

齿轮传动是机械传动的重要传动形式。它是由一系列相互啮合的齿轮组成轮系，实现减速、变速、变向等要求。常见的齿轮传动形式有直齿圆柱齿轮传动、斜齿轮传动、锥齿轮传动、齿轮齿条传动等，如图1-10所示。

齿轮传动具有以下特点：

① 传动比恒定不变，适应的速度范围广。

② 传动功率范围较大，可以从几瓦到几万千瓦。

③ 传动效率高，可达0.98～0.99。

④ 结构紧凑、工作可靠、使用寿命长。

⑤ 不适合中心距较大的传动。

⑥ 制造和安装精度要求高,精度较低的齿轮在高速运转时会产生较大的振动和噪声。

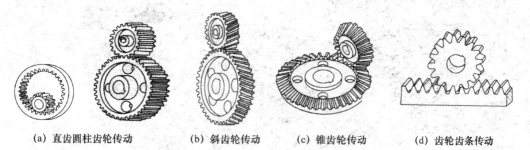

(a) 直齿圆柱齿轮传动　　(b) 斜齿轮传动　　(c) 锥齿轮传动　　(d) 齿轮齿条传动

图 1-10　齿轮传动类型

(5) 螺旋传动

螺旋传动可以把主动件的回转运动变成从动件的直线往复运动。

滑动螺旋传动由螺杆和螺母构成螺旋副实现传动。它结构简单、工作连续且平稳、承载能力大、传动精度高,但由于内外螺纹间的摩擦是滑动摩擦,因而磨损快,传动效率低。图 1-11 所示为卧式车床上带动大拖板移动的普通螺旋传动应用实例。

滚珠螺旋传动(见图 1-12),在螺杆与螺母之间放入适量的滚珠,内外螺纹之间的摩擦是滚动摩擦,所以滚珠螺旋传动磨损小、传动效率高、传动平稳、同步性好,经过预紧后,还可消除轴向间隙,提高传动精度。但滚珠螺旋传动不能自锁,在垂直升降机构中使用时要有防逆措施,结构较复杂,成本较高。近年来,滚珠螺旋传动广泛用于数控机床、自动控制装置、升降机构以及精密测量仪器中。

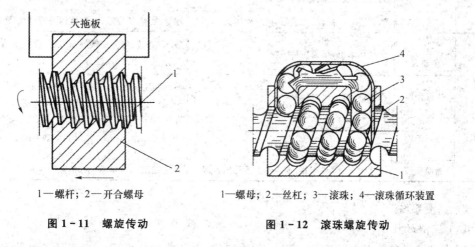

1—螺杆；2—开合螺母　　　　1—螺母；2—丝杠；3—滚珠；4—滚珠循环装置

图 1-11　螺旋传动　　　　图 1-12　滚珠螺旋传动

(6) 蜗杆传动

蜗杆传动是由蜗轮和蜗杆构成的(见图 1-13),它用于传递交错轴之间的回转运动和动力,通常两轴交错角为 90°。蜗杆传动的优点是传动比大,在传力机构中,传动比通常在 8～80 范围内选取;在分度机构中,传动比可达 1 000 以上。工作平稳,噪声小,结构紧凑,并可根据要求实现自锁。其缺点是传动效率低,一般为 70%～80%,自锁时为 40% 左右;而且增加了较贵重的有色金属的消耗,成本高。

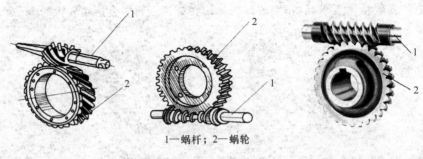

1—蜗杆；2—蜗轮

图 1-13 蜗杆传动

(7) 液压与气压传动

液压与气压传动装置都是利用各种元件（液压元件或气压元件）构成具有不同控制功能的基本回路，再由若干基本回路组成传动系统来进行能量转换、传递和控制。液压与气压系统的组成及各部分作用如表 1-3 所列。

表 1-3 液压、气压传动系统的组成及各部分作用

形式	组成		作用
液压传动	动力元件	液压泵	将机械能转换为液压能，用以推动执行元件运动
	执行元件	液压缸、液压电动机	将液压能转换为机械能并分别输出直线运动和旋转运动参数
	控制元件	压力阀、方向阀、流量阀、电液比例阀、逻辑阀、电液数字阀、电液伺服阀等	控制液体压力、流量和流动方向
	辅助元件	油管、接头、油箱、滤油器、密封件等	输送液体、储存液体、对液体进行过滤、密封等
气压传动	气压发生装置	空气压缩机、气源净化装置	将机械能转化为空气的压力能，降低压缩空气温度，除去空气中水分、油分
	执行元件	汽缸、气电动机、摆动电动机	将压缩空气的压力能变为机械能，并分别输出直线运动、连续回转和不连续回转运动参数
	控制元件	压力阀、方向阀、流量阀、逻辑元件、射流元件行程阀、转换器、传感器等	控制压缩空气压力、流量和流动方向
	辅助元件	分水滤气器、油雾器、消声器及管路附件等	使压缩空气净化、润滑、消除噪声及元件间连接等

4．润滑系统

(1) 润滑的作用

现代机械设备日益向大型化、高速化、连续化、自动化方向发展。为了延长机器寿命，合理地进行润滑，对于减少机件的摩擦和磨损起重要的作用。

润滑是指在机械相对运动的接触面间加入润滑介质，使接触面间形成一层润滑膜，从而把两摩擦面分隔开，减小摩擦，降低磨损，延长机械设备的使用寿命。合理的润滑必须根据摩擦机件构造的特点及其工作条件，周密考虑和正确选择所需的润滑材料、润滑方法、润滑装置和系统，严格监督按照规程所规定的润滑部位、周期、润滑材料的质量和数量进行润滑，妥善保管润滑材料以便使用时保证其质量。

机器润滑的主要作用和目的有以下几点。

① 减少摩擦和磨损。在机器或机构的摩擦表面之间加入润滑材料，使相对运动的机件摩擦表面不发生或尽量少发生直接接触，从而减少磨损。这是机器润滑最主要的目的。

② 冷却作用。机器在运转中，因摩擦而消耗的功全部转化为热量，引起摩擦部件温度的升高，当采用润滑油进行润滑时，不断从摩擦表面吸取热量加以散发，或供给一定的油量将热量带走，使摩擦表面的温度降低。

③ 防止锈蚀。摩擦表面的润滑油层使金属表面和空气隔开，保护金属不产生锈蚀。

④ 冲洗作用。润滑油的流动油膜，将金属表面由于摩擦或氧化而形成的碎屑和其他杂质冲洗掉，以保证摩擦表面的清洁。

此外，润滑油还有密封、减少振动和噪声的效能。

(2) 润滑材料

凡是能够在做相对运动的摩擦表面间起到抑制摩擦、减少磨损的物质，都可称为润滑材料。润滑材料通常可划分为以下四类。

① 液体润滑材料。主要是矿物油和各种植物油、乳化液和水等。近年来性能优异的合成润滑油发展很快，得到广泛的应用，如聚醚、二烷基苯、硅油、聚全氟烷基醚等。

② 塑性体及半流体润滑材料。这类材料主要是由矿物油及合成润滑油通过稠化而成的各种润滑脂和动物脂，以及近年来试制的半流体润滑脂等。

③ 固体润滑材料。如石墨、二硫化铝、聚四氟乙烯等。

④ 气体润滑材料。如气体轴承中使用的空气、氮气和二氧化碳等气体。

气体润滑材料目前主要用于航空、航天及某些精密仪表的气体静压轴承。矿物油和由矿物油稠化而得的润滑脂是目前使用最广泛、使用量最大的两类润滑材料，主要是因为来源稳定且价格相对低廉。动、植物油脂主要用作润滑油脂的添加剂和某些有特殊要求的润滑部位。乳化液主要用作机械加工和冷轧带钢时的冷却润滑液。而水只用于某些塑料轴瓦(如胶木)的冷却润滑。固体润滑材料是一种新型的很有发展前途的润滑材料，可以单独使用或作润滑油脂的添加剂。

1.3.2　电气控制系统

电气控制系统是以计算机为核心的测量和控制系统，将来自各传感器的检测信号和外部输入指令进行存储、分析、转换、计算，并根据信息处理结果，按预定程序和节奏发出指令，控制机电系统来完成指定任务。按照所用控制器件分类，可分为电器控制和电子数字控制。

电器控制又称继电器—接触器控制，这是最主要的传统控制系统，具有结构简单、价格便宜的特点，在一般机电设备中广泛使用。

电子数字控制是指利用电子技术装置实现的控制，主要包括：可编程控制、单片机控制和数控技术等的计算机控制，这些控制具有弱电化、无触点、控制连续、精确等特点。

1. 电动机

应用于机电设备上的电动机，按其作用可以分为两类：一类是为各种传动装置提供能源的动力源电动机；另一类是应用在信号检测、转换、传递等方面的控制电动机。

(1) 直流电动机

直流电动机将直流电能转换成机械能，其结构如图 1-14 所示，主要由磁极、电枢和换向器组成。磁极由磁极铁芯和励磁绕组组成，安装在机座上，是磁路的一部分。当励磁绕组通直流电时，便产生 N、S 极相向排列的磁场。电枢由硅钢片叠成的铁芯和电枢绕组组成。电枢装在转轴上，转轴旋转时，电枢绕组切割磁场，在绕组上产生感应电动势。换向器又称整流子，与电枢绕组连接。在直流电动机中，换向器的作用是将外电路的直流电转换成电枢绕组的交流电，以保证电磁转矩的作用方向不变。

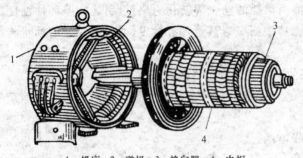

1—机座；2—磁极；3—换向器；4—电枢

图 1-14 直流电动机结构

直流电动机具有以下特点：

① 调速范围大，速度变化较平滑，可以做到精确调速，而且调速方法比较简单，具有良好的调速性能。

② 过载能力大，可承受频繁的冲击负载，能实现频繁的无级快速启动、制动和反转，以满足生产过程中各种不同的特殊运动要求。

③ 结构复杂、维护工作量大、价格高。

（2）三相交流异步电动机

三相异步电动机主要由定子和转子组成。定子和转子都是由表面涂有绝缘漆的硅钢片叠压而成，定子铁芯上装有三相对称绕组，其结构如图 1-15 所示。

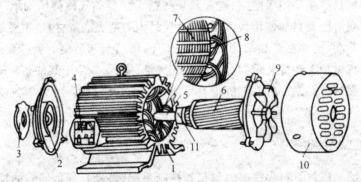

1—机座；2—端盖；3—轴承盖；4—接线盒；5—转轴；6—转子；
7—定子铁芯；8—定子绕组；9—风扇；10—罩壳；11—轴承

图 1-15 三相异步电动机结构

当定子绕组通三相交流电时，就会在定子的空间产生旋转磁场。转子绕组分为笼型和绕线转子型，工作时转子将产生感应电流。

三相异步电动机具有以下特点：

① 普通异步电动机，结构简单，制造、使用、维护方便，质量较小，运行可靠。

② 具有较高的运行效率和较好的工作特性，从空载到满载整个负载变化范围内都接近恒速运行，能满足大多数生产机械的要求。

③ 便于派生各种防护形式，以适应不同环境条件的需要。

④ 调速性能不如直流电动机，但随着变频调速技术的应用，调速性能已经得到改善。

(3) 同步电动机

电动机转子转速始终与定子旋转磁场的转速相同,这类电动机称为同步电动机。

同步电动机主要分成三相同步电动机和微型同步电动机两大类。图 1-16 是微型同步电动机的构造图。它的结构与单相异步电动机基本相似,所不同的是转子上装有永磁体,由定子绕组产生的旋转磁场与转子磁场相互作用驱动转子转动。

同步电动机具有转速恒定、功率因数可调、效率高、运行稳定性高、体积小等特点。作为驱动与控制,主要应用在要求响应速度快、中小功率的工业机器人和机床领域。

(4) 伺服电动机

伺服电动机是将输入信号转换成轴上的角位移速度输出,在自动控制系统中通常作为执行元件使用,又称为执行电动机。伺服电动机按使用电源的不同分为交流伺服电动机和直流伺服电动机两大类。图 1-17 为交流伺服电动机的电路图。

交流伺服电动机的结构与单相电容式异步电动机相似。电动机定子装有互差 90°的两相绕组,一组为励磁绕组 U_1U_2,接交流电源 u_f;另一相为控制绕组 V_1V_2,接输入信号 u_C。励磁绕组上串有电容 C,起移相作用。

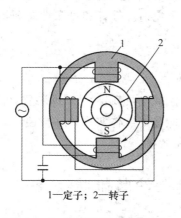

1—定子;2—转子

图 1-16 微型同步电动机结构

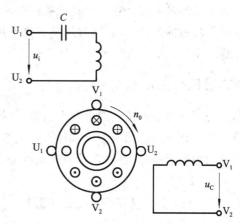

图 1-17 交流伺服电动机电路

当交流电压 u_f 和信号电压 u_C 同时加在定子绕组上时,将产生旋转磁场,转子便会转动。转速的高低与信号的大小成正比。无控制信号 u_C 输入时,无旋转磁场产生,转子静止不动。信号反相时,转子反转。

(5) 步进电动机

步进电动机也叫脉冲电动机,每当输入一个脉冲时,电动机就旋转一个固定的角度(称步距角)。所以它是一种把输入电脉冲信号转换成角位移或线位移的执行元件。其转轴输出的角位移量与输入的脉冲数成正比,通过改变输入脉冲频率可实现调速。

步进电动机分为反应式、永磁式和混合式 3 种,图 1-18 所示为三相反应式(又称磁阻式)步进电动机的结构示意图。在定子上装有 6 个均匀分布的磁极,每对磁极上都绕有控制绕组,每相绕组首端 U_1、V_1、W_1 接电源,末端 U_2、

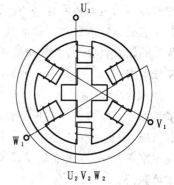

图 1-18 三相反应式步进电动机结构

V_2、W_2 相连成星形连接。转子铁芯形状为齿轮状,其齿形均匀分布。

2. 传感器

为了实现机电设备的自动控制,必须及时检测设备运行过程中的各种物理量,并且将检测的数据转换为电信号输入到信息处理部分。传感器通常由敏感元件、传感元件和测量转换电路3部分组成。从自动检测系统框图(见图1-19)中可以看出,传感器就是感知、采集、转换、传输信息的功能器件。

图 1-19 自动检测系统框图

3. 可编程序控制器(PLC)

可编程序控制器(PLC)的硬件系统主要由中央微处理器(CPU)、存储器、输入输出(I/O)接口、编程器等组成。它是以微处理器为核心,将计算机技术、通信技术与自动控制技术融为一体的新型工业自动控制装置。它克服了继电器—接触器控制电路存在触点多、组合复杂、通用性和灵活性差等缺点。它不仅具有各种逻辑控制功能,而且还具有对各种运算、数据处理、联网通信等功能的控制功能,同时还具有抗干扰性强、环境适应性好和可靠性高等特点,因而广泛地应用于工业生产各领域中。

1.3.3 液压与气压系统

液压与气压传动系统一般由动力装置、执行装置、控制与调节装置、辅助装置、传动介质5个部分组成。该系统是用压力油或加压空气作为传递能量的载体实现传动与控制的,它不仅可以传递动力和运动,而且可以控制机械运动的程序和参量。

1.4 机电设备的常见故障及诊断维护要点

机电设备在使用中因某种原因丧失了规定机能而中断生产或降低效能时的状态称为设备故障。

根据设备在使用期内所发生的故障率变化特性,设备的故障期通常可分为3个时期。

① 初始使用故障期,是指在设备初期使用阶段,由于设计、制造、装配以及材质等缺陷引发的故障。通过运转磨合、检查、改进等手段可使其缺陷逐步消除,运转趋于正常,从而实现逐渐减少这类故障的目的。认清这一特点后,就应加强改善性修理,逐项消除设备的设计、制造与装配的缺陷,使设备能较快地正常运转。设备维修部门应该把设备的改造工作列为自己的主要任务之一。

② 相对稳定运行期,这一时期是设备有效使用运转阶段,故障率稳定在比较低的水平,且大多是由于违章操作和维护不良而偶然发生。出现偶发故障,应该突击抢修,并且查清原因,采取措施,防止事故再度发生。为此,一方面应该加强对设备操作人员的技术教育,提高他们的技术水平;另一方面要重视设备维修人员的培养教育,开展多方面训练,培养一支精干的设备维修队伍。

③ 寿命终了期,设备由于使用日久、磨损严重而加剧劣化,故障率会剧增。这时必须采取

修理措施,改善设备的技术状况。根据设备磨损的规律,应该加强对设备的日常维护和保养、预防性检查、计划修理和改善性修理。对引进的设备,则应尽快掌握操作和维修技术,充分发挥设备的效能。

1.4.1 常见故障种类

机电设备故障分类的依据较多,可以按设备功能丧失程度、故障产生的原因、故障发生的速度和故障的危险性等进行分类。

1. 按设备功能丧失程度分类

按设备功能的丧失程度可分为永久性故障和非永久性故障。

永久性故障:由于设备的某些零部件已损坏,无法修复,只有更换零部件才能使丧失的功能得以恢复。

非永久性故障:由于设备的某些零部件已损坏或发生其他故障,通过修理或调整即可恢复原来功能,不需要更换零部件。

2. 按故障产生的原因分类

按故障产生的原因可分为磨损性故障、误操作性故障和固有薄弱性故障。

磨损性故障:由设备零件的正常磨损引起的故障。

误操作性故障:由操作者操作错误或维护不当引起的故障。

固有薄弱性故障:由设备零部件在设计或制作时引起的零件自身性能不过关,使设备在正常使用中发生的故障。

3. 按故障发生的速度分类

按故障发生的速度可分为突发性故障和渐发性故障。

突发性故障:由于某些外界因素干扰,使得设备突然发生故障。例如润滑油突然中断、过载工作所引起的故障。

渐发性故障:由于设备零部件的性能逐渐降低而产生的故障,这是一个长期的过程。设备使用时间越长,发生故障的概率就越大。大部分设备的故障都属于这类,是可以监控和预防的。

4. 按故障的危险性程度分类

按故障的危险性程度可分为危险性故障和安全性故障。

危险性故障:指会对人体、设备本身或加工件造成一定伤害的故障。例如设备安全保护装置发生故障和制动系统失灵等。

安全性故障:不会对人体、设备本身和加工件造成伤害的故障。例如设备无法启动、突然停止工作、安全保护装置突然启动等。

1.4.2 机电设备的维护

机电设备的维护是指为了保持设备的正常技术状态,延长使用寿命所必须进行的日常工作。正确合理地进行机电设备维护,可减少机电设备故障发生,提高使用效率,降低设备检修的费用,提高企业经济效益。

1. 机电设备的维护保养

通过擦拭、清扫、润滑、调整等一般方法对设备进行护理,以保持机电设备的性能和技术状况,称为机电设备维护保养。其要求主要有以下四项。

① 清洁。设备内外整洁,各滑动面、丝杠、齿条、齿轮箱、油孔等处无油污,各部位不漏油、不漏气,设备周围的切屑、杂物、脏物要清扫干净。

② 整齐。工具、附件、工件要放置整齐,管道、线路要有条理。

③ 润滑良好。按时加油或换油,油压正常,油标明亮,油路畅通,油质符合要求,油枪、油杯、油毡清洁。

④ 安全。遵守安全操作规程,不超负荷使用设备,设备的安全防护装置齐全可靠,及时消除不安全因素。

2. 机电设备的维护制度

机电设备的维护是提高设备利用率、实现其功能的重要手段。为使企业现场设备管理行之有效,必须制定相应的制度。设备的维护制度分为日常维护(日保养)制度、定期维护制度即一级保养(月保养)制度和二级保养(年保养)制度。

(1) 日常维护(日保养)

设备的日常维护一般由操作者进行,要求做到班前对设备进行检查加油;班中严格按照操作规程使用设备,注意观察设备运行状况,发现问题及时处理或报告;班后对设备进行清扫、擦拭,并将设备状况记录在交接班日志上。日常维护是维护工作的基础,也是预防故障或事故发生的积极措施。另外,为了对设备进行大范围的清扫,在周末应留出更多的时间进行维护、大清洗工作。

(2) 一级保养(月保养)

设备运行 1~2 个月(两班制),应以操作者为主,维修工人配合,按计划进行一次维护。保养的内容是对设备的外覆部件和易损部件进行拆卸、清洗、检查、调整、紧固等,主要有以下几项:

① 拆卸指定的部件,如箱盖及防护罩等,彻底清洗,擦拭设备的内外表面。

② 检查、调整各配合部件的间隙,紧固松动部位,更换易损件。

③ 疏通油路,增添油量,清洗过滤器、油毡、油线、油标等,清洗冷却液箱和更换冷却液。

④ 清洗导轨及滑动面,清除毛刺及划伤。

⑤ 清扫、检查、调整电气线路及装置(由维修电工负责)。

(3) 二级保养(年保养)

设备每运行一年,以维修工人为主,操作者参加,进行一次包括修理内容的保养。除一级保养的内容以外,二级保养还包括:修复或更换磨损零件;调整导轨部件的间隙;对镶条等类似零件进行刮研维修;更换润滑油和冷却液;检查、维修电气系统;检验及调整设备的精度等。

设备通过定期维护必须达到以下要求:

① 内外清洁,呈现本色。

② 油路畅通,油标明亮。

③ 操作灵活,运行正常。

3. 机电设备的计划维修

设备的计划维修包括定期检查、定期维护、定期修理等,维修工作按工作量的大小、维护内容及要求划分为:小修、中修和大修。

① 小修。工作量最小的计划维修,主要是更换或修复修理间隔期内失效或即将失效的零

部件或元器件,不涉及基准件的修理和坐标的校正。

② 中修。进行部分解体的计划修理。中修前应进行预检,以确定中修项目,制定中修单,准备好外购件和磨损件。

③ 大修。工作量最大的一种计划维修,它以全面恢复设备工作能力为目标,由专业人员进行。大修的特征为全部或部分拆卸,分解、修复基准件,更换和修理所有不合用的零件,整新外观等。

4. 机电设备的检查

设备的检查包括日常检查、定期检查和精度检查,以及设备状态监测与诊断。

(1) 日常检查(日点检)

日常检查主要凭感觉进行,检查内容是振动、异音、松动、温升、压力、流量、腐蚀、泄漏等一些可以从设备外表进行检测的现象。对于设备的重要部位,也可以使用简单的仪器如测振仪、测温仪等进行检查。日常检查主要由操作者负责,使用检查仪器时需由专业人员进行。日常检查的周期从每班一次至每月一次,由于检查作业是在设备运行中进行,所以也称为在线检查。对一些可靠性要求很高的自动化设备,如流程设备、自动化生产线等,需要采用精密仪器和电子计算机进行连续监测和预报的作业方式,称为状态监测。每种机型设备都要根据结构特点制订日常检查标准,包括检查项目、方法、判断标准等,并将检查结果填入日点检卡,做好记录。

(2) 定期检查(定期点检)

设备定期检查的主要内容如下:

① 检查设备的主要输出参数是否正常。

② 测量劣化程度,查出存在的缺陷,包括故障修理和日常检查时发现但尚未消除的缺陷。

③ 提出下次维修计划的内容和所需备件或提出修改原定维修计划的意见和建议。

④ 排除在检查中发现的能够消除的缺陷。

定期检查的周期应大于 1 个月,一般为 3 个月、6 个月或 12 个月。

通用定期检查标准一般按设备的分类组制订,如卧式车床、铣床、外圆磨床、空气锤、液压机、桥式起重机等设备的定期检查标准,然后再针对同类组某种型号设备的特点制订必要的补充标准,作为定期检查的依据。

(3) 精度检查

精度检查是指对设备的几何精度和工作精度进行有计划的定期检测,以确定设备的实际精度,为设备的调整、修理、验收和报废更新提供依据。根据前后两次的精度检查结果和间隔时间,可以计算出设备精度的劣化速度。新购设备安装后的精度验收结果不仅是验收的依据,还可按产品精度要求来分析设备的精度储备量。

(4) 设备的状态监测与诊断

设备的状态监测与诊断是指在设备运行或基本不解体的情况下,利用设备产生的不同信息,使用仪器采集、分析和处理信号,判断产生故障的部位和原因,并预报故障的发展趋势。

1.4.3 故障诊断技术

机械设备的状态监测与故障诊断是指利用现代科学技术和仪器,根据机械设备(系统、结构)外部信息参数的变化来判断机器内部的工作状态或机械结构的损伤状况,确定故障的性质、程度、类别和部位,预报其发展趋势,并研究故障产生的机理。状态监测与故障诊断技术是近年来国内外发展较快的一门新兴学科,它所包含的内容比较广泛,诸如机械状态量(力、位移、振动、噪声、温度、压力和流量等)的监测,状态特征参数变化的辨识,机械产生振动和损伤时的原因分析、振源判断、故障预防,机械零部件使用期间的可靠性分析和剩余寿命估计等。机械设备状态监测与故障诊断技术是保障设备安全运行的基本措施之一。

1. 机械故障诊断的基本原理

机械故障诊断就是在动态情况下,利用机械设备劣化进程中产生的信息(如振动、噪声、压力、温度、流量、润滑状态及其指标等)来进行状态分析和故障诊断。故障诊断的基本过程和原理如图 1-20 所示。

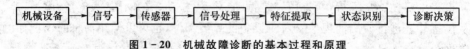

图 1-20 机械故障诊断的基本过程和原理

2. 机械故障诊断的基本方法

机械故障诊断目前流行的分类方法有两种:一是按诊断方法的难易程度分,可分为简易诊断法和精密诊断法;二是按诊断的测试手段来分,主要分为直接观察法、振动噪声测定法、无损检验法、磨损残余物测定法和机器性能参数测定法等。

① 简易诊断法。简易诊断法是指主要采用便携式的简易诊断仪器,如测振仪、声级计、工业内窥镜、红外测温仪对设备进行人工巡回监测,根据设定的标准或人的经验分析、了解设备是否处于正常状态。简易诊断法主要解决的是状态监测和一般的趋势预报问题。

② 精密诊断法。精密诊断法是指对已产生异常状态的原因采用精密诊断仪器和各种分析手段(包括计算机辅助分析方法、诊断专家系统等)进行综合分析,以期了解故障的类型、程度、部位和产生的原因以及故障发展的趋势等问题。精密诊断法主要解决的问题是分析故障原因和较准确地确定发展趋势。

③ 直接观察法。传统的直接观察法如"听、摸、看、闻"在一些情况下仍然十分有效。但因其主要依靠人的感觉和经验,有较大的局限性。目前出现的光纤内窥镜、电子听诊仪、红外热像仪、激光全息摄影等现代手段,大大延长了人的感官器官,使这种传统方法又恢复了青春活力,成为一种有效的诊断方法。

④ 振动噪声测定法。机械设备动态下的振动和噪声的强弱及其包含的主要频率成分与故障的类型、程度、部位和原因等有着密切的联系。因此利用这种信息进行故障诊断是比较有效的方法。其中特别是振动法,信号处理比较容易,因此应用更加普遍。

⑤ 无损检验法。无损检验法是一种从材料和产品的无损检验技术中发展起来的方法,它是在不破坏材料表面及其内部结构的情况下,检验机械零部件缺陷的方法。它使用的手段包括超声波、红外线、X 射线、γ 射线、声发射、渗透染色等。这一套方法目前已发展成一个独立的分支,在检验裂纹、砂眼、缩孔等缺陷造成的设备故障时比较有效。其局限性主要是它的某些方法如超声波、射线检验等有时不便于在动态下进行。

⑥ 磨损残余物测定法。机器的润滑系统或液压系统的循环油路中携带着大量的磨损残余物(磨粒),它们的数量、大小、几何形状及成分反映了机器的磨损的部位、程度和性质,根据这些信息可以有效地诊断设备的磨损状态。目前磨损残余物测定方法在工程机械及汽车、飞机发动机监测方面已取得良好的效果。

⑦ 机器性能参数测定法。显示机器主要功能的机器性能参数,一般可以直接从机器的仪表上读出,由这些数据可判定机器的运行状态是否离开正常范围。机器性能参数测定方法主要用于状态监测或作为故障诊断的辅助手段。

1.5 机电设备的管理

1.5.1 机电设备的技术管理

技术管理是指企业有关生产技术组织与管理工作的总称。机电设备技术管理的内容包括以下 9 个方面。

1. 设备的前期管理

设备前期管理又称设备规划工程,是指从制定设备规划方案起到设备投产止这一阶段全部活动的管理工作,包括设备的规划决策、外购设备的选型采购和自制设备的设计制造、设备的安装调试和设备使用的初期管理 4 个环节。其主要研究内容包括:设备规划方案的调研、制定、论证和决策;设备货源调查及市场信息的搜集、整理与分析;设备投资计划及费用预算的编制与实施程序的确定;自制设备设计方案的选择和制造;外购设备的选型、订货及合同管理;设备的开箱检查、安装、调试运转、验收与生产使用,设备初期使用的分析、评价和信息反馈等。做好设备的前期管理工作,为进行设备投产后的使用、维修、更新改造等管理工作奠定了基础,创造了条件。

2. 设备资产管理

设备资产管理是一项重要的基础管理工作,是对设备运动过程中的实物形态和价值形态的某些规律进行分析、控制和实施管理。由于设备资产管理涉及面比较广,应实行"一把手"工程,通过设备管理部门、设备使用部门和财务部门的共同努力,互相配合,做好这一工作。当前,企业设备资产管理工作的主要内容有以下几个方面:

① 保证设备固定资产的实物形态完整和完好并能正常维护、正确使用和有效利用。

② 保证固定资产的价值形态清楚、完整和正确无误,及时做好固定资产清理、核算和评估等工作。

③ 重视提高设备利用率与设备资产经营效益,确保资产的保值增值。

④ 强化设备资产动态管理的理念,使企业设备资产保持高效运行状态。

⑤ 积极参与设备及设备市场交易,调整企业设备存量资产,促进全社会设备资源的优化配置和有效运行。

⑥ 完善企业资产产权管理机制。在企业经营活动中,企业不得使资产及其权益受到损失。企业资产如发生产权变动时,应进行设备的技术鉴定和资产评估。

3. 设备状态监测管理

(1) 设备状态监测的概念

对运转中的设备整体或其零部件的技术状态进行检查鉴定,以判断其运转是否正常,有无异常与劣化征兆,或对异常情况进行追踪,预测其劣化趋势,确定其劣化及磨损程度等,这种活动称为状态监测。状态监测的目的在于掌握设备发生故障之前的异常征兆与劣化信息,以便事前采取针对性措施控制和防止故障发生,从而减少故障停机时间与停机损失,降低维修费用和提高设备有效利用率。

对于在使用状态下的设备进行不停机或在线监测,能够确切掌握设备的实际特性,有助于判定需要修复或更换的零部件和元器件,充分利用设备和零件的潜力,避免过剩维修,节约维修费用,减少停机损失。特别是对自动线、流水式生产线或复杂的关键设备,意义更为突出。

(2) 状态监测与定期检查的区别

设备的定期检查是针对实施预防维修的生产设备在一定时期内所进行的较为全面的一般性检查,间隔时间较长(多在半年以上),检查方法多靠主观感觉与经验,目的在于保持设备的规定性能和正常运转。而状态监测是以关键的、重要的设备(如生产联动线、精密、大型、稀有设备、动力设备等)为主要对象,检测范围较定期检查小,要使用专门的检测仪器针对事先确定的监测点进行间断或连续的监测检查,目的在于定量地掌握设备的异常征兆和劣化的动态参数,判断设备的技术状态及损伤部位和原因,以确定相应的维修措施。

设备状态监测是设备诊断技术的具体实施,是一种掌握设备动态特性的检查技术。它包括各种主要的非破坏性检查技术,如振动理论、噪声控制、振动监测、应力监测、腐蚀监测、泄漏监测、温度监测、磨粒测试、光谱分析及其他各种物理监测技术等。

设备状态监测是实施设备状态维修的基础,状态维修根据设备检查与状态监测结果,确定设备的维修方式。所以,实行设备状态监测与状态维修的优点有以下几点:

① 减少因机械故障引起的灾害。
② 增加设备运转时间。
③ 减少维修时间。
④ 提高生产效率。
⑤ 提高产品和服务质量。

设备技术状态是否正常,有无异常征兆或故障出现,可根据监测所取得的设备动态参数(温度、振动、应力等)和缺陷状况与标准状态进行对照加以鉴别,如表1-4所列。

表1-4 设备状态的一般标准

设备状态	部件			设备性能
	应力	性能	缺陷状态	
正常	在允许值内	满足规定	微小缺陷	满足规定
异常	超过允许值	部分降低	缺陷扩大(如噪声、振动增大)	接近规定,一部分降低
故障	达到破坏值	达不到规定	破损	达不到规定

(3) 设备状态监测的分类与工作程序

设备状态监测按其监测的对象和状态量划分,可分为以下两点:

① 机器设备的状态监测,指监测设备的运行状态,如监测设备的振动、温度、油压、油质劣化、泄漏等情况。

② 生产过程的状态监测,指监测由几个因素构成的生产过程的状态,如监测产品质量、流量、成分、温度或工艺参数量等。

上述两方面的状态监测是相互关联的。例如生产过程发生异常,将会发现设备的异常或导致设备的故障;反之,往往由于设备运行状态发生异常,会出现生产过程的异常。

设备状态监测按监测手段划分,可分为以下两点。

① 主观型状态监测。它是由设备维修或检测人员凭感官感觉和技术经验对设备的技术状态进行检查和判断。这是目前在设备状态监测中使用较为普遍的一种监测方法。由于这种方法依靠的是人的主观感觉和经验、技能,要准确地做出判断难度较大,因此必须重视对检测维修人员进行技术培训,编制各种检查指导书,绘制不同状态比较图,以提高主观检测的可靠程度。

② 客观型状态监测。它是由设备维修或检测人员利用各种监测器械和仪表,直接对设备的关键部位进行定期、间断或连续监测,以获得设备技术状态(如磨损、温度、振动、噪声、压力等)变化的图像、参数等确切信息。这是一种能精确测定劣化数据和故障信息的方法。

当系统地实施状态监测时,应尽可能采用客观监测法。在一般情况下,使用一些简易方法可以得到客观监测的效果。但是,为能在不停机和不拆卸设备的情况下取得精确的检测参数和信息,就需要购买一些专门的检测仪器和装置,其中有些仪器、装置比较昂贵。因此,在选择监测方法时,必须从技术与经济两个方面进行综合考虑,既要能不停机地迅速取得正确可靠的信息,又必须经济合理。这就要将购买仪器装置所需费用同故障停机造成的总损失加以比较,来确定选择何种监测方法。一般来说,对以下4种设备应考虑采用客观监测方法:发生故障时对整个系统影响大的设备,特别是自动化流水生产线和联动设备;必须确保安全性能的设备,如动力设备;价格昂贵的精密、大型、重型、稀有设备;故障停机修理费用高及停机损失大的设备。

4. 设备安全环保管理

设备使用过程中不可避免地会出现以下问题:

① 废水、废液(如油、污浊物、重金属类废液),此外还有温度较高的冷却排水等。

② 噪声,如泵、空气压缩机、空冷式热交换器、鼓风机以及其他直接生产设备、运输设备等所发出的噪声。

③ 振动,如空气压缩机、鼓风机以及其他直接生产设备等所产生的各种振动。

④ 恶臭,如产品的生产、储存、运输等环节泄漏的少量有臭味的物质。

⑤ 工业废弃物,如金属切屑。

这些问题处理不好会影响企业的环境和正常生产,因此在设备管理过程中必须考虑设备使用的安全环保问题,采取相应的处理措施,配备处理设备,同时还要对这些设备维修保养好,将其看做生产系统的一部分进行管理。

5. 设备润滑管理

将具有润滑性能的物质施入机器中做相对运动零件的接触表面,以减少接触表面的摩擦,降低磨损的技术方式,称为设备润滑。施入机器零件摩擦表面的润滑剂,能够牢牢地吸附在摩擦表面,并形成一种润滑油膜。这种油膜与零件的摩擦表面结合得很强,因而两个摩擦表面能够被润滑剂有效地隔开。这样,零件间接触表面的摩擦就变为润滑剂本身的分子间的摩擦,从而起到减少摩擦、磨损的作用。设备润滑是防止和延缓零件磨损和其他形式失效的重要手段之一,润滑管理是设备工程的重要内容之一。加强设备的润滑管理工作,并把它建立在科学管理的基础上,对保证企业的均衡生产、保证设备完好并充分发挥设备效能、减少设备事故和故障、提高企业经济效益和社会效益都有着极其重要的意义。因此,搞好设备的润滑工作是企业设备管理中不可忽视的环节。

润滑的作用一般可归结为:控制摩擦、减少磨损、降温冷却、防止摩擦面锈蚀、冲洗作用、密封作用、减振作用等。润滑的这些作用是互相依存、互相影响的。如不能有效地减少摩擦和磨损,就会产生大量的摩擦热,迅速破坏摩擦表面和润滑介质本身,这就是摩擦时缺油会出现润滑故障的原因。必须根据摩擦副的工作条件和作用性质,选用适当的润滑材料;根据摩擦副的工作条件和性质,确定正确的润滑方式和润滑方法,设计合理的润滑装置和润滑系统;严格保持润滑剂和润滑部位的清洁;保证供给适量的润滑剂,防止缺油及漏油;适时清洗换油,既保证润滑又节省润滑材料。

为保证上述要求,必须做好润滑管理。

(1) 润滑管理的目的和任务

控制设备摩擦、减少和消除设备磨损的一系列技术方法和组织方法,称为设备润滑管理。其目的是给设备以正确润滑,减少和消除设备磨损,延长设备使用寿命;保证设备正常运转,防止发生设备事故和降低设备性能;减小摩擦阻力,降低动能消耗;提高设备的生产效率和产品加工精度,保证企业获得良好的经济效益;合理润滑,节约用油,避免浪费。

(2) 润滑管理的基本任务

润滑管理的基本任务包括:建立设备润滑管理制度和工作细则,拟定润滑工作人员的职责;搜集润滑技术、管理资料,建立润滑技术档案,编制润滑卡片,指导操作工和专职润滑工搞好润滑工作;核定单台设备润滑材料及其消耗定额,及时编制润滑材料计划;检查润滑材料的采购质量,做好润滑材料进库、保管、发放的工作;编制设备定期换油计划,并做好废油的回收、利用工作;检查设备润滑情况,及时解决存在的问题,更换缺损的润滑元件、装置、加油工具和用具,改进润滑方法;采取积极措施,防止和治理设备漏油;做好有关人员的技术培训工作,提高润滑技术水平;贯彻润滑的"五定"原则,即定人(定人加油)、定时(定时换油)、定点(定点给油)、定质(定质进油)、定量(定量用油)。总结推广和学习应用先进的润滑技术和经验,以实现科学管理。

6. 设备维修管理

设备维修管理工作包括以下主要内容:

① 设备维修用技术资料管理。

② 编制设备维修用技术文件,主要包括维修技术任务书、修换件明细表、材料明细表、修理工艺规程及维修质量标准等。

③ 制定磨损零件修、换标准。

④ 在设备维修中,推广有关新技术、新材料、新工艺,提高维修技术水平。

⑤ 设备维修用量、检具的管理等。

7. 设备备件管理

(1) 备件的技术管理

备件的技术管理包括技术基础资料的收集与技术定额的制定,具体为备件图纸的收集、测绘、整理,备件图册的编制,各类备件统计卡片和储备定额等基础资料的设计、编制及备件卡的编制工作。

(2) 备件的计划管理

备件的计划管理指备件由提出自制计划或外协、外购计划到备件入库这一阶段的工作,可分为年、季、月自制备件计划,外购备件年度及分批计划,铸、锻毛坯件的需要量申请、制造计划,备件零星采购和加工计划,备件的修复计划。

(3) 备件库房管理

备件的库房管理指从备件入库到发出这一阶段的库存控制和管理工作,包括备件入库时的质量检查、清洗、涂油防锈、包装、登记上卡、上架存放,备件收、发及库房的清洁与安全,订货点与库存量的控制,备件的消耗量、资金占用额、资金周转率的统计分析和控制,备件质量信息的搜集等。

(4) 备件的经济管理

备件的经济管理包括备件的经济核算与统计分析,具体为备件库存资金的核定、出入库账目的管理、备件成本的审定、备件消耗统计和备件各项经济指标的统计分析等。经济管理应贯穿于备件管理的全过程,同时应根据各项经济指标的统计分析结果来衡量检查备件管理工作的质量和水平,总结经验,改进工作。

备件管理机构的设置和人员配置与企业的规模、性质有关,机构应尽可能精简,人员应尽可能少。一般机械行业备件管理机构的设置和人员配置情况如表1-5所列。在备件逐步走入专业化生产和集中供应的情况下,企业备件管理人员的工作重点应是科学、及时地掌握市场供应信息,并降低备件储备数量和库存资金。

表1-5 备件管理机构和人员配置

企业规模	组织机构	人员配置	职责范围
大型企业	在设备管理部门领导下成立备件科(或组) 备件专门生产车间设置备件总库	备件技术员 备件计划员 备件生产调度员 备件采购员 备件质量检验员 备件库管员 备件经济核算员	备件技术管理 备件计划管理 自制备件生产调度 外购备件采购 备件质量检验 备件检验、收发、保管 备件经济管理
中型企业	设备科管理组(或技术组) 分管备件技术、管理工作 设置备件库房 机修分厂(车间)负责自制备件	备件技术员 备件计划员(可兼职) 备件采购员 备件库管员 备件经济核算员(可兼职)	备件技术管理 备件计划管理 外购备件采购 备件检验、收发、保管 备件经济管理
小型企业	设备科(组)管理备件生产与技术工作 备件库可与材料库合一	备件技术管理员 备件库管理员(可兼职)	满足维修生产,不断完善备件管理工作

8. 设备改造革新管理

(1) 设备改造革新的目标

1) 提高加工效率和产品质量

设备经过改造后,要使原设备的技术性能得到改善,提高精度和增加功能,使之达到或局部达到新设备的水平,满足产品生产的要求。

2) 提高设备运行安全性

对影响人身安全的设备,应进行针对性改造,防止人身伤亡事故的发生,确保安全生产。

3) 节约能源

通过设备的技术改造提高能源的利用率,大幅度节电、节煤、节水,在短期内收回设备改造投入的资金。

4) 保护环境

有些设备对生产环境乃至社会环境造成较大污染,如烟尘污染、噪声污染以及工业水的污染。要积极进行设备改造消除或减少污染,改善生存环境。

此外,对进口设备的国产化改造和对闲置设备的技术改造,有利于降低修理费用和提高资产利用率。

(2) 设备改造革新的实施

1) 编制和审定设备更新申请单

设备更新申请单由企业主管部门根据各设备使用部门的意见汇总编制,经有关部门审查,在充分进行技术经济分析论证的基础上,确认实施的可能性和资金来源等方面情况后,经上级主管部门和厂长审批后实施。

设备更新申请单的主要内容包括以下几项:

① 设备更新的理由(附技术经济分析报告)。
② 对新设备的技术要求,包括对随机附件的要求。
③ 对现有设备的处理意见。
④ 订货方面的商务要求及要求使用的时间。

2) 对旧设备组织技术鉴定,确定残值,区别不同情况进行处理

对报废的受压容器及国家规定的淘汰设备,不得转售其他单位。目前虽尚无确定残值的较为科学的方法,但它是真实反映设备本身价值的量,确定它很有意义。因此残值确定得合理与否,直接关系到经济分析的准确与否。

9. 设备专业管理

设备的专业管理,是由企业内设备管理系统专业人员进行的设备管理。它是相对于群众管理而言的,群众管理是指企业内与设备有关人员,特别是设备操作、维修工人参与设备的民主管理活动。专业管理与群众管理相结合可使企业的设备管理工作上下成线、左右成网,使广大干部职工都关心和支持设备管理工作,有利于加强设备日常维修工作和提高设备现代化管理水平。

1.5.2 机电设备管理制度

1. 机电设备的管理规定

机电设备的管理要规范化、系统化并具有可操作性。机电设备管理工作的任务概括为"三好",即"管好、用好、修好"。

(1) 管好机电设备

企业经营者必须管好本企业所拥有的机电设备,即掌握机电设备的数量、质量及其变动情况,合理配置机电设备。严格执行关于设备的移装、调拨、借用、出租、封存、报废、改装及更新的有关管理制度,保证财产的完整齐全,保持其完好和价值。操作工必须管好自己使用的机电设备,未经上级批准不准他人使用,杜绝无证操作现象。

(2) 用好机电设备

企业管理者应教育本企业员工正确使用和精心维护机电设备,生产应依据机电设备的能力合理安排,不得有超性能使用和拼设备之类的行为。操作工必须严格遵守操作维护规程,不

超负荷使用及采取不文明的操作方法,认真进行日常保养和定期维护,使机电设备保持"整齐、清洁、润滑、安全"的标准。

(3) 修好机电设备

车间安排生产时应考虑和预留计划维修时间,防止机电设备带病运行。操作工要配合维修工修好设备,及时排除故障。要贯彻"预防为主,养为基础"的原则,实行计划预防修理制度,广泛采用新技术、新工艺,保证修理质量,缩短停机时间,降低修理费用,提高机电设备的各项技术经济指标。

2. 机电设备的使用规定

(1) 技术培训

为了正确合理地使用机电设备,操作工在独立使用设备前,必须经过基本知识、技术理论及操作技能的培训,并且在熟练技师的指导下进行上机训练,达到一定的熟练程度。同时要参加国家职业资格的考核鉴定,经过鉴定合格并取得资格证后,方能独立操作所使用的机电设备,严禁无证上岗操作。

技术培训、考核的内容包括机电设备结构性能、机电设备工作原理、传动装置、控制特性、金属加工技术规范、操作规程、安全操作要领、维护保养事项、安全防护措施、故障处理原则等。

(2) 实行定人定机持证操作

机电设备必须由持职业资格证书的操作工操作,严格实行定人定机和岗位责任制,以确保正确使用机电设备和落实日常维护工作。多人操作的机电设备应实行机长负责制,由机长对使用和维护工作负责。公用机电设备应由企业管理者指定专人负责维护保管。机电设备定人定机名单由使用部门提出,报设备管理部门审批,签发操作证;精、大、稀、关键设备定人定机名单,由设备管理部门审核报企业管理者批准后签发。定人定机名单批准后,不得随意变动。对技术熟练、能掌握多种机电设备操作技术的工人,经考试合格可签发操作多种机电设备的操作证。

(3) 建立使用机电设备的岗位责任制

① 机电设备操作工必须严格按"机电设备操作维护规程"、"四项要求"、"五项纪律"的规定正确使用与精心维护设备。

② 实行日常点检,认真记录。做到班前正确润滑设备;班中注意运转情况;班后清扫擦拭设备,保持清洁,涂油防锈。

③ 在做到"三好"要求下,练好"四会"基本功,搞好日常维护和定期维护工作;配合维修工人检查修理自己操作的设备;保管好设备附件和工具,并参加机电设备修后验收工作。

④ 认真执行交接班制度和填写好交接班及运行记录。

⑤ 发生设备事故时立即切断电源,保持现场,及时向生产工长和车间机械员(师)报告,听候处理。分析事故时应如实说明经过对违反操作规程等造成的事故应负直接责任。

(4) 建立交接班制度

连续生产和多班制生产的设备必须实行交接班制度。交班人除完成设备日常维护作业外,必须把设备运行情况和发现的问题,详细记录在"交接班簿"上,并主动向接班人介绍清楚,双方当面检查,在交接班簿上签字。接班人如发现异常或情况不明、记录不清时,可拒绝接班。如交接不清,设备在接班后发生问题,由接班人负责。

企业对在用设备均需设"交接班簿",不准涂改撕毁。区域维修部(站)和机械员(师)应及时收集分析,掌握交接班执行情况和机电设备技术状态信息,为机电设备状态管理提供资料。

3. 机电设备安全生产规程

(1) 操作工使用机电设备的基本功和操作纪律

1) 机电设备操作工"四会"基本功

① 会使用。操作工应先学习机电设备操作规程,熟悉设备结构性能、传动装置,懂得加工工艺和工装工具在机电设备上的正确使用。

② 会维护。能正确执行机电设备维护和润滑规定,按时清扫,保持设备清洁完好。

③ 会检查。了解设备易损零件部位,知道完好检查项目、标准和方法,并能按规定进行日常检查。

④ 会排除故障。熟悉设备特点,能鉴别设备正常与异常现象,懂得其零部件拆装注意事项,会做一般故障调整或协同维修人员进行排除。

2) 机电设备操作工的"五项纪律"

① 凭操作证使用设备,遵守安全操作维护规程。

② 经常保持机电设备整洁,按规定加油,保证合理润滑。

③ 遵守交接班制度。

④ 管好工具、附件,不得遗失。

⑤ 发现异常立即通知有关人员检查处理。

(2) 机电设备安全生产规程

① 机电设备的使用环境要避免光的直接照射和其他热辐射,要避免太潮湿或粉尘过多的场所,特别要避免有腐蚀气体的场所。

② 为了避免电源不稳定给电子元件造成损坏,机电设备应采取专线供电或增设稳压装置。

③ 机电设备的开机、关机顺序,一定要按照机电设备说明书的规定操作。

④ 主轴启动开始切削之前一定要关好防护罩门,程序正常运行中严禁开启防护罩门。

⑤ 机电设备在正常运行时不允许开电气柜的门,禁止按动"急停"、"复位"按钮。

⑥ 机电设备发生事故,操作者要注意保留现场,并向维修人员如实说明事故发生前后的情况,以利于分析问题,查找事故原因。

⑦ 机电设备的使用一定要由专人负责,严禁其他人员随意动用设备。

⑧ 要认真填写机电设备的工作日志,做好交接工作,消除事故隐患。

⑨ 不得随意更改控制系统内制造厂设定的参数。

1.5.3 现有机床管理流程实例

下面以某工业公司为例简要说明机床管理业务流程。

某工业公司的设备管理部门为设备管理处,负责实施设备的管理,指导设备使用单位正确使用、维护设备,对各单位维修人员进行业务指导。协作单位有质量管理处、标准化处、检验处、技改办、工艺处、冶金处、设备工程分公司与设备使用单位等。该公司的设备管理活动及其流程图如图1-21所示。

图 1-21 设备管理流程

1. 设备的前期控制

① 设备的选型、购置。所选设备应体现技术的先进性、可靠性、可维修性、经济性、安全性及环境保护等要求。进口设备必须通过技术经济论证。严格控制所选型设备的技术参数，保证所置设备充分满足加工产品的工艺要求和质量要求。新购设备到厂要开箱复验，严格按合同及装箱单进行清点，对设备质量、运输情况、随机附件、备件、随机工具、说明书及图纸技术资料等进行鉴定、清点、登记与验收。

② 设备的安装、验收与移交。设备的安装位置应符合工艺布置图要求。严格按设备说明书规定安装调试，达到说明书规定的技术标准后予以验收，方可移交使用单位使用。设备管理处对选型、购置、安装、调试至设备的最后移交进行资产登记、管理分类、设备标志、图书资料归档等项工作，还要作设备前期管理的综合质量鉴定。

2. 设备的使用过程控制

① 严格实行机动设备合格证的管理。

② 设备使用单位要制定机动设备使用责任制，生产线上必须使用挂合格证的完好设备。设备不允许带故障加工，动力工艺、供应设备的使用必须贯彻安全防护规定及仪器、仪表的试验、鉴定、校验制度。

③ 设备操作工人必须通过专业培训，应熟悉自己所使用设备的结构和性能。

④ 设备的使用严格执行"五定"，操作工人一定要凭操作证使用设备，并做到"三好四会"（管好、用好、修好，会使用、会保养、会检查、会排除故障）。

⑤ 多人操作的设备、生产流水线，实行机长负责制。交接班必须有设备技术状况交接记录。

⑥ 使用单位对有特殊环境要求的动力控制中心和精密、专用机床，要保证室内温度、湿度、空气、噪声等参数符合国家标准的规定。

⑦ 定期进行设备的检查与评级。企业设备性能检查的实施方法有以操作工为主的巡回检查、设备的定期检查和专项检查。

● 实行以操作工为主的巡回检查。巡回检查是操作工按照编制的巡回检查路线对设备进行定时（一般是 1~2 h）、定点（规定的检查点）、定项（规定的检查项目）的周期性检查。

巡回检查一般采用主观检查法，即用听（听设备运转过程中是否有异常声音）、摸（摸轴承部位及其他部位的温度是否异常）、查（查设备及管路有无跑、冒、滴、漏和其他缺陷隐患）、看（看设备运行参数是否符合规定要求）、闻（闻设备运行部位是否有异常气味）的五字操作法。或者用简单仪器测量和观察在线仪表连续测量的数据变化。

巡回检查一般包括的内容如下：

检查轴承及有关部位的温度、润滑及振动情况。

听设备运行的声音，有无异常撞击和摩擦的声音。

看温度、压力、流量、液面等控制计量仪表及自动调节装置的工作情况。

检查传动带的张紧情况和平稳度。

检查冷却液、物料系统的工作情况。

检查安全装置、制动装置、事故报警装置、停车装置是否良好。

检查安全防护罩、防护栏杆是否完好。

检查设备安装基础、地脚螺栓及其他连接螺栓是否松动或有无因连接松动而产生的振动。

检查设备、管路的静动密封点的泄漏情况。

检查过程中若发现不正常情况，应立即查清原因，及时调整处理。当发现特殊声响、振动、严重泄漏、火花等紧急危险情况时，应在做紧急处理后，向车间设备管理员或设备管理主任报告，以便采取措施进行妥善处理。并将检查情况和处理结果详细记录在操作记录和设备巡回检查记录表上。

● 设备的定期检查。设备的定期检查一般是由维修工人和专业检查工人，按照设备性能要求编制的设备检查标准书，对设备规定部位进行的检查。设备定期检查一般分为日常检查、定期停机或不停机检查。

日常检查是维修工人根据设备检查标准书的要求，每天对主要设备进行定期检查，检查手段主要以人的感官为主。

定期检查可以停机进行，也可以利用生产间隙停机、备用停机进行，也可以不停机进行。必要时，有的项目也可以占用少量生产时间或利用设备停机检修时进行。

定期检查的周期，一般由设备维修管理人员根据制造厂提供的设计和使用说明书，结合生产实践综合确定。有些危及安全的重要设备的检查周期应根据国家有关规定执行。为了保证定期检查能按规定如期完成，设备维修管理人员应编制设备定期检查计划。定期检查计划一般应包括检查时间、检查内容、质量要求、检查方法、检查工具及检查工时和费用预算等。

● 专项检查。专项检查是对设备进行的专门检查。除前面所说的几种检查方法外，当设备出现异常和发生重大损坏事故时，为查明原因，需制定对策对一些项目进行重点检查。专项检查的检查项目和时间由维修管理部门确定。

3. 设备的维修控制

① 严格执行设备"五级保修制"。一、二级保养由操作者进行，维修工人检查；三级保养由维修工人按计划完成，设备管理处验收；四级为项修；五级为大修。

② 维修工人实行区域负责制，坚持日巡视检查、周检查，以减少重复故障。设备管理处按设备完好标准进行经常性抽检和季度设备大检查工作。对发现的问题及时整改，以提高设备的维护保养质量，保证设备正常运行。

③ 为了正确地评价设备维修保养的水平，掌握设备的技术状况，设备管理处要把每年进行的状态监测调查的单台设备动态参数，反复筛选，进行综合质量评定。并在规定的表格（表1-6、表1-7）中填写各类设备的完好率，逐级上报并需汇总班组、车间、全厂设备完好率情况，作为制定下一年设备管理工作计划和机动设备大(项)修计划的依据。

设备完好率计算公式如下：

$$设备完好率 = (完好设备台数/设备总台数) \times 100\%$$

式中，完好设备台数包括在用、备用、停用和在计划检修前属完好设备的台数，设备总台数包括在用、备用和停用设备的台数。

表1-6 设备技术状况统计表

填表单位：　　年　月　日

全部设备			主要设备			静密封点泄漏率		
总台数	完好台数	完好率/%	总台数	完好台数	完好率/%	静密封点数	泄漏数	泄漏率/%
其中主要设备技术状况								
序　号	主要设备名称		台　数	完好台数		完好率/%	主要缺陷分析	
1								
2								
⋮								

企业负责人：　　　　　　　　　　企业主管部门：　　　　　　　　　　　　　　填表人：

表1-7 设备技术状况汇总表

填表单位：　　年　月　日

序　号	单　位	设备总台数	完好台数	完好率/%	主要设备总台数	主要设备完好台数	主要设备完好率/%	备注
1								
2								
⋮								

主管：　　　　　　　　　　　　　审核：　　　　　　　　　　　　　　　制表：

凡经评定的设备，对完好设备、不完好设备分别挂上不同颜色的牌子，并促其改进。不完好设备，经过维护修理，经检查组复查认可后，可升为完好设备，更换完好设备牌。

● 设备评定范围包括完好设备和不完好设备，全厂所有在用设备均参加评定，正在检修的设备按检修前的状况评定。停用一年以上的设备可不参加评定（并不统计在全部设备台数中）。全部设备和主要设备台数无特殊原因应基本保持不变（一年可以调整一次）。

● 完好设备标准（一般规定）如下：

设备零、部件完整、齐全，质量符合要求。

设备运转记录、性能良好，达到铭牌规定能力。

设备运转记录、技术资料齐全、准确。

设备整洁，无跑、冒、滴、漏现象，防腐、防冻、保温设施完整有效。

● 各部门严格执行设备大修、项修、改造计划，此计划是公司科研生产计划的组成部分。

● 机修车间要对计划大（项）修的设备，按照设备生产科下达的设备技术修理任务书，从工艺、备件、原材料、工具、拆卸、修配刮研、零件修复与替换、重复安装、喷漆、调试到恢复精度的全过程都要严格控制行业维修标准的执行，检验科按大（项）修理技术标准检验。对生产用户所要求的特殊修理部件，要全面消除缺陷，必须达到质量要求。

● 特种工艺设备修理车间和动力设备修理车间，在大（项）修计划的任务书下达后，遵照特种工艺控制的质量要求，要特别注重对生产线有特殊要求的焊接设备、热处理设备、空压、通风设备、制冷加热设备及受压容器设备的修理控制，所修设备必须达到行业维修标准。对修理过程中的原材料、备品备件,要做修前质量检查,禁用不合格品。检验科在设备大(项)修后要有检验过程及值班记录。修理不达标准的设备必须返工。

● 精专设备厂对精密、专用机床的维修,应建立专业维修质量保证体制,制定机床精度与加工精度对照表,把设备诊断技术作为设备维修质量控制的软件工具,组织实施日常维护检修和计划大(项)修,达到控制设备劣化趋势的预防维修效果。

● 设备修理质量的检查和验收实行以专职检验员为主的"三检制"(即零件制造和修理要经过自检、互检和专职检验;修理后装配、调试要实行使用工人、修理工人和检验员检验),并实行保修期制度,保修期为 6 个月。

4. 设备的改造控制

设备改造要以产品加工特定要求和设备本身的特点为基础,设备管理处制定年度设备改造计划必须具有超前性,技改办合理控制技术改造与更新的速度,长远规划逐步实施,年度计划可同大修进行。设备改造的基本步骤如下:

① 设备改造项目的确定。

② 控制 3 个基准点:

● 生产线上的单一设备。

● 零件加工工艺有专项要求的设备。

● 出现故障多、难修复的设备或精度高、难保持高精度的设备。

③ 预选要改造的设备,决定要采用的新技术。考核设计与实验,购置备品部件,改造装配过程是否可行。

④ 进行经济技术论证分析,得出结论性数据,确定要改造的项目并纳入计划。

⑤ 设备改造项目的实施控制。

按照设备技术改造任务书的要求,以设备管理处为主管单位,组织以预修、设计、生产、供应、检验有关科室组成的设备技改小组,进行质量跟踪。

生产部门制定的设备技改作业程序必须要求在技术文件、工具和材料上做到保质保量,人员与时间要有可靠性分配,实际装配操作要规范控制,工艺指令填写签印要准确,检测调试要制定程序单。

⑥ 设备改造项目完工后,设备管理处组织鉴定。检验科作专项精度检验,并办理验收和移交手续。技术资料完整归档,所经技术改造的设备合格后移交使用单位,并办理固定资产登记手续,按标准设备进行维修和管理。

5. 原始资料及记录管理

设备图纸、说明书、技术资料、安装及检修和各种质量文件及原始记录由设备管理处归档保存;国外进口设备说明书及图纸资料由档案馆存档;设备的周查月评、保修手册记录由使用单位保管。

思考与练习

1-1 简述机电设备的发展过程。

1-2 简述机电设备的组成。

1-3 简述机电设备故障产生的特点。

1-4　为什么要进行设备管理？
1-5　什么是机电设备的技术管理？
1-6　什么是设备润滑管理的"五定"原则？
1-7　机电设备管理的内容有哪些？管理过程如何进行？
1-8　机电设备使用过程中应注意什么？
1-9　机电设备使用过程中，为什么要求操作工进行巡回检查？如何进行巡回检查？
1-10　判断完好设备的标准是什么？企业设备完好率如何统计？

第 2 章　机电设备的安装及调试

学习目标

1. 掌握机电设备安装顺序和调试的基本内容。
2. 掌握机电设备调试方法。

工作任务

根据 XK714G 数控铣床设备资料编写安装与调试大纲。

相关实践与理论知识

2.1　一般机电设备的安装与调试

机电设备的安装是指按照设备工艺平面图和相关安装技术要求,将机电设备正确、牢固地安装在规定的基础上,进行找平、稳固,达到安装规范,并通过调试、运转、验收使之满足生产的要求。机电设备安装质量的好坏对设备的使用性能将产生直接的影响。

机电设备的安装首先要保证机电设备的安装质量,机电设备安装之后,应进行试车,按验收项目逐项检测,对检查不合格的项目,应及时予以调整,直至检测项目全部符合验收标准,使机电设备在投入生产后能达到设计要求;其次,必须采用科学的施工方法,最大限度地加快施工速度,缩短安装的周期,提高经济效益。此外,必须重视施工的安全问题,坚决杜绝人身和设备安全事故发生。

2.1.1　机电设备的安装前的准备工作

机电设备安装前的准备工作主要包括技术准备、机器检查、清洗、预装配和预调整、设备吊装的准备等。

1. 技术准备

① 机电设备安装前,组织从事安装工作的工程技术人员,充分研究机电设备的图纸、说明书,熟悉机电设备的结构特点和工作原理,掌握机电设备的主要技术数据、技术参数、性能和安装特点等。

② 在施工之前,必须对施工图进行会审,对工艺布置进行讨论审查,注意发现和解决问题。例如,施工图与设备本身以及安装现场有无尺寸不符、工艺管线与厂房原有管线有无发生冲突等。

③ 了解与本次安装有关的国家和部委颁发的施工、验收规范,研究制定达到这些规范的技术要求所必需的技术措施,并据此制定对施工的各个环节、安装的各个部位的技术要求。

④ 对安装工人进行与本次安装有关的针对性技术培训。

⑤ 编制安装工程施工作业计划。安装工程施工作业计划应包括安装工程技术要求、施工程序、施工所需机具,以及试车等方法和步骤。

2. 机具准备

机具准备是根据设备的安装要求准备各种规格和精度的安装检测机具和起重运输机具。在准备过程中,要认真地进行检查,以免在安装过程中出现不能使用或发生安全事故等问题。

常用的安装检测机具包括经纬仪、水平仪、水准仪、准直仪、塞尺、千分尺、千分表及其他检测设备等,如图2-1所示。

(a) 经纬仪　　(b) 水平仪　　(c) 塞尺　　(d) 水准仪　　(e) 准直仪

图2-1　部分安装检测机具

起重运输机具分为索具、吊具和水平运输工具等几类,应根据设备安装的施工方案进行选择和准备。

吊装使用的索具有麻绳和钢丝绳。麻绳轻软、价廉,但承载能力低、易受潮腐烂,不能承受冲击载荷,用于手工起吊1t以下的物件。钢丝绳是设备吊装时的常用索具,其强度高、工作可靠,广泛用于起重、捆扎、牵引和张紧,如图2-2所示。

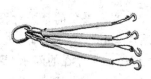 

(a) 四叉压胶钢丝绳　　(b) 组合压制钢丝绳　　(c) 特种压制钢丝绳

图2-2　索具

吊具包括双梁、单梁桥式起重机、起重吊车、卷扬机等;手工起重用的吊具还有千斤顶、手拉葫芦、滑轮等,如图2-3所示。

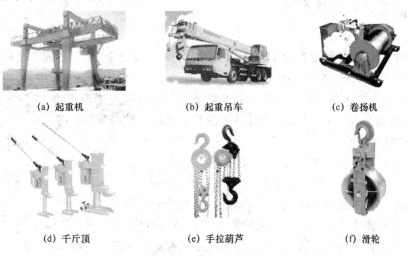

(a) 起重机　　(b) 起重吊车　　(c) 卷扬机

(d) 千斤顶　　(e) 手拉葫芦　　(f) 滑轮

图2-3　部分吊具设备

传统水平运输最常用的方法是滚杆运输。运输时一般以钢管或圆钢作为滚杠。运输时，首先用千斤顶将设备连同其底座下的方木脚架顶起（或用撬杠撬起），将滚杠放到脚架下面，落下千斤顶，使设备重量全部压到滚杠上，这样就可以把平移的滑动摩擦变为滚动摩擦。

3. 机电设备的开箱检查

按库房管理规定办理出库手续，设备开箱检查由设备采购部门、设备主管部门组织，安装部门、工具工装及使用部门参加。开箱检查应填写验收单，检查的内容如下：

① 检查箱号、箱数及外包装情况，发现问题要做好记录，以便及时处理。

② 按照装箱单清点核对设备型号、规格、零件、部件、工具、附件、备件以及说明书等技术资料是否齐全，有无缺损。

③ 检查设备在运输过程中有无锈蚀，如有，应及时清除并注意防锈。

④ 凡未清洗过的滑动面严禁移动，以防研损，清除防锈油时最好使用非金属刮具，以防产生新损伤。

⑤ 不需安装的备品、备件、工具等应注意妥善保管，安装完工后一并移交给设备使用单位。

⑥ 检查核对设备的基础图和电气线路图与设备实际情况是否相符，检查基础安装部分的地脚螺栓孔等有关安装尺寸和安装零件是否符合要求，检查电源接线口的位置及有关参数是否与说明书一致。

4. 设备的预装配与预调整

为了缩短安装工期，减少安装时的组装、调整工作量，常常要在安装前预先对设备的若干零部件进行预装和预调整，把若干零部件组装成大部件。用这些组合好的大部件进行安装，可以大大加快安装进度。此外，预装和调整常常可以提前发现设备所存在的问题，及时加以处理，确保安装的进度和质量。

大部件的整体安装是一项先进的快速施工方法，预装的目的就是为了进行大部件整体安装。大部件组合的程度应视场地运输和超重的能力而定，如果设备在出厂前已经调试完毕并已组装成大部件，且包装良好，就可以不进行拆卸清洗、检查和预装，而直接整体吊装。

2.1.2 机电设备的安装基础

1. 安装基础概述

安装基础的作用，不仅要把机器牢固地紧固在要求的位置上，而且要能承受机器的全部重量和机器运转过程中产生的各种力与力矩，并能将它们均匀地传递到土壤中去，吸收或隔离自身和其他动力作用产生的振动。因此如果安装基础的设计与施工不正确，不但会影响机电设备本身的精度、寿命和产品的质量，甚至使周围厂房和设备结构受到损害。

(1) 对安装基础的要求

① 基础应具有足够的强度、刚度和良好的稳定性。

② 能耐地面上、下各种气体、液体等腐蚀介质的腐蚀。

③ 基础不会发生过度的沉陷和变形，确保机器的正常工作。

④ 不会因机床本身运转时的振动对其他设备、建筑物产生影响。

⑤ 在满足上述条件的前提下，能最大限度地节省材料及施工费用。

因此，在进行设备安装、调试之前，应弄清其工作运转中的各种动力、负载产生的原因和大小及其产生的振动频率,周围其他设施、厂房的振动频率,安装位置的地质状况等问题,为基础的设计与施工提供必要的技术参数。

(2) 安装基础的形式

按基础的结构和外形可分为大块式和构架式两种。大块式基础是将各台设备的基础连接在一起,建成连续的大块或板状结构,其中开有机器、辅助设备和管道安装所必需的以及在使用过程中供管理用的坑、沟和孔。这种基础的整体结构尺寸大,固有频率较高,因此具有刚性和抗震性好的优点。但不利于企业产品调整时相应设备变化的要求。

构架式基础是按设备的安装要求单独建造,不与其他设备的基础或车间厂房基础相连,一般用于安装高频率的机器设备。

(3) 地脚螺栓与基础的连接

地脚螺栓与基础的连接方式有固定式和锚定式两种。

① 固定式。固定式的地脚螺栓的根部弯曲成一定的形状,再用砂浆浇注在基础里,如图2-4所示。它分为一次灌浆和二次灌浆两种结构。

一次灌浆法的地脚螺栓用固定架固定后,连同基础一起浇注,如图2-4(a)所示。其优点是地脚螺栓与基础连接可靠,稳定性和抗震性较好,但调整不方便。

二次灌浇法是在浇注基础时,预先留出地脚螺栓的紧固孔,待机器安装在基础上并找正后再进行地脚螺栓的浇注,如图2-4(b)所示。这种结构最大的优点是安装调整方便,但连接强度不高。若拧紧地脚螺栓的力过大,会将二次灌浆的混凝土从基础中拔出。

② 锚定式。锚定式的地脚螺栓与基础不浇注在一起,基础内预留出螺栓孔,在孔的下部埋入锚板。安装时将螺栓从基础的预留孔及垫板穿过,再插入锚板后用螺母紧固,如图2-5所示。这种结构固定方法简单,拆卸方便,但在使用中容易松动。

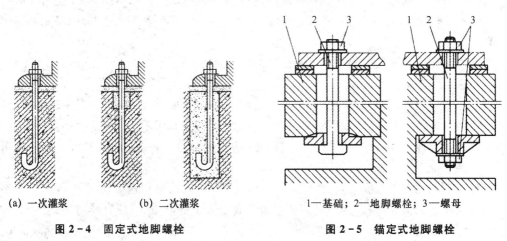

(a) 一次灌浆　　(b) 二次灌浆　　　1—基础;2—地脚螺栓;3—螺母

图2-4　固定式地脚螺栓　　　　　图2-5　锚定式地脚螺栓

2. 基础的施工

安装基础的施工是由企业的基建部门来完成的,但是生产和安装部门也必须了解基础施工过程,以便进行必要的技术监督和基础验收工作。

(1) 基础施工的一般过程

基础的施工过程大致如下:

① 放线、挖基坑、基坑土壤夯实。基坑挖好后,要将基坑底面夯实,以防基础在使用中下沉。

② 装设模板。

③ 安放钢筋,固定地脚螺栓和预留二次灌浆孔模板。

④ 浇灌混凝土。

⑤ 洒水维护保养,为了保证基础的质量,基础浇灌后,不允许立即进行机器的安装,应该至少对基础洒水保养7~14天。在冬季施工和为缩短工期,常采用蒸气保养和电热保养的方法。当基础强度达到设计强度的70%以上时,才能进行设备的就位安装作业。机器在基础上安装完毕后,应至少15~30天之后才能进行机器试车。

⑥ 拆除模板。拆模一般在基础强度达到设计强度的50%时方可进行。

(2) 基础常用材料

① 水泥。水泥标号有300号、400号、500号、600号等几种。机器基础常用的水泥为300号和400号。国产水泥按其特性和用途不同,可分为硅酸盐膨胀水泥、石膏凡土膨胀水泥、塑化硅酸盐水泥、抗硫酸盐硅酸盐水泥等,机器基础常采用硅酸盐膨胀水泥。

② 沙子。沙子有山砂、河沙和海沙3种,其中河沙比较清洁,最为常用。按粗细不同,沙子有粗沙(平均粒径大于0.5 mm)、中沙(粒径0.35~0.5 mm)、细沙(粒径0.2~0.5 mm)之分。

③ 石子。石子分碎石(山上开采的石块)和砾石两种。石子中的杂质不能过多,否则在使用时应用水清洗干净。

3. 基础的验收

(1) 基础验收的主要内容

机电设备在就位安装前,应对基础进行全面的质量检查。检查的主要内容包括检验基础的强度是否符合设计要求;检查基础的外形和位置尺寸是否符合设计要求;基础的表面质量等。

基础的验收应遵照相关验收规范所规定的质量标准执行。

(2) 基础的处理

在基础的验收中,发现不合格的项目,应立即采取相应的处理措施。不得在质量不合格的基础上安装设备,以防止影响设备安装工作的正常进行,或造成不应存在的质量隐患,致使安装质量得不到保证,影响以后的使用。不合格的基础常见的问题是基础各平面高度尺寸超差、地脚螺栓偏埋等。

基础各平面在垂直方向位置尺寸超差,对实体尺寸偏大,可用扁铲将其高出部分铲除,而对实体尺寸偏小的部分,则应将原表面铲成若干高低不平的麻点,然后补灌与基础标号相同的混凝土,并控制在验收标准规定的范围内。基础修正后,应采用同样的维护保养措施,以防补灌的混凝土层产生脱壳现象。

地脚螺栓的偏埋,应根据基础的情况,结合企业的技术装备现状,采用切实可行的措施进行矫正,如补接—焊接矫正法等。

2.1.3 机电设备的安装与调试

机电设备的安装,重点要注意设备清洗、设置垫板、设备吊装、找正找平找标高、二次灌浆、试运行与调试、验收等几个问题。

1. 设备的清洗

设备安装前,应进行清洗。将防锈层、水渍、污物、铁屑、铁锈等清洗干净,并涂抹上润滑油脂。

2. 设置垫板

一次浇灌出来的基础,其表面的标高和水平度很难满足设备安装精度要求,因此常采用垫板来调整设备的安装高度和校正水平;同时通过垫板把机器的重量和工作载荷均匀地传到基础去,使设备具有较好的综合刚度。

(1) 垫板的类型

垫板的类型如图 2-6 所示,分为平垫板、斜垫板、开口垫板和可调垫板。

图 2-6(a)所示为平垫板,每块的高度尺寸是固定的,调节高度时,靠增减垫板数量来实现,使用不太方便,一般不采用。

图 2-6(b)所示为斜垫片,可成对使用带有斜面的垫板,调整垫板的高度,满足安装要求。

图 2-6(c)所示为开口垫板,可方便插入地脚螺栓下。

图 2-6(d)所示为螺杆调节式可调垫板,它利用螺杆带动螺母使升降块在垫板体上移动来调整设备的安装高度,具有调整方便的优点,在设备安装中大量使用。

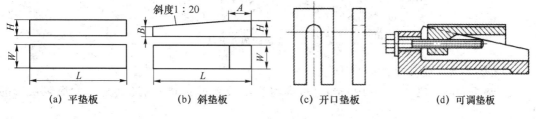

(a) 平垫板　　　　(b) 斜垫板　　　　(c) 开口垫板　　　　(d) 可调垫板

图 2-6　垫板的类型

(2) 垫板的面积计算

设备的重量和地脚螺栓的预紧力都是通过垫板作用到基础上的,因此必须使垫板与基础接触的单位面积上的压力小于基础混凝土的抗压强度。其面积可由下式近似计算,即

$$A = 10^9 \frac{(Q_1 + Q_2)}{R} \cdot C \quad (2-1)$$

式中:A——垫板总面积(mm^2);

Q_1——设备自重加在垫板上的负荷(kN);

Q_2——地脚螺栓的紧固力(kN);

R——基础的抗压强度(MPa);

C——安全系数,一般取 1.5~3。

设备安装中往往用多个垫板组成垫板组使用。根据计算出的 A 值和重用的垫板结构就可得出垫板的数量来。

(3) 垫板的放置方法

放置垫板时,各垫板组应清洗干净;各垫板组应尽可能靠近地脚螺栓,相邻两垫板组的间距应保持在 500~800 mm 以内,以保证设备具有足够的支撑刚度。垫板的放置形式有以下几种。

① 标准垫法。如图 2-7(a)所示,它是将垫板放在地脚螺栓的两侧,这也是放置垫板基本原则,一般都采用这种垫法。

② 十字垫法。如图 2-7(b)所示,当设备底座小,地脚螺栓间距近时常用这种方法。

③ 筋底垫法。如图 2-7(c)所示,设备底座下部有筋时,应把垫板垫在筋底下。

④ 辅助垫法。如图 2-7(d)所示,当地脚螺栓间距太大时,中间应加辅助垫板。

⑤ 混合垫法。如图 2-7(e)所示,根据设备底座形状和地脚螺栓间距来放置。

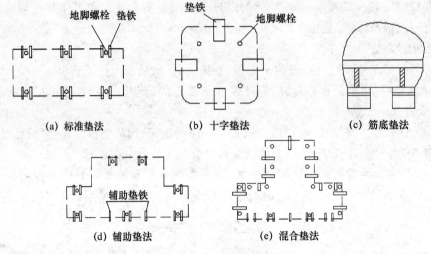

图 2-7 垫板的放置方法

(4) 垫板放置时的注意事项

① 垫板的高度应在 30~100 mm,过高将影响设备的稳定性,过低则二次灌浆层不易牢固。

② 应使各组垫板与基础面接触良好,放置整齐。安装中应经常用锤子敲击,通过声音来检查是否接触正常。

③ 每组垫板的块数以 3 块为宜,宜将厚垫板放在下面,较薄的垫板放在上面,最薄的放在中间,以免出现垫板翘曲变形,影响调试。

④ 各垫板组在设备底座处要留有足够的调整余量,平垫板应外露 20~30 mm,斜垫板应外露 25~50 mm,以利于调整。而垫板与地脚螺栓边缘的距离应为 50~150 mm,以便于螺孔灌浆。

3. 设备吊装、找正、找平、找标高

(1) 吊 装

用起重设备吊运到安装位置,使机座安装孔套入地脚螺栓或对准预留孔,安放在垫板组上。吊装就位时,如发现安装孔与地脚螺栓的位置未对正,应对地脚螺栓予以修正。

设备吊装前应仔细检查起重设备、吊索和吊钩是否安全可靠。起吊时,要注意控制起吊速度,并保持速度的均匀。在吊运过程中,应时刻注意观察起重机、绳索、吊钩等工作情况,以防止意外现象发生。

(2) 找 正

找正是为了将设备安装在设计的位置,满足平面布局图的要求。

(3) 找标高

为了保证设备安装高度,应根据设备使用说明书要求,用水准仪或测量标杆来进行测量。若标高不符合要求,应将设备重新起吊,用垫板进行调整。

(4) 找　平

标高校准后,即可进行设备的找平。将水平仪放在设备水平测定面上进行检查,检查中发现设备不水平时,用调节垫片调整。被检平面应选择精加工面,如箱体剖分面、导轨面等。

设备安装找平的目的是保持其稳定性,减轻振动(精密设备应有防振、隔振措施),以避免设备变形,防止不合理磨损及保证加工精度等。安装设备用的地脚螺栓一般随机配备,也可自行设计,规格符合设计要求即可。垫铁的作用是使设备安装在基础上有较稳定的支撑和较均匀的载重分布,并可以借助垫铁调整设备的安装水平和装配精度。

设备的找平、找标高、找正虽然是各不相同的作业,但对一台设备安装来说,它们又是相互关联的。如调整水平时可能使设备偏移而需重新找正,而调整标高时又可能影响水平,调整水平时又可能变动了标高。因此要做综合分析,做到彼此兼顾。通常找平、找标高、找正分两步进行,首先是粗找,然后精找。

4. 二次灌浆

由于有垫板,在基础表面与机器座下部会形成空洞,这些空洞在机器投产前需用混凝土填满,这一作业称为二次灌浆。

二次灌浆的混凝土配比与基础一样,只不过为了使二次灌浆层充满底座下面高度不大的空间,通常选用的石子块度要比基础的小。

一般二次灌浆作业是由土建单位施工。在灌浆期间,设备安装部门应进行监督,并于灌完后进行检查,在灌浆时要注意以下事项:

① 要清除二次灌浆处的混凝土表面上的油污、杂物及浮灰,要用清水冲洗干净。
② 小心放置模板,以免碰动已找正的设备。
③ 灌浆后要进行洒水保养。
④ 拆除模板时要防止影响已找正的设备的位置。

5. 试运行与调试

不同设备的试运行内容和检验项目各不相同。具体操作时,应参照设备的安装说明书和相应的试运行规程进行。

(1) 设备试运行的目的

① 对设备在设计、制造和安装等方面的质量作一次全面检查和试运行。
② 更好地了解设备的使用性能和操作顺序,确保设备安全运行,并能投入生产。

(2) 试运行前的准备工作

① 擦洗设备、油箱,给各需润滑部位加够润滑油。
② 清除设备上的无关构件,清扫试运行现场。
③ 手动试运行,检查各运动部件是否能灵活运动。

(3) 试运行步骤

试运行一般应遵循先低速后高速、先单机后联机、先无负荷后带负荷、先附属系统后主机、能手动的部分先手动再机动等原则,前一步试运行合格才进行下一步。一般的试运行步骤如下:

① 设备空运转试验。该试验是为了检查设备各部分的动作和相互间作用的正确性,同时也使某些摩擦表面初步磨合,一般称为"空车运行",主要从考核设备安装精度的保持性、设备的稳固性以及传动、操纵、控制、润滑、液压等系统是否正常和灵敏可靠等角度进行考核。

② 设备负荷运转试验。该试验主要是为了考核设备安装后在一定负荷下能否达到设计使用性能。如受条件限制,可结合实际产品进行试加工试验。在设备负荷运行试验中,应按所规定的规范检查轴承的升温、液压系统的泄露、传动、操纵、控制、安全等装置是否正常、安全和可靠。

③ 设备精度试验。一般在负荷试验合格后即可按照说明书的规定进行设备精度试验,金属切削机床还应进行几何精度、传动精度以及机床加工精度的检查。

(4) 设备试运行后的工作

首先断开设备的动力来源或总电路,然后做好下列设备检查和试运行记录。

① 设备几何精度、加工精度的检验记录,及其他功能的试验记录。

② 处理设备试运行中的情况(包括试车中对故障的排除)以及无法调整及消除的问题。

③ 对整个设备试运行作业的评定结论。

6. 设备的验收与移交使用

设备安装竣工后,应就工程项目进行验收。设备安装工程的验收,一般由设备使用单位向施工单位验收。工程验收完毕,即施工单位向使用单位交工后,设备即可投入生产和使用。工程验收时,施工单位应提交下列 6 类资料。

(1) 竣工图

施工图是设计单位提供的,但在施工中根据实际情况,施工单位或使用单位可对设计单位的施工技术文件提出修改方案,并经双方认可后重新按修改方案绘制的图即为竣工图。

(2) 有关设计修改的文件

有关设计修改的文件(包括设计修改通知单、施工技术核定单、会议记录等),即统称的"设计变更"文件,平时应妥善保存,交工时应提交给使用单位。

(3) 施工过程中的各种重要记录

各种重要记录是指主要材料和用于重要部位材料的出厂合格证和检验记录;重要焊接件的焊接试验报告;试运行记录等。

(4) 隐蔽工程记录

隐蔽工程是指工程结束后,已埋入地下或建筑结构内外看不到的工程。对于隐蔽工程,应在工程隐蔽前,由有关部门会同检查,确认合格后记录其方位、方向、规格和数量,然后方可隐蔽。隐蔽工程记录表应在检查后及时、如实填写,并签字,工程验收完毕后一并提交给使用单位。

(5) 各工序检查记录

若整个安装工程比较庞大,必须分割为若干施工过程,则施工中应按照每道工序的要求写出详尽的检测记录,作为工程验收时的依据,一并提交给使用单位。

(6) 其他有关资料

如吹扫试压、仪表校验、重大返工等的记录、重大问题及处理意见记录,以及施工单位向使用单位提供的建议和意见。

2.2 数控机床安装、调试与维护实例

2.2.1 机床的初就位和组装

1. 机床基础及起吊运输

按照机床生产厂对机床基础的具体要求,做好机床安装基础,并在基础上留出地脚螺栓孔,以便机床到厂后及时就位安装。机床安装位置应远离震动源,避免阳光照射和热辐射,放置在干燥的地方以避免地面潮湿和潮湿气流的影响。机床附近若有震动源,在基础四周必须设置防震沟。

机床的起吊和就位,应使用机床制造厂提供的专用工具,不允许采用其他方法进行,如无专用起吊工具,应采用钢丝绳按照说明书规定进行起吊和就位。

2. 组织有关技术人员阅读和消化有关机床安装方面的资料,然后进行机床安装

机床组装前要把导轨和各滑动面、接触面上的防锈涂料清洗干净,把机床各部件,如数控系统柜、电气柜、立柱、刀库、机械手等组装成整机。组装时必须使用原来(机床厂家自带的)定位销、定位块等定位元件,以保证下一步精度调整的顺利进行。

机床放置在基础上,应在自由状态下找平,然后将地脚螺栓均匀地锁紧。参照相关精度验收标准,使水平仪读数在精度验收标准数据允许的范围内。机床安装时应避免使机床产生强迫变形,不应随便拆下机床的某些部件,避免部件的拆卸导致机床内应力的重新分配,从而影响机床精度。

3. 部件组装完成后进行电缆、油管和气管的连接

根据机床说明书中的电气连接图和气压、液压管路图等资料,将有关电缆和管道按标记一一对应接好。连接时特别要注意清洁工作以及可靠的接触和密封,接头一定要拧紧,否则试车时会漏水、漏油,给试机带来麻烦。油管、气管连接时要特别注意防止异物从接口中进入管路,造成整个气压、液压系统故障。电缆和管路连接完毕后,调整各管线的方位,使其相互排列整齐、安全可靠,最后安装好防护罩壳,保证整齐的外观。

仔细检查机床各部位是否按要求加了油,冷却箱中是否加足冷却液,机床液压站、自动润滑装置中的油位是否到达油位指示器规定的位置。

2.2.2 数控系统的连接和调整

1. 外部电缆的连接

数控系统外部电缆的连接,包括数控装置与 MDI/CRT 单元、电气柜、机床操作面板、进给伺服单元、主轴伺服单元、检测装置反馈信号线的连接等,这些连接必须符合随机提供的连接手册的规定,最后进行地线连接。

数控机床地线的连接十分重要,良好的接地不仅对设备和人身安全十分重要,同时能有效地减少电气干扰,保证机床的正常运行。地线连接一般都采用辐射式接地法,即数控系统电气柜(数控柜)中的信号地、框架地、机床地等连接到公共接地点上,公共接地点再与大地相连。数控柜与强电柜之间的接地电缆要足够粗,截面积要在 5.5 mm^2 以上。地线必须与大地接触良好,接地电阻一般要求小于 4~7 Ω。

通电前还应进行来电源的电气检查,数控系统电气检查,电磁阀检查和限位开关检查等。

检查继电器、接触器、熔断器、伺服电动机控制单元插座、主轴电动机控制单元插座、CNC各类接口插座有无松动;检查所有的接线端子,包括强、弱电部分在装配时机床生产厂自行接线的端子及各电动机电源线的接线端子,每个端子都要用工具紧固一次。所有电磁阀都要用手推动数次,以防止长时间不通电造成的电磁阀阀芯滞动。检查所有限位开关动作的灵活性和固定性,防止动作不良或固定不牢。

2. 电源线的连接

数控系统电源线的连接,指数控柜电源变压器输入电缆的连接和伺服变压器绕组抽头的连接。对于进口的数控系统或数控机床更要注意,由于各国供电制式不尽一致,国外机床生产厂家为了适应各国不同的供电情况,无论是数控系统的电源变压器,还是伺服变压器都有多个抽头,必须根据我国供电的具体情况,正确地连接。

3. 输入电源电压、频率及相序的确认

(1) 输入电源电压和频率的确认

我国供电制式是交流380 V,三相;交流220 V,单相,频率为50 Hz。有些国家的供电制式与我国不一样,不仅电压幅值不一样,频率也不一样,例如日本的交流三相的线电压是200 V,单相是100 V,频率是60 Hz。因此,日本出口的设备为了满足各国不同的供电情况,一般都配有电源变压器。变压器上设有多个抽头供用户选择使用。电路板上设有50/60 Hz频率转换开关。所以,对于进口的数控机床或数控系统一定要先看懂随机说明书,按说明书规定的方法连接。通电前一定要仔细检查输入电源电压是否正确,频率转换开关是否已置于"50 Hz"位置。

(2) 电源电压波动范围的确认

检查用户的电源电压波动范围是否在数控系统允许的范围之内。一般数控系统允许电压波动范围为额定值的85%~110%,而欧美的一些系统要求更高一些。由于我国供电质量不太好,故电压波动大,电气干扰比较严重。如果电源电压波动范围超过数控系统的要求,需要配备交流稳压器。实践证明,采取了稳压措施后会明显地减少故障,提高数控机床的稳定性。

(3) 输入电源电压相序的确认

目前数控机床的进给控制单元和主轴控制单元的供电电源,大都采用晶闸管控制元件,如果相序不对,接通电源,可能使进给控制单元的输入熔丝烧断。

检查相序的方法很简单,一种是用相序表测量,如图2-8(a)所示,当相序接法正确时相序表按顺时针方向旋转,否则就是相序错误,这时可将R、S、T中任意两条线对调。另一种是用双线示波器来观察两相之间的波形,如图2-8(b)所示,两相在相位上相差120°。

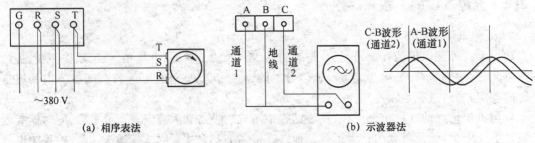

(a) 相序表法　　　　　　　　　　(b) 示波器法

图2-8 相序测量

(4) 确认直流电源输出端是否对地短路

各种数控系统内部都有直流稳压电源单元,为系统提供所需的+5 V,±15 V,±24 V等直流电压。因此,在系统通电前应当用万用表检查其输出端是否有对地短路现象。如有短路必须查清短路的原因,并排除之后方可通电,否则会烧坏直流稳压单元。

(5) 接通数控柜电源,检查各输出电压

在接通电源之前,为了确保安全,可先将电动机动力线断开。这样,在系统工作时不会引起机床运动。但是,应根据维修说明书的介绍对速度控制单元做一些必要性的设定,不致因断开电动机动力线而造成报警。接通数控柜电源后,首先检查数控柜中各风扇是否旋转,这也是判断电源是否接通最简便办法。随后检查各印制电路板上的电压是否正常,各种直流电压是否在允许的波动范围之内。一般来说,±24 V 允许误差为 $\pm10\%$,±15 V 的误差不超过 $\pm10\%$,对 $+5$ V 电源要求较高,误差不能超过 $\pm5\%$,因为 $+5$ V 是供给逻辑电路用的,波动太大会影响系统工作的稳定性。

(6) 检查各熔断器

熔断器是设备的"卫士",时时刻刻保护着设备的安全。除供电主线路上有熔断器外,几乎每一块电路板或电路单元都装有熔断器,当过负荷、外电压过高或负载端发生意外短路时,熔断器能马上被熔断而切断电源,起到保护设备的作用,所以一定要检查熔断器的质量和规格是否符合要求。

4. 参数的设定和确认

(1) 短路棒的设定

数控系统内的印制电路板上有许多用短路棒短路的设定点,需要对其适当设定以适应各种型号机床的不同要求。一般来说,用户购入的整台数控机床,这项设定已由机床厂完成,用户只需确认一下即可。但对于单体购入的数控装置,用户则必须根据需要自行设定。因为数控装置出厂时是按标准方式设定的,不一定适合具体用户的要求。不同的数控系统设定的内容不一样,应根据随机的维修说明书进行设定和确认。主要设定内容有以下 3 个部分:

① 控制部分印制电路板上的设定。包括主板、ROM 板、连接单元、附加轴控制板、旋转变压器或感应同步器的控制板上的设定。这些设定与机床回基准点的方法、速度反馈用检测元件、检测增益调节等有关。

② 速度控制单元电路板上的设定。在直流速度控制单元和交流速度控制单元上都有许多设定点,这些设定点用于选择检测元件的种类、回路增益及各种报警。

③ 主轴控制单元电路板上的设定。无论是直流或是交流主轴控制单元上,均有一些用于选择主轴电动机电流极性和主轴转速的设定点。但数字式交流主轴控制单元上已用数字设定代替短路棒设定,故只能在通电时才能进行设定和确认。

(2) 参数的设定

设定系统参数,包括设定 PC(PLC)参数,当数控装置与机床相连接时,能使机床有最佳的工作性能。即使是同一种数控系统,其参数设定也随机床而异。数控机床在出厂前,生产厂家已对所采用的 CNC 系统设置了许多初始参数来配合、适应相配套的数控机床的具体状况,但部分参数还需要经过调试才能确定。数控机床交付使用时都随机附有一份参数表。参数表是一份很重要的技术资料,必须妥善保存,当进行机床维修,特别是当系统中的参数丢失或发生错乱,需要重新恢复机床性能时,参数表是不可缺少的依据。

对于整机购进的数控机床,各种参数在机床出厂前已设定好,无需用户重新设定,但对照参数表进行一次核对还是必要的。显示已存入系统存储器的参数的方法,随各类数控系统定制,大多数可以通过按压 MDI/CRT 单元上的"PARAM"(参数)键来进行。显示的参数内容应与机床安装调试完成后的参数一致,如果参数有不符的,可按照机床维修说明书提供的方法进行设定和修改。

不同的数控系统参数设定的内容也不一样,主要包括以下各项:

① 有关轴和设定单位的参数,如设定数控坐标轴数、坐标轴名及规定运动的方向。

② 各轴的限位参数。

③ 进给运动误差补偿参数,如运动反向间隙误差补偿参数、螺距误差补偿参数等。

④ 有关伺服的参数,如设定检测元件的种类、回路增益及各种报警的参数。

⑤ 有关进给速度的参数,如回参考点速度、切削过程中的速度控制参数。

⑥ 有关机床坐标系、工件坐标系设定的参数。

⑦ 有关编程的参数。

如果所用的进给和主轴控制单元是数字式的,那么它的设定也都是用数字设定参数,而不用短路棒。此时须根据随机所带的说明书一一予以确认。

(3) 纸带阅读机的调整

从世界数控技术的发展趋势看,纸带阅读机将会逐渐被淘汰,取而代之的磁带、软磁盘或计算机编程系统直接进行数据传输。但是,20 世纪 90 年代前进口的数控机床绝大部分都配有内藏式纸带阅读机。另外,由于操作习惯的关系,现在仍有一些用户选择纸带阅读机。通常纸带阅读机在出厂前已经调整好,用户不必重新调整,但一旦发现读带信息出错,则需对光电放大器输出波形进行调整。目前能见到的纸带阅读机品种很多,其调整方法也稍有差异,一般可按下述步骤进行:

① 制作一条测试纸带,即一条有孔和无孔交错排列的黑色纸带,并将纸带首尾相接成环形。

② 把环形测试纸带装入纸带阅读机,将开关设置为"手动"方式,使其连续走带。

③ 用示波器测量光电放大器电路板上的同步孔(纸带中间的一排连续小孔)信号检查端子 S 和 0V(地)之间同步信号波形,调整电位器 SP(RV1),使波形 ON 和 OFF 时间之比值为 6∶4,如图 2-9 所示。

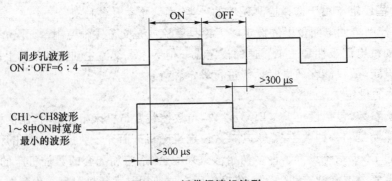

图 2-9 纸带阅读机波形

5. 确认数控系统与机床间的接口

现代的数控系统一般都具有自诊断的功能,在 CRT 画面上可以显示出数控系统与机床接口以及数控系统内部的状态。在带有可编程控制器(PLC)时,可以反映出从 NC 到 PLC,从 PLC 到 MT(机床),以及从 MT 到 PLC,从 PLC 到 NC 的各种信号状态。至于各个信号的含义及相互逻辑关系,随每个 PLC 的梯形图(即顺序程序)而异。用户可根据机床厂提供的梯形图说明书(内含诊断地址表),通过自诊断画面确认数控系统与机床之间的接口信号状态是否正确。

完成上述步骤,可以认为数控系统已经调整完毕,具备了机床联机通电试车的条件。此时,可切断数控系统的电源,连接电动机的动力线,恢复报警设定,准备通电试车。

2.2.3 开机调试

机床通电前还要按照机床说明书的要求给机床润滑油箱、润滑点灌入规定的油液或油脂,清洗液压油箱及过滤器,灌入规定标号的液压油,接通气源等。然后再调整机床的水平,粗调机床的主要几何精度。若是大中型设备,在已经完成初就位和初步组装的基础上,调整各主要运动部件与主轴的相对位置,如机械手、刀库及主轴换刀位置的校正,自动托盘交换装置与工作台交换位置的找正等。

机床通电操作可以是一次同时接通各部分电源全面供电,或各部分分别供电,然后再做总供电试验。对于大型设备,为了更加安全,应采取分别供电。通电后首先观察各部分有无异常,有无报警故障,然后用手动方式陆续启动各部件。检查安全装置是否起作用,能否正常工作,能否达到额定的工作指标。启动液压系统时先判断液压泵电动机转动方向是否正确,液压泵工作后液压管路中是否形成油压,各液压元件是否正常工作,有无异常噪声,各接头有无渗漏,液压系统冷却装置能否正常工作等。总之,根据机床说明书资料粗略检查机床主要部件的功能是否正常、齐全,使机床各环节都能操作运动起来。

在数控系统与机床联机通电试车时,虽然数控系统已经确认,工作正常无任何报警,但为了预防万一,应在接通电源的同时,做好按压急停按钮的准备,以便随时准备切断电源。例如,伺服电动机的反馈信号线接反了或断线,均会出现机床"飞车"现象,这时就需要立即切断电源,检查接线是否正确。在正常情况下,电动机首次通电的瞬时,可能会有微小的转动,但系统的自动漂移补偿功能会使电动机轴立即返回。此后,即使电源再次断开、接通,电动机轴也不会转动。可以通过多次通、断电源或按急停按钮的操作,观察电动机是否转动,从而也确认系统是否有自动漂移补偿功能。

通电正常后,用手动方式检查如下各基本运动功能:

① 将状态选择开关置于 JOG 位置,将点动速度放置在最低挡,分别进行各坐标正、反向点动操作,同时按下与点动方向相对应的超程保护开关,验证其保护作用的可靠性,然后再进行慢速的超程试验,验证超程撞块安装的正确性。

② 将状态开关置于返参位置,完成返参操作。

③ 将状态开关置于 JOG 位置或 MDI 位置,将主轴调速开关放在最低位置,进行各挡的主轴正、反转试验,观察主轴运转情况和速度显示的正确性,然后再逐渐升速到最高转速,观察主轴运转的稳定性。进行选刀试验,检查刀盘正、反转的正确性和定位精度。逐渐变化快速修调开关和进给倍率开关,随意点动,观察速度变化的正确性。

④ 将状态开关置于 EDIT 位置,自行编制一简单程序,尽可能多地包括各种功能指令和辅助功能指令,位移尺寸以机床最大行程为限。同时进行程序的增加、删除和修改操作。

⑤ 将状态开关置于程序自动运行状态,验证使所编制的程序执行空运转、单段运行、机床锁住、辅助功能闭锁状态时的正确性。分别将进给倍率开关、快速修调开关、主轴速度修调开关进行多种变化,使机床在上述各开关的多种变化情况下进行充分运行,然后将各修调开关置于 100% 处,使机床充分运行,观察整机的工作情况是否正常。

总之,凡是手动功能都可以验证一下。当这些试验都正确以后再进行下一步的工作,否则要先查明异常的原因并加以排除。

如果以上试验没发现什么问题,说明设备基本正常,就可以进行机床几何精度的精调和试运行。

2.2.4 机床精度和功能的调试

对于小型数控机床,整体刚性好,对地基要求也不高,机床到位安装后就可接通电源,调整机床床身水平,随后就可通电试运行,进行检查验收。为了使机床工作稳定可靠,对大中型设备或加工中心,不仅需要调水平,还需对一些部件进行精确的调整。调整内容主要有以下几项:

① 在已经固化的地基上用地脚螺栓和垫铁精调机床床身的水平,找正水平后移动床身上的各运动部件(立柱、溜板和工作台等),观察各坐标全行程内机床的水平变化情况,并相应调整机床几何精度使之在允差范围之内。在调整时,主要以调整垫铁为主,必要时可稍微改变导轨上的镶条和预紧滚轮等。一般来说,只要机床质量稳定,通过上述调整可将机床调整到出厂精度。

② 调整机械手与主轴、刀库的相对位置。首先使机床自动运行到换刀位置,再用手动方式分步进行刀具交换动作,检查抓刀、装刀、拔刀等动作是否准确恰当。在调整中采用校对检验棒进行检测,有误差时可调整机械手的行程或移动机械手支座或刀库位置等,必要时也可以改变换刀基准点坐标值的设定(改变数控系统内的参数设定)。调整好以后要拧紧各调整螺钉,然后再进行多次换刀动作,最好用几把接近允许最大重量的刀柄,进行反复换刀试验,达到动作准确无误,不撞击、不掉刀。

③ 带 APC 交换工作台的机床要把工作台运动到交换位置,调整托盘与交换台面的相对位置,达到工作台自动交换时动作平稳、可靠、正确。然后在工作台面上装上 70%~80% 的允许负载,进行多次自动交换动作,达到正确无误后紧固各有关螺钉。

④ 仔细检查数控系统和 PLC 装置中参数设定值是否符合随机资料中规定数据,然后试验各主要操作功能、安全措施、常用指令执行情况等。例如,各种运动方式(手动、点动、自动方式等)、主轴换挡指令,各级转速指令等是否正确无误。

⑤ 检查辅助功能及附件的正常工作,例如机床的照明灯、冷却防护罩和各种护板是否完整;往冷却液箱中加满冷却液,试验喷管是否能正常喷出冷却液;在用冷却防护罩条件下冷却液是否外漏;排屑器能否正常工作;机床主轴箱的恒温油箱能否起作用等。

2.2.5 机床试运行

为了全面地检查机床功能及工作可靠性,数控机床在安装调试后,应在一定负载或空载下进行较长一段时间的自动运行检验。自动运行检验的时间按国家标准 GB 9061—1988 中规定,数控车床为 16 h,加工中心为 32 h,都要求连续运转。在自动运行期间,不应发生除操作失误引起以外的任何故障。如故障排除时间超过了规定时间,则应重新调整后再次从头进行运转试验。这项试验国内外生产厂家都不太愿意进行,但从用户角度理应坚持。

思考与练习

2-1 设备安装找平的作用是什么?
2-2 设备试运行的步骤和目的分别是什么?
2-3 机电设备安装前的准备工作主要包括什么?
2-4 地脚螺栓与基础的连接方式有哪两种?
2-5 机电设备的安装,重点要注意哪些问题?
2-6 设备的检查包括什么?
2-7 数控机床安装调试的基本步骤有哪些?

第3章 机电设备检验及验收

学习目标

1. 正确进行机床几何精度的检测。
2. 正确进行机床性能的验收。
3. 了解数控机床运动精度的影响因素。
4. 初步具有数控机床检验及验收的能力。

工作任务

根据所学知识列出对 XK714G 数控铣床的检验及验收大纲。

相关实践与理论知识

机电设备在生产安装调试结束后必须进行检验及验收,检验设备的工作稳定性和可靠性。对机电设备检验及验收最具代表性的设备为数控机床,数控机床的检验及验收同普通机床的检验及验收差不多,验收的内容、方法及使用的检测仪器也基本上相同,只是要求更严、精度更高,使用的检测仪器精度也相应地要求更高些。与普通机床相比,数控机床增加了数控功能,也就是数控系统按程序指令而实现的一些自动控制功能,包括各种补偿功能等。数控功能的检验,除了用手动操作或自动运行来检验这些功能有无以外,更重要的是检验其稳定性和可靠性。对一些重要的功能必须进行较长时间的连续空运转试运行,确保安全可靠后才能正式交付使用。本章以数控机床的检验及验收为例进行讲解。

3.1 数控机床精度检验

数控机床精度检验在数控机床检验及验收中占有很重要的位置,而数控机床的高精度最终是要靠机床本身的精度来保证。另一方面,数控机床各项性能的好坏及数控功能能否正常发挥将直接影响到机床的正常使用。因此,数控机床精度和性能检验对初始使用的数控机床及维修调整后机床的技术指标恢复是很重要的。

机床精度检验的内容主要包括几何精度、定位精度和切削精度。工作中主要对机床进行几何精度检验,因此下面重点介绍几何精度检验。

3.1.1 数控机床几何精度检验

数控机床的几何精度综合反映了该机床的各关键零部件及其组装后的几何形状误差。机床的调整将对相关的精度产生一定影响,位置检测元件安装在机床相关部件上,几何精度的调整会对其产生一定的影响,几何精度中有些项目是相互联系、相互影响的。因此,机床几何精度的检测必须在机床整体精调后一次完成,不允许调整一项检测一项。

机床在出厂时都附带一份几何精度测试结果的报告,其中说明了每项几何精度的具体检测方法和合格标准,这份资料是在用户现场进行机床几何精度检测的重要参考资料。依据这些资料和实际现场能够提供的检测手段,来部分或全部地测定机床验收资料上的各项技术指标。检测结果作为该机床的原始资料存入技术档案中,作为今后维修时的技术指标依据。另外还可依据相关国家标准实施机床几何精度检测,如 JB 2670—1982《金属切削机床精度检测通则》、JB 4369—1986《数控卧式车床精度》和 JB/T 8771.1~7—1998《加工中心检验条件》。

1. 数控立式铣床几何精度检验

通过本次检验使我们能够掌握数控铣床几何精度检测标准和检测方法。

(1) 数控立式铣床几何精度检测内容

① 机床调平。

② 检测工作台面的平面度。

③ 主轴锥孔轴线的径向跳动、主轴端面跳动、主轴套筒外壁跳动。

④ 主轴轴线对工作台面的垂直度。

⑤ 主轴箱垂直移动对工作台面的垂直度。

⑥ 主轴套筒移动对工作台面的垂直度。

⑦ 工作台 x 轴方向或 y 轴方向移动对工作台面的平行度。

⑧ 工作台 x 轴方向移动对工作台基准(T 形槽)的平行度。

⑨ 工作台 x 轴方向移动对 y 轴方向移动的工作垂直度。

(2) 几何精度检测常用工具

常用工具是:平尺、方尺、直验棒、莫氏锥度验棒、顶尖、百分表、磁力表、水平仪、等高块、可调量块,如图 3-1 所示。检测工具的精度必须比所测几何精度高一个等级,要注意检测工具和测量方法造成的误差,如表架的刚性、测微仪的重力、验棒自身的振担和弯曲等造成的误差。

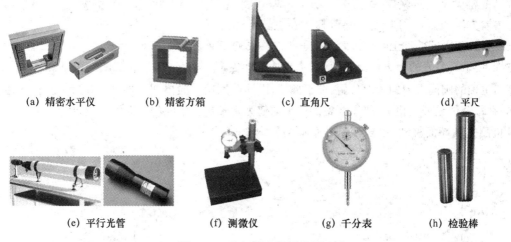

图 3-1 几何精度检测常用工具

(3) 几何精度检验

1) 机床调平

机床调平的检验工具是精密水平仪。

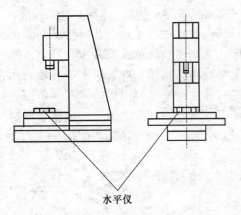

图 3-2 机床调平

检验方法:如图 3-2 所示。将工作台置于导轨行程的中间位置,将两个水平仪分别沿 x 和 y 坐标轴置于工作台中央;调整机床垫铁高度,使水平仪水泡处于读数中间位置;分别沿 x 和 y 坐标轴全行程移动工作台,观察水平仪读数的变化,调整机床垫铁的高度,使工作台沿 x 和 y 坐标轴全行程移动时水平仪读数的变化范围小于 2 格,读数处于中间位置即可。

2) 检测工作台面的平面度

检测工作台面的平面度的检验方法是用平尺检测工作台面的平面度误差,在规定的测量范围内,当所有点被包含在与该平面的总方向平行并相距给定值的两个平面内时,则认为该平面是平的;如图 3-3 所示,首先在检验面上选 a、b、c 点作为零位标记,将 3 个等高量块放在这 3 点上,则这 3 个量块的上表面就确定了与被检面作比较的基准面;将平尺置于点 a 和点 c 的等高量块上,并在检验面上点 e 处放一可调量块,使其与平尺的小表面接触;此时,量块 a、b、c、e 的上表面均在同一表面上;再将平尺放在点 b 和点 e 上,即可找到点 d 的偏差;在 d 点放一可调量块,并将其上表面调到由已经就位的量块上表面所确定的平面上;将平尺分别放在点 a 和点 d 及点 b 和点 c 上,即可找到被检面上点 a 和点 d 及点 b 和点 c 之间的偏差;其余各点之间的偏差可用同样的方法找到。

3) 主轴锥孔轴线的径向跳动、主轴端面跳动、主轴套筒外壁跳动

主轴锥孔轴线的径向跳动、主轴端面跳动、主轴套筒外壁跳动的检验工具是验棒、百分表。

检验方法如图 3-4 所示。将验棒插在主轴锥孔内,百分表安装在机床固定部件上,百分表测头垂直触及被测表面,旋转主轴,记录百分表的最大读数差值,在 a、b 处分别测量,标记

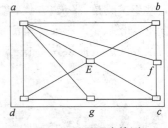

图 3-3 平面度检测

验棒与主轴的圆周方向的相对位置,取下验棒,同向分别旋转验棒 90°、180°、270° 后重新插入主轴锥孔,在每个位置分别检测,取 4 次检测的平均值为主轴锥孔轴线的径向跳动误差。

检测主轴端面跳动、主轴套筒外壁跳动如图 3-5 所示。

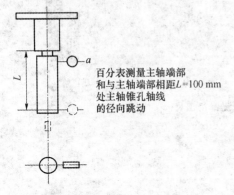

图 3-4 主轴锥孔轴线径向跳动检测

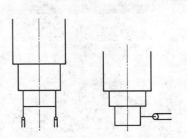

图 3-5 主轴端面跳动及主轴套筒外壁跳动检测

4) 主轴轴线对工作台面的垂直度

主轴轴线对工作台面的垂直度的检验工具是平尺、可调量块、百分表、表架。

检验方法如图 3-6 所示。将带有百分表的表架装在主轴上,并将百分表的测头调至平行于主轴轴线,被测平面与基准面之间的平行度偏差可以通过百分表测头在被测平面上摆动的检查方法测得,主轴旋转一周,百分表读数的最大差值即为垂直度偏差,分别在 x-z、y-z 平面内记录百分表在相隔 180°的两个位置上的读数差值,为消除测量误差,可在第一次检验后将验具相对于主轴转过 180°再重复检验一次。

5) 主轴箱垂直移动对工作台面的垂直度

主轴箱垂直移动对工作台面的垂直度的检验工具是等高块、平尺、角尺、百分表。

检验方法如图 3-7 所示。将等高块沿 y 轴方向放在工作台上,平尺置于等高块上,将角尺置于平尺上(在 y-z 平面内),百分表固定在主轴箱上,百分表测头垂直触及角尺,移动主轴箱,记录百分表读数及方向,其读数最大差值即为在 y-z 平面内主轴箱垂直移动对工作台面的垂直度误差;同理,将等高块、平尺、角尺置于 x-z 平面内重新测量一次,百分表读数最大差值即为在 y-z 平面内主轴箱垂直移动对工作台面的垂直度误差。

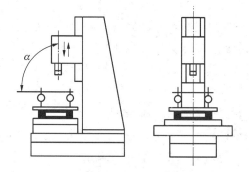 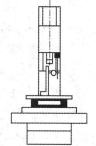

图 3-6 主轴轴线对工作台面垂直度检测　　图 3-7 主轴箱垂直移动对工作台面垂直度检测

6) 主轴套筒移动对工作台面的垂直度

主轴套筒移动对工作台面的垂直度的检验工具是等高块、平尺、角尺、百分表。

检验方法如图 3-8 所示。将等高块沿 y 轴方向放在工作台上,平尺置于等高块上,将角尺置于平尺上,并调整角尺位置使角尺轴线与主轴轴线重合;百分表固定在主轴上,百分表测头在 y-z 平面内垂直触及角尺,移动主轴,记录百分表读数及方向,其读数最大差值即为在 y-z 平面内主轴套筒垂直移动对工作台面的垂直度误差;同理,百分表测头在 x-z 平面内垂直触及角尺重新测量一次,百分表读数最大差值为在 x-z 平面内主轴套筒垂直移动对工作台面的垂直度误差。

7) 工作台 x 轴方向或 y 轴方向移动对工作台面的平行度

工作台 x 轴方向或 y 轴方向移动对工作台面的平行度的检验工具是等高块、平尺、百分表。

检验方法如图 3-9 所示。将等高块沿 y 轴方向放在工作台上,平尺置于等高块上,把百分表测头垂直触及平尺,y 轴方向移动工作台,记录百分表读数,其读数最大差值即为工

作台 y 轴方向移动对工作台面的平行度误差；将等高块沿 x 轴方向放在工作台上，沿 x 轴方向移动工作台，重复测量一次，其读数最大差值即为工作台 x 轴方向移动对工作台面的平行度误差。

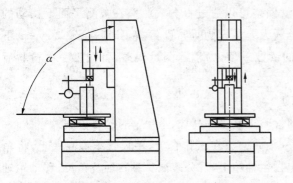 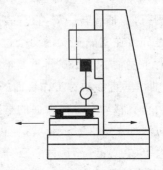

图 3-8　主轴移动对工作台面垂直度检测　　　图 3-9　工作台移动对工作台面平行度检测

8) 工作台 x 轴方向移动对工作台基准（T 形槽）的平行度

工作台 x 轴方向移动对工作台基准（T 形槽）的平行度的检验工具是百分表。

检验方法如图 3-10 所示。把百分表固定在主轴箱上，使百分表测头垂直触及基准（T 形槽），x 轴方向移动工作台，记录百分表读数，其读数的最大差值即为工作台沿 x 轴方向移动对工作台面基准（T 形槽）的平行度误差。

9) 工作台 x 轴方向移动对 y 轴方向移动的工作垂直度

工作台 x 轴方向移动对 y 轴方向移动的工作垂直度的检验工具是角尺、百分表。

检验方法如图 3-11 所示，工作台处于行程的中间位置，将角尺置于工作台上，把百分表固定在主轴箱上，使百分表测头垂直触及角尺（y 轴方向），y 轴方向移动工作台，调整角尺位置，使角尺的一个边与 y 轴轴线平行，再将百分表测头垂直触及角尺另一边（x 轴方向），沿 x 轴方向移动工作台，记录百分表读数，其读数最大差值即为工作台 x 轴方向移动对 y 轴方向移动的工作垂直度误差。

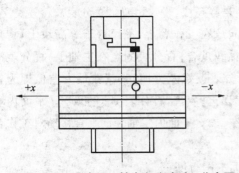 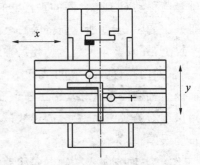

图 3-10　工作台沿 x 轴方向移动对工作台面　　　图 3-11　工作台沿 x 轴方向移动对 y 轴
　　　　　基准（T 形槽）的平行度　　　　　　　　　　　　方向移动的工作垂直度

将上述各项检测项目的测量结果记入表 3-1 中。

表 3-1 数控铣床精度检测数据记录表

机床型号		机床编号		环境温度		检验人		实验日期	

序号	检验项目	允差范围/mm	检验工具	实测误差/mm
G0	机床调平	0.06/1 000		
G1	工作台面的平面度	0.08/全长		
G2	靠近主轴端部主轴锥孔轴线的径向跳动	0.01		
	距主轴端部 $L(=100\text{ mm})$ 处主轴锥孔轴线的径向跳动	0.02		
G3	$y-z$ 平面内主轴轴线对工作台面的垂直度	0.05/300($a\leqslant 90°$)		
	$x-z$ 平面内主轴轴线对工作台面的垂直度			
	主轴端面跳动	0.01		
	主轴套筒外壁跳动	0.01		
G4	$y-z$ 平面内主轴箱垂直移动对工作台面的垂直度	0.05/300($a\leqslant 90°$)		
	$x-z$ 平面内主轴箱垂直移动对工作台面的垂直度			
G5	$y-z$ 平面内主轴套筒移动对工作台面的垂直度	0.05/300($a\leqslant 90°$)		
	$x-z$ 平面内主轴套筒移动对工作台面的垂直度			
G6	工作台沿 x 轴方向移动对工作台面的平行度	0.056($a\leqslant 90°$)		
	工作台沿 y 轴方向移动对工作台面的平行度	0.04($a\leqslant 90°$)		
G7	工作台沿 x 轴方向移动对工作台面基准(T 形槽)的平行度	0.03/300		
G8	工作台沿 x 轴方向移动对 y 轴方向移动的工作垂直度	0.04/300		
P1	M 面平面度	0.025		
	M 面对加工基面 E 的平行度	0.030		
	N 面和 M 面的相互垂直度			
	P 面和 M 面的相互垂直度			
	N 面对 P 面的垂直度	0.030/50		
	N 面对 E 面的垂直度			
	P 面对 E 面的垂直度			
P2	通过 x、y 坐标的圆弧插补对圆周面进行精铣的圆度	0.04		

2. 数控卧式加工中心几何精度检验

(1) 卧式加工中心几何精度检测的内容

卧式加工中心几何精度检测与数控卧式铣床的检验基本相同,也必须在机床工作台调平后进行,主要内容通常包括以下各项:

① 工作台面的平面度。

② 各坐标轴方向移动的相互垂直度。

③ x 轴方向移动工作台面的平行度。

④ y 轴方向移动工作台面的平行度。

⑤ z 轴方向移动对工作台上、下型槽侧面的平行度。

⑥ 主轴的轴向窜动。
⑦ 主轴孔的径向跳动。
⑧ 主轴箱沿 z 坐标轴方向移动对主轴轴心线的平行度。
⑨ 主轴回转轴心线对工作台面的垂直度。
⑩ 主轴箱在 z 坐标轴方向移动的直线度。

（2）几何精度检测常用工具

精密水平仪、精密方箱、直角尺、平尺、平行光管、测微仪、百分表、高精度验棒等，如图3-1所示。检测工具的精度必须比所测几何精度高一个等级，同时要注意检测工具和测量方法造成的误差，如表架的刚性、测微仪的重力、验棒自身的振担和弯曲等造成的误差。

（3）卧式加工中心几何精度检验

卧式加工中心几何精度检验项目，如表3-2所列。

表3-2 卧式加工中心几何精度检验项目

序号	检测内容	检测方法		允许误差/mm	实测误差
1	主轴箱沿 z 轴方向移动的直线度	a: x 轴方向	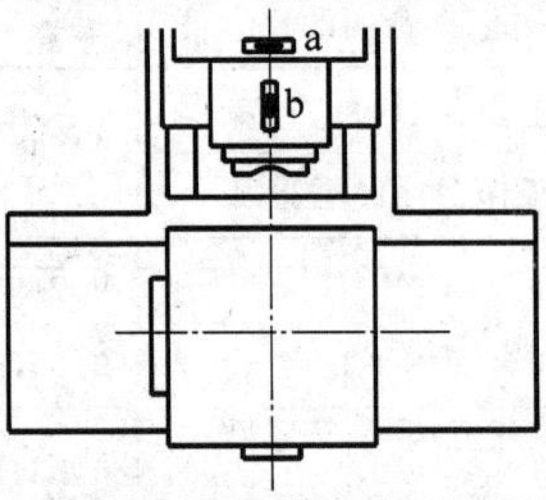	0.04/1 000	
		b: z 轴方向			
		c: z—x 面内 z 轴方向	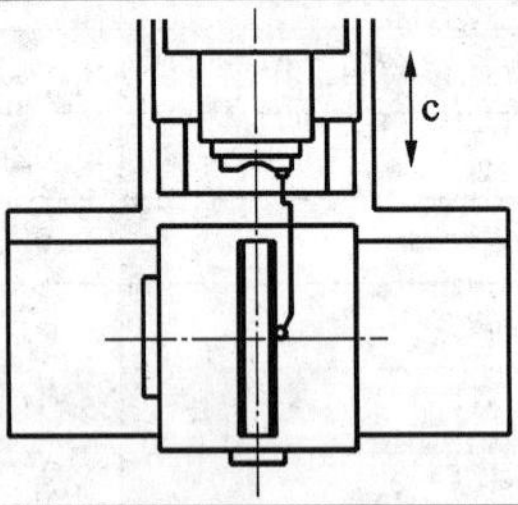	0.01/500	
2	工作台沿 x 轴方向移动的直线度	a: x 轴方向	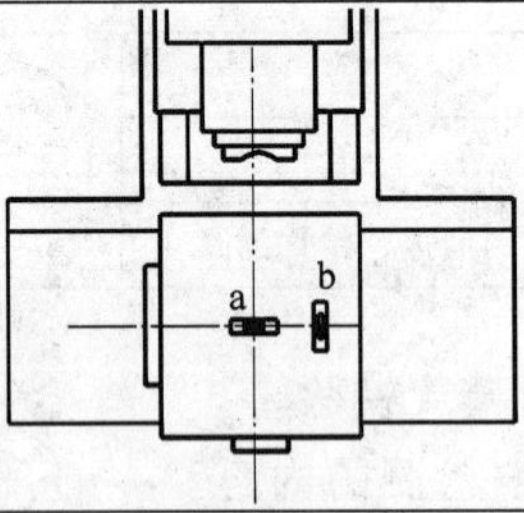	0.04/1 000	
		b: z 轴方向			
		c: z—x 平面内 z 轴方向	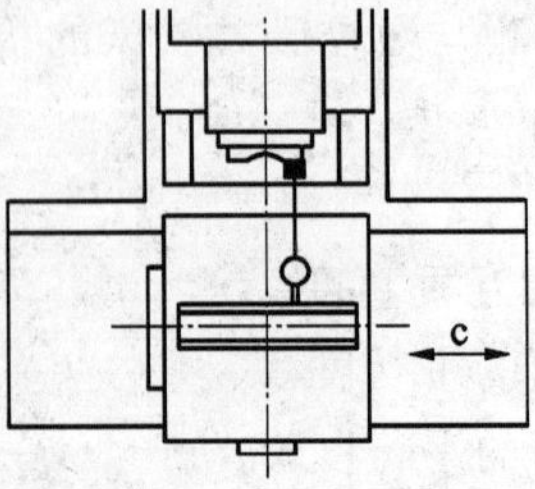	0.01/500	

续表 3-2

序号	检测内容	检测方法		允许误差/mm	实测误差
3	主轴箱沿 y 轴方向移动的直线度	a: $x-y$ 平面内		0.01/500	
		b: $y-z$ 平面内			
4	工作面表面的直线度	x 方向		0.015/500	
		z 方向		0.015/500	
5	x 轴移动对工作台面的平行度			0.02/500	
6	z 轴移动对工作台面的平行度			0.02/500	

续表 3-2

序号	检测内容	检测方法	允许误差/mm	实测误差
7	x 轴移动时工作台边界与定位器基准面的平行度		0.015/300	
8	各坐标轴之间的垂直度	x 和 y 轴	0.015/300	
		y 和 z 轴	0.015/300	
		x 和 z 轴	0.015/300	
9	回转工作台表面的跳动		0.02/500	
10	主轴轴向跳动		0.005	

续表 3-2

序 号	检测内容	检测方法		允许误差/mm	实测误差
11	主轴孔径向跳动	a:靠主轴端		0.01	
		b:离主轴端 300 mm处		0.02	
12	主轴中心线对工作台面的平行度	a:y-z 平面内		0.015/300	
		b:x-z 平面内			
13	回转工作台回转 90°的垂直度			0.01	
14	回转工作台中心线到边界定位器基准面之间的距离精度	工作台 A		±0.02	
		工作台 B			
15	交换工作台的重复交换定位精度	x 轴方向		0.01	
		y 轴方向			
		z 轴方向			
16	各交换工作台的等高度			0.02	
17	分度回转工作台的分度精度			10″	

3. 数控车床几何精度检验

几何精度检测的项目一般包括直线度、垂直度、平面度、俯仰与扭摆和平行度等。

(1) 数控卧式车床几何精度检测内容

数控卧式车床几何精度检测内容通常包括以下各项：

① 床身导轨的直线度和平行度。
② 溜板在水平平面内移动的直线度。
③ 尾座移动对溜板 z 向移动的平行度。
④ 主轴跳动。
⑤ 主轴定心轴颈的径向跳动。
⑥ 主轴锥孔轴线的径向跳动。
⑦ 主轴轴线对溜板 z 向移动的平行度。
⑧ 主轴顶尖的跳动。
⑨ 尾座套筒轴线对溜板 z 向移动的平行度。
⑩ 尾座套筒锥孔轴线对溜板 z 向移动的平行度。
⑪ 床头和尾座两顶尖的等高度。
⑫ 刀架 x 轴方向移动对主轴轴线的垂直度。

(2) 几何精度检测常用工具

几何精度检测常用工具有平尺、方尺、直验棒、莫氏锥度验棒、顶尖、百分表、磁力表座、水平仪、等高块、可调量块。检测工具的精度必须比所测几何精度高一个等级，要注意检测工具和测量方法造成的误差，如表架的刚性、测微仪的重力、验棒自身的振担和弯曲等造成的误差。

(3) 数控车床几何精度检验

1) 床身导轨的直线度和平行度

床身导轨的直线度和平行度的检验工具有精密水平仪。

① 纵向导轨调平后，床身导轨在垂直平面内的直线度的检验方法如图 3-12 所示。水平仪沿 z 轴方向放在溜板上，沿导轨全长等距离地在各位置上检验，记录水平仪的读数，并用做图法计算出床身导轨在垂直平面内的直线度误差。

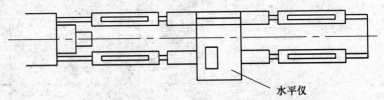

图 3-12 在垂直平面内床身导轨直线度的测量

② 横向导轨调平后，床身两导轨的平行度的检验方法如图 3-13 所示。水平仪沿 x 轴方向放在溜板上，在导轨上移动溜板，记录水平仪读数，其读数最大值即为床身导轨的平行度误差。

2) 溜板在水平平面内移动的直线度

溜板在水平平面内移动的直线度的检验工具是验棒和百分表。

检验方法如图 3-14 所示。将验棒顶在主轴和尾座顶尖上；再将百分表固定在溜板上，百分表水平触及验棒母线;全程移动溜板,调整尾座,使百分表在行程两端读数相等,检测溜板移动在水平平面内的直线度误差。

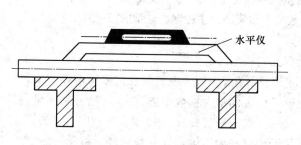

图 3-13 横向导轨调平后床身导轨平行度测量

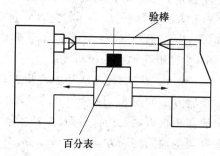

图 3-14 在水平平面内的溜板直线度测量

3)尾座移动对溜板 z 向移动的平行度

分别检测在垂直平面和水平平面内尾座移动对溜板 z 向移动的平行度。

检验工具是百分表两块。

检验方法如图 3-15 所示。将尾座套筒伸出后,按正常工作状态锁紧,同时使尾座尽可能地靠近溜板,把安装在溜板上的第二个百分表相对于尾座套筒的端面调整为零;溜板移动时也要手动移动尾座直至第二个百分表的读数为零,使尾座与溜板相对距离保持不变,按此法使溜板和尾座全行程移动,只要第二个百分表的读数始终为零,则第一个百分表即可相应指示出平行度误差;或沿行程在每隔 300 mm 处记录第一个百分表读数,百分表读数的最大差值即为平行度误差;第一个百分表分别在图中 a、b 测量,误差单独计算,即对应在垂直平面、水平平面的平行度。

4)主轴跳动

主轴跳动包括:主轴的轴向窜动、主轴轴肩支撑面的端面跳动。

检验工具是百分表和专用装置。

检验方法如图 3-16 所示。用专用装置在主轴线上加力 F(F 的值为消除轴向间隙的最小值),把百分表安装在机床固定部件上,然后使百分表测头沿主轴轴线分别触及专用装置的钢球和主轴轴肩支撑面;旋转主轴,百分表读数最大差值即为主轴的轴向窜动误差和主轴轴肩支撑面的端面跳动误差。

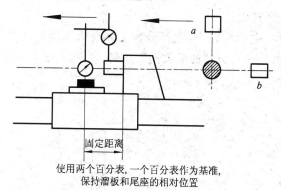

图 3-15 尾座移动对溜板 z 向移动平行度检测

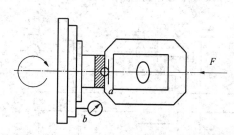

图 3-16 主轴轴肩支撑面轴向跳动和轴向窜动检测

5）主轴定心轴颈的径向跳动

主轴定心轴颈的径向跳动的检验工具是百分表。

检验方法如图3-17所示。把百分表安装在机床固定部件上，使百分表测头垂直于主轴定心轴颈并触及主轴定心轴颈；旋转主轴，百分表读数最大差值即为主轴定心轴颈的径向跳动误差。

6）主轴锥孔轴线的径向跳动

主轴锥孔轴线的径向跳动的检验工具是百分表和验棒。

检验方法如图3-18所示。将验棒插在主轴锥孔内，把百分表安装在机床固定部件上，使百分表测头垂直触及验棒表面，旋转主轴，记录百分表的最大读数差值，在a、b处分别测量；标记验棒与主轴的圆周方向的相对位置，取下验棒，同向分别旋转验棒90°、180°、270°后重新插入主轴锥孔，在每个位置分别检测；取4次检测的平均值即为主轴锥孔轴线的径向跳动误差。

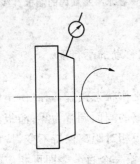

图3-17 主轴定心轴颈径向跳动检测

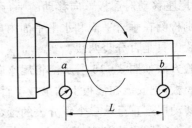

图3-18 主轴锥孔轴线径向跳动检测

7）主轴轴线对溜板z向移动的平行度

主轴轴线对溜板z向移动的平行度的检验工具是百分表和验棒。

检验方法如图3-19所示。将验棒插在主轴锥孔内，把百分表安装在溜板（或刀架）上，然后：

① 使百分表测头在垂直平面内垂直触及验棒表面（a位置），移动溜板，记录百分表的最大读数差值及方向，旋转主轴180°，重复测量一次，取两次读数的算术平均值作为在垂直平面内主轴轴线对溜板z向移动的平行度误差。

② 使百分表测头在水平平面内垂直触及验棒表面（b位置），按上述①的方法重复测量一次，即得在水平平面内主轴轴线对溜板z向移动的平行度误差。

8）主轴顶尖的跳动

主轴顶尖的跳动的检验工具是百分表和专用顶尖。

检验方法如图3-20所示。将专用顶尖插在主轴锥孔内，把百分表安装在机床固定部件上，使百分表测头垂直触及被测表面，旋转主轴，记录百分表的最大读数差值。

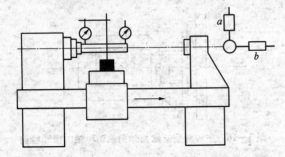

图3-19 主轴轴线对溜板z向移动平行度检测

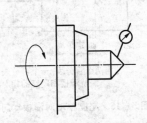

图3-20 主轴顶尖跳动检测

9) 尾座套筒轴线对溜板 z 向移动的平行度

尾座套筒轴线对溜板 z 向移动的平行度的检验工具是百分表。

检验方法如图 3-21 所示。将尾座套筒伸出有效长度后,按正常工作状态锁紧;百分表安装在溜板(或刀架上),然后:

① 使百分表测头在垂直平面内垂直触及尾座筒套表面,移动溜板,记录百分表的最大读数差值及方向,即得在垂直平面内尾座套筒轴线对溜板 z 向移动的平行度误差。

② 使百分表测头在水平平面内垂直触及尾座套筒表面,按上述①的方法重复测量一次,即得在水平平面内尾座套筒轴线对溜板 z 向移动的平行度误差。

10) 尾座套筒锥孔轴线对溜板 z 向移动的平行度

尾座套筒锥孔轴线对溜板 z 向移动的平行度的检验工具是百分表和验棒。

检验方法如图 3-22 所示。尾座套筒不伸出并按正常工作状态锁紧;将验棒插在尾座套筒锥孔内,百分表安装在溜板(或刀架)上,然后:

① 让百分表测头在垂直平面内垂直触及验棒被测表面,移动溜板,记录百分表的最大读数差值及方向;取下验棒,旋转验棒 180°后重新插入尾座套筒锥孔,重复测量一次,取两次读数的算术平均值作为在垂直平面内尾座套筒锥孔轴线对溜板 z 向移动的平行度误差。

② 让百分表测头在水平平面内垂直触及验棒被测表面,按上述①的方法重复测量一次,即得在水平平面内尾座套筒锥孔轴线对溜板 z 向移动的平行度误差。

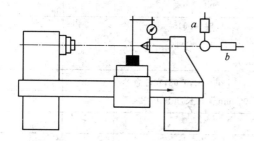

图 3-21　尾座套筒轴线对溜板
z 向移动平行度检测

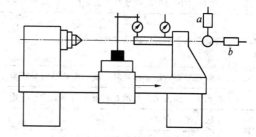

图 3-22　尾座套筒锥孔轴线对溜板
z 向移动平行度检测

11) 床头和尾座两顶尖的等高度

床头和尾座两顶尖的等高度的检验工具是百分表和验棒。

检验方法如图 3-23 所示。将验棒顶在床头和尾座两顶尖上,把百分表安装在溜板(或刀架)上,使百分表测头在垂直平面内垂直触及验棒被测表面,然后移动溜板至行程两端,移动小拖板(x 轴),寻找百分表在行程两端的最大读数值,其差值即为床头和尾座两顶尖的等高度误差。测量时注意方向。

12) 刀架沿 x 轴方向移动对主轴轴线的垂直度

刀架沿 x 轴方向移动对主轴轴线的垂直度的检验工具是百分表、圆盘、平尺。

检验方法如图 3-24 所示。将圆盘安装在主轴锥孔内,百分表安装在刀架上,使百分表测头在水平平面内垂直触及圆盘被测表面,再沿 x 轴方向移动刀架,记录百分表的最大读数差值及方向;将圆盘旋转 180°,重新测量一次,取两次读数的算术平均值作为刀架横向移动对主轴轴线的垂直度误差。

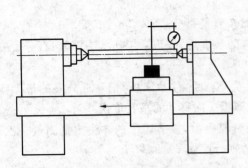
图 3-23 床头和尾座两顶尖等高度检测

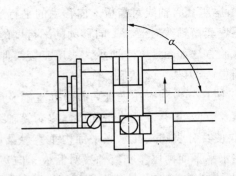
图 3-24 刀架横向移动对主轴轴线垂直度检测

将上述数控车车床的各项检测项目的测量结果记入表 3-3 中。

表 3-3 数控车床精度检测数据记录表

机床型号		机床编号		环境温度		检验人		实验日期	
序号		检验项目		允差范围/mm			检验工具	实测误差/mm	
G1	导轨调平	床身导轨在垂直平面内的直线度		0.02(凸)					
		床身导轨在水平平面内的平行度		0.04/1 000					
G2		溜板在水平平面内移动的直线度		$D_c \leqslant 500$ 时,0.015 $500 < D_c \leqslant 1\,000$ 时,0.02					
G3		在垂直平面内尾座移动对溜板 z 向移动的平行度		$D_c \leqslant 1\,500$ 时,0.03;在任意 500 mm 测量长度上,0.02					
		在水平平面内尾座移动对溜板 z 向移动的平行度							
G4		主轴的轴向窜动		0.010					
		主轴轴肩支承面的轴向跳动		0.020					
G5		主轴定心轴颈的径向跳动		0.01					
G6		靠近主轴端面主轴锥孔轴线的径向跳动		0.01					
		距主轴端面 L=300 mm 处主轴锥孔轴线的径向跳动		0.02					
G7		在垂直平面内主轴轴线对溜板 z 向移动的平行度		0.02/300(只许向上向前偏)					
		在水平平面内主轴轴线对溜板 z 向移动的平行度							
G8		主轴顶尖的跳动		0.015					
G9		在垂直平面内尾座套筒轴线对溜板 z 向移动的平行度		0.015/100(只许向上向前偏)					
		在水平平面内尾座套筒轴线对溜板 z 向移动的平行度							
G10		在垂直平面内尾座套筒锥孔轴线对溜板 z 向移动的平行度		0.03/300(只许向上向前偏)					
		在水平平面内尾座套筒锥孔轴线对溜板 z 向移动的平行度							
G11		床头和尾座两顶尖的等高度		0.04(只许尾座高)					
G12		刀架 x 轴方向移动对主轴轴线的垂直度		0.02/300($\alpha > 90°$)					

续表 3-3

序号	检验项目	允差范围/mm	检验工具	实测误差/mm
G13	x 轴方向回转刀架转位的重复定位精度	0.005		
	z 轴方向回转刀架转位的重复定位精度	0.01		
P1	精车圆柱试件的圆度	0.005		
	精车圆柱试件的圆柱度	0.03/300		
P2	精车端面的平面度	直径为 300 mm 时,0.025(只许凹)		
P3	螺距精度	在任意 50 mm 测量长度上,0.025		
P4	精车圆柱形零件的直径尺寸精度(直径尺寸差)	±0.025		
	精车圆柱形零件的长度尺寸精度	±0.025		

3.1.2 数控机床定位精度检验

数控机床定位精度,是指测量机床各坐标轴在数控装置控制下的运动所能达到的实际位置精度。数控机床的定位精度又可以理解为机床的实际运动精度,其误差称为定位误差。定位误差包括伺服系统、检测系统、进给系统等的误差,还包括各移动部件的机械传动误差等。即定位精度由数控系统和机械传动误差决定。

1. 数控机床定位精度内容

在进给传动链中,齿轮传动、滚珠丝杠螺母副等均存在反转间隙,这种反转间隙会造成在工作台反向运动时,电动机空走而工作台不运动,从而造成半闭环系统与误差和全闭环系统的位置环振荡不稳定。

解决方法:采取调整和预紧的方法,减小间隙。对剩余间隙,在半闭环系统中可将其间隙值测出,作为参数输入数控系统,那么此后每当数控机床反向运动时,数控系统会控制电动机多走一段距离,这段距离等于间隙值,从而补偿了间隙误差;需注意的是,对全闭环数控系统不能采取以上补偿方法(通常数控系统要求将间隙值设为零),因此必须从机械上减小或消除间隙;有些数控系统具有全闭环反转间隙附加脉冲补偿,以减小其对全闭环稳定性的影响,即当工作台反向运动时,对伺服系统施加一个一定宽度和高度的脉冲电压(可由参数设定),以补偿间隙误差。

2. 数控机床定位精度的检验

(1) 数控铣床、加工中心的定位精度检测

测量直线运动的检测工具有测微仪和成组块规、标准长度刻线尺和光学读数显微镜及双频激光干涉仪等。标准长度测量以双频激光干涉仪为准。回转运动检测工具有 360 齿精确分度的标准转台或角度多面体、高精度圆光栅及平行光管等。

1) 直线运动定位精度检测

直线运动定位精度一般都在机床和工作台空载条件下进行。常用检测方法如图 3-25 所示。对机床所测的每个坐标轴在全行程内,视机床规格分为每 20 mm、50 mm 或 100 mm 间距

正向和反向快速移动定位,在每个位置上测出实际移动距离和理论移动距离之差。

按国家标准和国际标准化组织的规定(ISO 标准),对数控机床的检测应以激光测量为准,如图 3-25(b)所示。目前,许多数控机床生产厂的出厂检验及用户验收检测一般采用标准尺进行比较测量,如图 3-25(a)所示。这种方法的检测精度与检测技巧有关,可控制精度位 0.004～0.005/1 000,而激光测量的测量精度比标准尺检测方法提高一倍。为了反映出多次定位中的全部误差,ISO 标准规定每个定位点按 5 次测量数据算出平均值和散差±3σ。所以,这时的定位精度曲线已不是一条曲线,而是一个由各定位点平均值连贯起来的一条曲线加上±3σ 散差带构成的定位点散差带,如图 3-26 所示。在该曲线上得出正、反向定位时的平均位置偏差与标准偏差 S_j,则位置 A 为

$$A = (\overline{X} + 3S_j)_{\max} - (\overline{X}_j - 3S_j) \tag{3-1}$$

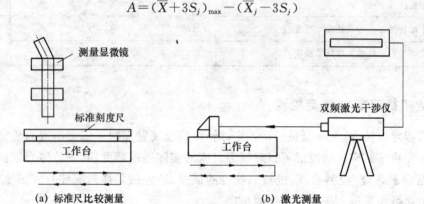

图 3-25 直线运动定位精度检测

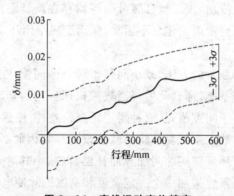

图 3-26 直线运动定位精度

此外,数控机床现有定位精度都是以快速定位测定,这也是不全面的。在一些进给传动链刚性不太好的数控机床上,采用各种进给速度定位时会得到不同的定位精度曲线和不同的反向死区(间隙)。因此,对一些质量不高的数控机床,即使有较高的出厂定位精度检查数据,也不一定能成批加工出高精度的零件。

另外,机床运行时正、反向定位精度曲线由于综合原因不可能完全重合,主要有以下两种情况。

① 平行型曲线,如图 3-27(a)所示。

即正向曲线和反向曲线在垂直坐标系上很均匀地拉开一段距离,这段距离即反映了该坐

标轴的反向间隙。这时,可以用数控系统间隙补偿功能修改间隙补偿值来使正、反向曲线接近。

② 交叉型曲线和扬声器形曲线,如图 3-27(b)、图 3-27(c)所示。

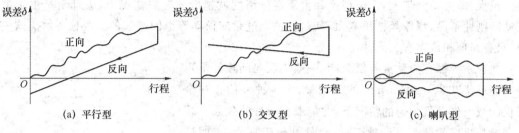

图 3-27 几种不正常定位曲线

这两类曲线都是由于被测坐标轴上各段反向间隙不均匀造成的。滚珠丝杠在行程内各段间隙过盈不一致和导轨副在行程各段的负载不一致等是造成反向间隙不均匀的主要原因。反向间隙不均匀现象较多表现在全行程内一头松一头紧,结果得到扬声器形的正、反向定位曲线。如果此时又不恰当地使用数控系统的间隙补偿功能,就造成了交叉型曲线。

测定的定位精度曲线还与环境温度和轴的工作状态有关。目前,大部分数控机床的伺服系统都是半闭环伺服系统,它不能补偿滚珠丝杠的热伸长值。热伸长值能使定位精度在 1 m 行程上相差 0.01～0.02 mm。为此,有些机床采用预拉伸丝杠的方法来减少热伸长值的影响。

2) 直线运动重复定位精度的检测

重复定位精度是反映轴运动稳定性的一个基本指标。机床运动精度的稳定性决定着加工零件质量的稳定性和一致性。直线运动重复定位精度的测量可选择行程的中间和两端的任意 3 个位置作为目标位置,每个位置用快速移动定位,在相同条件下从正向和反向进行 5 次定位,测量出实际位置与目标位置之差。如各测量点标准偏差最大值为 $S_{j,\max}$,则重复定位精度为 $R=6S_{j,\max}$。

3) 直线运动原点复归精度的检测

数控机床每个坐标轴都要有精确的定位起点,此点即为坐标轴的原点或参考点。原点复归精度实际上是该坐标轴上一个特殊点的重复定位精度,因此其检测方法与重复定位精度的检测方法相同。

为提高原点返回精度,各种数控机床对坐标轴原点的复归采取了一系列措施,如降速回原点、参考点偏移量补偿等。同时,每次机床关机之后,重新开机都要进行原点复归,以保证机床的原点位置精度一致。因此,坐标原点的位置精度必然比其他定位点精度要高。对每个直线轴,从 7 个位置进行原点复归,测量出其停止位置的数值,以测定值与理论值的最大差值为原点的复归精度。

4) 直线运动反向间隙的检测

坐标轴直线运动的反向间隙,又称直线运动反向失动量,是该轴进给传动链上的驱动元件反向死区,以及各机械传动副的反向间隙和弹性变形等误差的综合反映,其测量方法与直线运动重复定位精度的测量方法相似。在所测量坐标轴的行程内,预先向正向或反向移动一个距离并以此停止位置为基准,再在同一方向给予一定的移动指令值,使之移动一段距离,然后再

往相反方向移动相同的距离,测量停止位置与基准位置之差,如图 3-28 所示。在靠近行程的中点及两端的 3 个位置分别进行多次测定(一般为 7 次),求出各个位置上的平均值。如正向位置平均偏差 $\overline{X}\uparrow$,反向位置平均偏差为 $\overline{X}\downarrow$,则反向偏差 $B=|(\overline{X}_j\uparrow-\overline{X}_j\downarrow)|_{max}$。这个误差越大,即失动量越大,定位精度和重复定位精度就越低。一般情况下,失动量是由于进给传动链刚性不足,滚珠丝杠预紧力不够,导轨副过紧或松动等原因造成的。要根本解决这一问题,只有修理和调整有关元件。

数控系统都有失动量补偿功能(一般称反向间隙补偿),最大能补偿 0.20~0.30 mm 的失动量,但这种补偿要在全行程区域内失动量均匀的情况下,才能取得较好的效果。就一台数控机床的各个坐标轴而言,软件补偿值越大,表明该坐标轴上影响定位误差的随机因素越多,则该机床的综合定位精度不会太高。

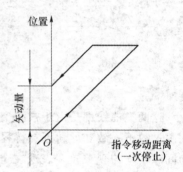

图 3-28 失动量测定

5) 回转工作台的定位精度检测

回转工作台的定位精度检测的测量工具有标准转台、角度多面体、圆光栅及平行光管(准直仪)等,可根据具体情况选用。测量方法是使工作台正向(或反向)转一个角度并停止、锁紧、定位,以此位置作为基准,然后向同方向快速转动工作台,每隔 30°锁紧定位,进行测量。正向转和反向转各测量一周,各定位位置的实际转角与理论值(指令值)之差的最大值为分度误差。如果是数控回转工作台,应以每 30°为一个目标位置,对于每个目标位置从正、反两个方向进行快速定位 7 次,实际达到位置与目标位置之差即位置偏差,再按 GB 10931—1989《数字控制机床位置精度的评定方法》规定的方法计算出平均位置偏差和标准偏差,所有平均位置偏差与标准偏差的最大值的和与所有平均位置偏差与标准偏差的最小值的和之差值,就是数控回转工作台的定位精度误差。

考虑到实际使用要求,一般对 0°、90°、180°、270°几个直角等分点作重点测量,要求这些点的精度较其他角度位置提高一个等级。

6) 回转工作台的重复分度精度检测

回转工作台的重复分度精度检测的测量方法是在回转工作台的一周内任选 3 个位置重复定位 3 次,分别在正、反方向转动下进行检测。所有读数值中与相应位置的理论值之差的最大值为重复分度精度。如果是数控回转工作台,要以每 30°取一个测量点作为目标位置,分别对各目标位置从正、反两个方向进行 5 次快速定位,测出实际到达的位置与目标位置之差值,即位置偏差,再按 GB 10931—1989 规定的方法计算出标准偏差,各测量点的标准偏差中最大值的 6 倍,就是数控回转工作台的重复分度精度。

7) 数控回转工作台的失动量检测

数控回转工作台的失动量,又称数控回转工作台的反向差,测量方法与回转工作台的定位精度测量方法一样。如正向位置平均偏差为 $\overline{Q}_j\uparrow$,反向位置平均偏差为 $\overline{Q}_j\downarrow$,则反向偏差 $B=|(\overline{Q}_j\uparrow-\overline{Q}_j\downarrow)|_{max}$。

8) 回转工作台的原点复归精度检测

回转工作台原点复归的作用同直线运动原点复归的作用一样。复归时,从 7 个任意位置分别进行一次原点复归,测定其停止位置的数值,以测定值与理论值的最大差值为原点复归精度。

(2) 数控车床定位精度检测

数控车床定位精度检测项目有刀架转位的重复定位精度、刀架转位 x 轴方向回转重复定位精度、刀架转位 z 轴方向回转等。

1) 刀架回转重复定位精度

刀架回转重复定位精度的检验工具是百分表和验棒。

检验方法如图 3-29 所示。把百分表安装在机床固定部件上,使百分表测头垂直触及被测表面(检具),在回转刀架的中心行程处记录读数,用自动循环程序使刀架退回,转位 360°,最后返回原来的位置,记录新的读数;误差以回转刀架至少回转 3 周的最大和最小读数差值计;对回转刀架的每一个位置都应重复进行检验,且在每一个位置百分表都应调到零。

2) 重复定位精度、反向差值、定位精度

重复定位精度、反向差值、定位精度的检验工具是激光干涉仪或步距规。

检验方法如图 3-30 所示。因为用步距规测量定位精度时操作简单,因而在批量生产中被广泛采用;无论采用哪种测量仪器,在全程上的测量点数应不少于 5 点,测量间距按式 $P_i = iP + k$ 确定(P 为测量间距;k 为各目标位置时取不同的值,以获得全测量行程上各目标位置的不均匀间隔,从而保证周期误差被充分采样)。

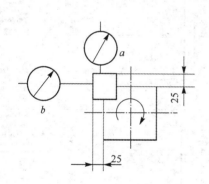

图 3-29 刀架回转重复定位精度检测

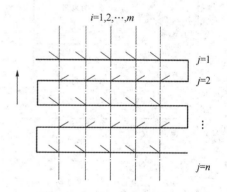

图 3-30 定位精度以及重复定位精度检测

3.1.3 切削精度验收

机床的切削精度是一项综合精度,它不仅反映了机床的几何精度和定位精度,同时还包括了试件的材料、环境温度、刀具性能以及切削条件等各种因素造成的误差和计量误差。为了反映机床的真实精度,要尽量排除其他因素的影响。切削试件时可参照 JB 2670-1982 规定的有关条文的要求进行,或按机床厂规定的条件,如试件材料、刀具技术要求、主轴转速、背吃刀量、进给速度、环境温度以及切削前的机床空运转时间等。切削精度检验可分单项加工精度检验和加工一个标准的综合性试件精度检验两种。

1. 加工中心切削精度

表 3-4 为加工中心切削精度检验内容。

表3-4 卧式加工中心切削精度检测项目

序号	检测内容	检测方法		允许误差/mm	实测误差
1	镗孔精度	圆度		0.01	
		圆柱度		0.01/100	
2	端铣刀铣平面精度	平面度		0.01	
		阶梯差		0.01	
3	端铣刀铣侧面精度	垂直度		0.02/300	
		平行度		0.02/300	
4	镗孔孔距精度	x轴方向		0.02	
		y轴方向			
		对角线方向		0.03	
		孔径偏差		0.01	
5	立铣刀铣削四周面精度	直线度		0.01/300	
		平行度		0.02/300	
		厚度差		0.03	
		垂直度		0.02/300	

续表 3-4

序　号	检测内容	检测方法	允许误差/mm	实测误差
6	两轴联动铣削直线精度	直线度	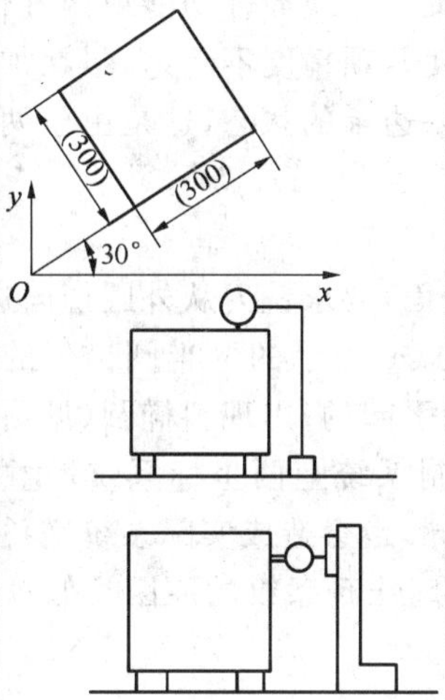 0.015/300	
		平行度	0.03/300	
		垂直度	0.03/300	
7	立铣刀铣削圆弧精度	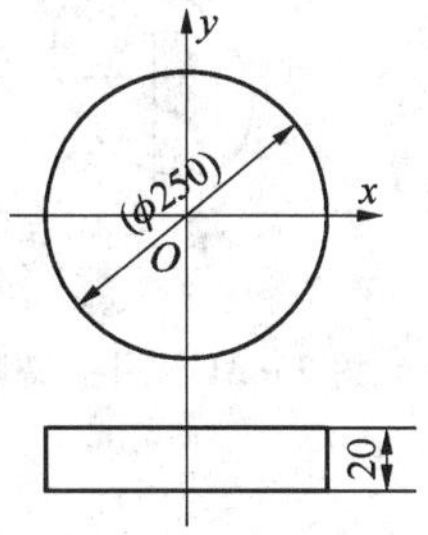	0.02	

(1) 镗孔精度和同轴度

试件上的孔先粗镗一次,然后按单边余量小于 0.2 mm 进行一次精镗,检测孔全长上各截面的圆度、圆柱度和表面粗糙度。这项指示主要用来考核机床主轴的运动精度及低速走刀时的平稳性。

利用转台 180°分度,在对边各镗一个孔,检验两孔的同轴度,这项指标主要用来考核转台的分度精度及主轴对加工平面的垂直度。

(2) 端铣刀铣平面和侧面精度

端铣刀对试件的同一平面按不小于两次走刀方式铣削整个平面,相邻两次走刀切削重叠约为铣刀直径的 20%。首次走刀时应使刀具伸出试件表面 20% 刀具直径,末次走刀应使刀具伸出 1 mm 之多。通常是通过先沿 x 轴轴线的纵向运动,后沿 y 轴轴线的横向运动来完成。

(3) 镗孔孔距精度和孔径分散度

孔距精度反映了机床的定位精度及失动量在工件上的影响。孔径分散度直接受到精镗刀头材质的影响,为此,精镗刀头必须保证在加工 100 个孔以后的磨损量小于 0.01 mm,用这样的刀头加工,其切削数据才能真实反映出机床的加工精度。

(4) 立铣刀铣削四周面精度

使 x 轴和 y 轴分别进给,用立铣刀侧刃精铣工件周边。该精度主要考核机床 x 向和 y 向导轨运动几何精度。

(5) 两轴联动铣削直线精度

用 G01 控制 x 和 y 轴联动,用立铣刀侧刃精铣工件周边。该项精度主要考核机床的 x、y 轴直线插补的运动品质,当两轴的直线插补功能或两轴伺服特性不一致时,便会使直线度、对边平行度等精度超差,有时即使几项精度不超差,但在加工面上出现很有规律的条纹,这种条纹在两直角边上呈现一边密、一边稀的状态,这是由于两轴联动时,其中某一轴进给速度不均匀造成的。

(6) 圆弧铣削精度

用立铣刀侧刃精铣外圆表面,要求铣刀从外圆切向进刀,切向出刀,铣圆过程连续不中断。测量圆试件时,常发现图 3-31(a)所示的两半圆错位的图形,这种情况一般都是由一坐标方向或两坐标方向的反向失动量引起的;出现斜椭圆(见图 3-31(b))是由于两坐标的实际系统增益不一致造成的,尽管在控制系统上两坐标系统增益设置成完全一样,但由于机械部分结构、装配质量和负载情况等不同,也会造成实际系统增益的差异;出现圆周上锯齿形条纹(见图 3-31(c)),其原因与铣斜四方时出现条纹的原因类似。

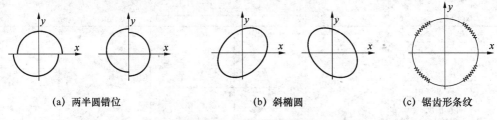

(a) 两半圆错位 (b) 斜椭圆 (c) 锯齿形条纹

图 3-31 圆弧铣削精度

(7) 过载重切削

在切削负荷大于主轴功率 120%~150% 的情况下,机床应不变形,主轴运转正常。

要保证切削精度,就必须要求机床的定位精度和几何精度的实际误差要比允差小。例如一台中小型加工中心的直线运动定位允差为 ±0.01/300 mm、重复定位允差 ±0.007 mm、失动量允差 0.015 mm,但镗孔的孔距精度要求为 0.02/200 mm。不考虑加工误差,在该坐标定位时,若在满足定位允差的条件下,只算失动量允差加重复定位允差(0.015 mm+0.014 mm=0.029 mm),即已大于孔距允差 0.02 mm。所以,机床的几何精度和定位精度合格,切削精度不一定合格。只有定位精度和重复定位精度的实际误差大大小于允差,才能保证切削精度合格。因此,当单项定位精度有个别项目不合时,可以以实际的切削精度为准。一般情况下,各项切削精度的实测误差值为允差值的 50%,是比较好的。个别关键项目能在允差值的 1/3 左右,可以认为该机床的此项精度是相当理想的。对影响机床使用的关键项目,如果实测值超差,应视为不合格。

2. 数控卧式车床的车削精度

对于数控卧式车床,单项加工精度有:外圆车削、端面车削和螺纹切削。

(1) 外圆车削

外圆车削试件如图 3-32 所示。

试件材料为 45 钢,切削速度 100~150 m/min,背吃刀量 0.1~0.15 mm,进给量小于或等于 0.1 mm/r,刀片材料 YW3 涂层刀具。试件长度取床身上最大车削直径的 1/2,或最大车削长度的 1/3,最长为 500 mm,直径大于或等于长度的 1/4。精车后圆度小于 0.007 mm,直径的一致性在 200 mm 测量长度上小于 0.03 mm(机床加工直径小于或等于 800 mm 时)。

(2) 端面车削

精车端面的试件如图 3-33 所示。

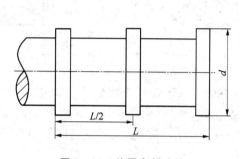

图 3-32 外圆车削试件

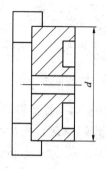

图 3-33 端面车削试件

试件材料为灰铸铁,切削速度 100 m/min,背吃刀量 0.1~0.15 mm,进给量小于或等于 0.1 mm/r,刀片材料为 YW3 涂层刀具,试件外圆直径最小为最大加工直径的 1/2。精车后检验其平面度,300 mm 直径上为 0.02 mm,只允许凹。

(3) 螺纹切削

精车螺纹试验的试件如图 3-34 所示。

螺纹长度要大于或等于 2 倍工件直径,但不得小于 75 mm,一般取 80 mm。螺纹直径接近 z 轴丝杠的直径,螺距不超过 z 轴丝杠螺距之半,可以使用顶尖。精车 60°螺纹后,在任意 60 mm 测量长度上螺距累积误差的允差为 0.02 mm。

(4) 综合试件切削

综合车削试件如图 3-35 所示。材料为 45 号

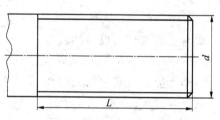

图 3-34 螺纹切削试件

钢,有轴类和盘类零件,加工对象为阶台、圆锥、凸球、凹球、倒角及割槽等内容,检验项目有圆度、直径尺寸精度及长度尺寸精度等。

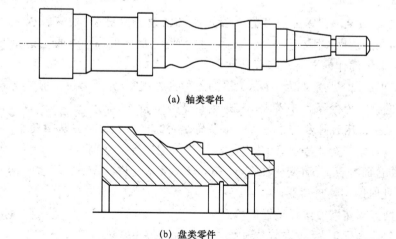

图 3-35 综合切削试件

3.2 数控机床性能及数控功能检验

数控机床性能和数控功能直接反映了数控机床各个性能指标,它们的好坏将影响到机床运行的可靠性和正确性,对此方面的检验要全面、细致。

3.2.1 数控机床性能检验

不同类型的机床,其性能检验的项目有所不同。机床性能主要包括主轴系统、进给系统、电气装置、安全装置、润滑系统及各附属装置等。如有的机床具有自动排屑装置、自动上料装置、接触式测头装置等,加工中心有刀库及自动换刀装置、工作台自动交换装置等,这些装置工作是否正常、是否可靠都要进行检验。

数控机床性能的检验与普通机床基本一样,主要是通过"耳闻目睹"和试运转,检查各运动部件及辅助装置在启动、停止和运行中有无异常现象及噪声,润滑系统、油冷却系统以及各风扇等工作是否正常。现以一台立式加工中心为例说明一些主要的检验项目。

1. 主轴系统性能检测

检测机床主轴在启动、停止和运行中有无异常现象和噪声,润滑系统及各风扇工作是否正常。

① 用手动方式选择高、中、低 3 个主轴转速,连续进行 5 次正转和反转的启动和停止动作,检验主轴动作的灵活性和可靠性。

② 用数据输入方式,主轴从最低一级转速开始运转,逐级提到允许的最高转速,实测各级转速数,允差为设定值的±10%,同时观察机床的振动。

③ 主轴在长时间高速运转(一般为 2 h)后,允许温升为 15 ℃。

④ 主轴准停装置连续操作 5 次,检验动作的准确性和灵活性。

2. 进给系统性能检测

检测机床各运动部件在启动、停止和运行中有无异常现象和噪声,润滑系统及各风扇工作是否正常。

① 在各进给轴全部行程上连续做工作进给和快速进给试验,快速行程应大于 1/2 全行程,正、负方向和连续操作不少于 7 次。检测进给轴正、反向的高、中、低速进给和快速移动的启动、停止、点动等动作的平稳性和可靠性。

② 在 MDI 方式下测定 G00 和 G01 下的各种进给速度,允差为设定值的±5%。

③ 在各进给轴全行程上做低、中、高进给量变换试验。

④ 检查数控铣床升降台防止垂直下滑装置是否起作用。检查方法很简单,在机床通电的情况下,在床身固定千分表表座,用千分表测头指向工作台面,然后将工作台突然断电,通过千分表观察工作台面是否下沉,变化在 0.01~0.02 mm 是允许的。下滑太多会影响批量加工零件的一致性,此时需调整自锁器。

3. 自动换刀或转塔刀架系统性能检测

① 转塔刀架进行正、反方向转位试验以及各种转位夹紧试验。

② 检测自动换刀的可靠性和灵活性。如手动操作及自动运行时,在刀库装满各种刀柄条

件下运动的平稳性,所选刀号到位的准确性。

③ 测定自动交换刀具的时间。

4. 气压、液压装置检测

① 检查定时定量润滑装置的可靠性及各润滑点的油量分配等功能的可靠性。

② 检查润滑油路有无渗漏。

③ 检查压缩空气和液压油路的密封、调压性能及压力指示值是否正常。

5. 机床噪声检测

由于数控机床大量采用了电气调速装置,所以各种机械调速齿轮往往不是最大的噪声源,而主轴伺服电动机的冷却风扇和液压系统液压泵的噪声等可能成为最大的噪声源。

机床空运转时的总噪声不得超过标准(80 dB)。

6. 安全装置检测

① 检查对操作者的安全防护装置以及机床保护功能的可靠性。如各种安全防护罩,机床各进给轴行程极限的软硬限位保护功能,各种电流、电压过载保护和主轴电动机过载保护功能等。

② 检查电气装置的绝缘可靠性,检查接地线的质量。

③ 检查操作面板各种指示灯、电气柜散热扇工作是否正常、可靠。

7. 辅助装置检测

① 卡盘做夹紧、松开试验,检查其灵活性和可靠性。

② 检查自动排屑装置的工作质量。

③ 检查冷却防护罩有无泄露。

④ 检查工作台自动交换装置工作是否正常,试验带重负载时工作台自动交换动作。

⑤ 检查配置接触式测头的测量装置能否正常工作,有无相应的测量程序。

3.2.2 数控功能检验

数控系统的功能随所配机床类型有所不同,同型号的数控系统所具有的标准功能是一样的,但是一台较先进的数控系统所具有的控制功能是很全的。对于一般用户来说并不是所有的功能都需要,有些功能可以由用户根据本单位生产上的实际需要和经济情况选择,这部分功能叫选功能。当然,选择功能越多价格越高。数控功能的检测验收要按照机床配备的数控系统的说明书和订货合同的规定,用手动方式或用程序的方式检测该机床应该具备的主要功能。

数控功能检验主要内容包括:

(1) 运动指令功能

检验快速移动指令和直线插补、圆弧插补指令的正确性。

(2) 准备指令功能

检验坐标系选择、平面选择、暂停、刀具长度补偿、刀具半径补偿、螺距误差补偿、反向间隙补偿、镜像功能、极坐标功能、自动加减速、固定循环及用户宏程序等指令的准确性。

(3) 操作功能

检验回原点、单程序段、程序段跳读、主轴和进给倍率调整、进给保持、紧急停止、主轴和冷却液的启动和停止等功能的准确性。

(4) CRT 显示功能

检验位置显示、程序显示、各菜单显示以及编辑修改等功能准确性。

3.2.3 机床空载运行检验

让数控机床长时间连续运行,是综合检验整台数控机床各种自动运行功能可靠性最好的方法。数控机床出厂前,一般都要经过 96 h 的自动连续运行,用户在调整验收时,只要做 8~16 h 的自动连续空载运行就可以了。一般机床 8 h 连续运行不出故障,表明其可靠性已达到一定水平。

而空载运行就是让机床在空载条件下,运行一个考机程序,这个考机程序应包括:

① 主轴转动要包括标称的最低、中间和最高转速在内五种以上速度的正转、反转及停止等运行。

② 各坐标运动要包括标称的最低、中间和最高进给速度及快速移动,进给移动范围应接近全行程,快速移动距离应在各坐标轴全行程的二分之一以上。

③ 一般自动加工所用的一些功能和代码要尽量用到。

④ 自动换刀应至少交换刀库中三分之二以上的刀号,而且都要装上重量在中等以上的刀柄进行实际交换。

⑤ 如测量功能、APC 交换和用户宏程序等时,必须使用的特殊功能。

用以上这样的程序连续运行,检查机床各项运动、动作的平稳性和可靠性,并且要强调在规定时间内不允许出故障,否则要在修理后重新开始规定时间考核,不允许分段进行累积到规定运行时间。

3.3 数控系统的验收

完整的数控系统应包括各功能模块、CRT、系统操作面板、机床操作面板、电气控制柜(强电柜)、主轴驱动装置和主轴电动机、进给驱动装置和进给伺服电动机、位置检测装置及各种连接电缆等。

在机床实际交付过程中,验收工作是数控机床交付使用前的重要环节。虽然新机床在出厂时已做过检验,但验收并不是简单现场安装、机床调平和试件加工合格便能通过的。验收必须是对机床的三种精度(几何、位置、加工)做全面检验,必须在对机床进行性能和功能检验后,才能确保机床工作性能,完成验收工作。

对于一般的数控机床用户,数控机床验收工作主要是根据机床出厂验收技术资料上规定的验收条件,以及实际能够提供的检测手段,来部分或全部地测定机床验收资料上的各项技术指标。检测结果作为该机床的原始资料存入技术档案中,作为今后维修时的技术指标依据。

(1) 预验收

预验收的目的是为了检查、验证机床能否满足用户要求的加工质量及生产率,检查供应商提供的资料、备件是否齐全。供应商只有在机床通过正常运行试车并经检验生产出合格加工件后,才能进行预验收。

预验收多在机床生产厂进行,主要检验供应厂商对机床采购合同,特别是技术协议条款的履行程度进行确认。

(2) 开箱检验

开箱检验虽然是一项清点工作,但很重要。参加检验的人员一般需要包括设备管理人员、设备安装人员及设备采购员。如果是进口设备,还需要有进口商务代理和海关商检人员等在场。

开箱检验的内容主要有以下几个方面。

1)装箱单

对照合同核对装箱单的内容,依据装箱单清点设备。

2)附件、备件、工具是否齐全

按合同规定,对照装箱单清点附件的品种、规格和数量,备件的品种、规格和数量,工具的品种、规格和数量,刀具(刀片)的品种、规格和数量。

3)技术资料是否齐全

按合同规定,核对应有的操作说明书、维修说明书、图样资料、验收标准、合格证等技术文件。

4)机床外观检查

外观检查主要包括检查主机、数控系统、电气柜、操作台等有无明显碰撞损伤、变形、受潮、锈蚀等严重影响设备质量的情况;检查系统操作面板、机床操作面板、CRT、位置检测装置、电源、伺服驱动装置等部件是否有破损,电缆捆扎处是否有破损现象,特别是对安装有脉冲编码器的伺服电动机,要检查电动机外壳的相应部分有无磕碰的痕迹。如果出现上述情况应及时向有关部门反映、查询、取证并索赔。

(3)控制柜内元器件的紧固检查

控制柜内元器件的线路连接有三种形式:一是针型插座,二是接线端子,三是航空插头。特别是接线端子,适用于各种按钮、变压器、接地板、伺服装置、接线排端子、继电器、接触器及熔断器等元器件的接线,应检查它们接线端子的紧固螺钉是否都已拧紧。检查电气设备中,接线端子的压线垫圈及螺钉是否处置不当,是否脱落。如有存在就可能造成电器机件卡死或电气短路等故障,故此要防患于未然。

(4)输入电源的确认

此项检查按3.1节相同内容执行。

(5)确认数控系统与机床侧的接口

此项检查按3.1节相同内容执行。

(6)确认数控系统各参数的设定

此项检查按3.1节相同内容执行。

(7)接通电源检查机床状态

系统工作正常时,应无任何报警。通过多次接通、断开电源或按下急停按钮的操作来确认系统是否正常。此项检查也参见第一节之"开机调试"内容执行。

(8)用手轮进给检查各轴运转情况

用手轮进给操作,使机床各坐标轴连续运动,通过CRT显示的坐标值来检查机床移动部件的方向和距离是否正确;另外,用手轮进给低速移动机床各坐标轴,并使移动的轴碰到限位开关,用以检查超程限位是否有效、机床是否准确停止、数控系统是否在超程时发生报警;用点动或手动快速移动机床各坐标轴,观察在最大进给速度时,是否发生误差过大报警。

(9)机床精度检查

此项检查首先要依据采购合同中的技术协议执行,执行原则是在现场条件允许的情况下尽可能执行所有项检查,至少也要保证对主轴、进给轴相应项的检查。具体执行方法参见第

3.2 节内容执行。

（10）机床性能及数控功能检查

此项检查首先要依据采购合同中的技术协议执行,执行原则是在现场条件允许的情况下尽可能执行所有项检查,至少也要保证机床的基本性能、系统功能和协议中的用户要求。

（11）验收记录

对现场验收过程中的所有检查结果必须一一记录,对验收出现的所有问题做翔实记录,包括问题现象、处理过程、处理结果和遗留问题的处理协议。验收记录上要有机床供需双方的责任代表签字,相关方各留此记录以备后需。

思考与练习

3-1 数控机床的精度检验包括哪些内容?

3-2 图3-36为卧式加工中心切削试件示意图,问通过该试件可检验卧式加工中心哪些精度指标?

3-3 数控功能检验包括哪些内容?

3-4 数控系统的验收包括哪些内容?

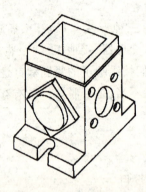

图3-36 切削试件

3-5 有一台数控车床加工ϕ20 mm×300 mm细长轴,在预验收时加工均正常。在正式验收时,用户在机床垫脚处增加防振垫以防止振动,结果采用同样参数在粗切时均正常,但在精切时发生颤振,请分析故障原因和解决颤振的措施。

3-6 选一立式数控铣床按照机床说明书进行几何精度检测。

第4章 机电设备机械结构故障诊断及维护

4.1 机电设备机械结构的故障诊断方法

学习目标

1. 掌握机电设备的机械结构故障诊断方法。
2. 熟悉典型机械结构故障的诊断过程。
3. 了解振动测试仪的应用方法与特点。

工作任务

对机床设备噪音进行故障分析。

相关实践与理论知识

由于制造技术的发展,对零件加工质量要求更加严格,对机床维护提出了更高要求。同时,机床机械维护的面更广,除了主轴、导轨和丝杠外,还有刀库及换刀装置、液压和气动系统等。

机床的机电一体化在机械故障诊断时同样表现出机电之间的内在联系。因此,熟悉机械故障的特征,掌握机床机械故障诊断的方法和手段,对确认故障的原因有一定帮助。

机床在运行过程中,机械零部件受到力、热、摩擦以及磨损等多种因素的作用,运行状态不断变化,一旦发生故障,往往会导致不良后果。因此,必须在机床运行过程中,对机床的运行状态及时作出判断并采取相应的措施。运行状态异常时,必须停机检修或停止使用。这样可以大大提高机床运行的可靠性,进一步提高机床的利用率。

数控机床机械故障诊断包括对机床运行状态的识别、预测和监视三个方面的内容。通过对数控机床机械装置的某些特征参数,如振动、噪声和温度等进行测定,将测定值与规定的正常值进行比较,以判断机械装置的工作状态是否正常。若对机械装置进行定期或连续监测,便可获得机械装置状态变化的趋势性规律,从而对机械装置的运行状态进行预测和预报。在诊断技术上,既有传统的"实用诊断方法",又有利用先进测试手段的"现代诊断方法"。表4-1所列为机床机械故障诊断的主要方法。

表4-1 数控机床机械故障诊断方法

诊断技术	机械设备诊断方法	原理及特征信息
实用诊断技术	听、摸、看、问、闻	通过形貌、声音、温度、颜色和气味的变化来诊断
	查阅技术档案资料	找规律、查原因、作判别

续表 4-1

诊断技术	机械设备诊断方法	原理及特征信息
现代诊断技术	油液光谱分析	通过使用原子吸收光谱仪,对进入润滑油或液压油中磨损的各种金属微粒和外来砂粒、尘埃进行化学成分和浓度分析,从而进行状态监测
	振动监测	通过安装在机床某些特征点上的传感器,利用振动计巡回检测,测量机床上某些特定测量处的总振级大小,如位移、速度、加速度和幅频特性等,从而对故障进行预测和监测
	噪声谱分析	通过声波计对齿轮噪声信号频谱中的啮合谐波幅值变化规律进行深入分析,识别和判断齿轮磨损失效故障状态,可做到非接触式测量,但要减少环境噪声的干扰
	故障诊断专家系统	将诊断所必需的知识、经验和规则等信息编成计算机可以利用的知识库,建立具有一定智能的专家系统。这种系统能对机器状态作常规诊断,解决常见的各种问题,并可自行修正及扩充已有的知识库,不断提高诊断水平
	温度监测	利用各种测温热电偶探头,测量轴承、轴瓦、电动机和齿轮箱等装置的表面温度,具有快速、正确、方便的特点
	非破坏性监测	根据探伤仪观察内部机体的缺陷,如裂纹等

4.1.1 实用诊断技术的应用

由维修人员的感觉器官对机床进行问、看、听、摸、闻等的诊断,称为"实用诊断技术"。

1. 问

问就是询问机床故障发生的经过,弄清故障是突发的,还是渐发的。一般操作者熟知机床性能,故障发生时又在现场耳闻目睹,所提供的情况对故障的分析是很有帮助的。通常应询问下列情况:

① 机床开动时有哪些异常现象;
② 对比故障前后工件的精度和表面粗糙度,以便分析故障产生的原因;
③ 传动系统是否正常,出力是否均匀,背吃刀量和走刀量是否减小等;
④ 润滑油品牌号是否符合规定,用量是否适当;
⑤ 机床何时进行过保养检修等。

2. 看

① 看转速　观察主传动速度的变化,如带传动的线速度变慢,可能是传动带过松或负荷太大;对主传动系统中的齿轮,主要看它是否跳动、摆动;对传动轴主要看它是否弯曲或晃动。

② 看颜色　如果机床转动部位,特别是主轴和轴承运转不正常,就会发热。长时间升温会使机床外表颜色发生变化,大多呈黄色。油箱里的油也会因温升过高而变稀,颜色变样;有时也会因久不换油、杂质过多或油变质而变成深墨色。

③ 看伤痕　机床零部件碰伤损坏部位很容易发现,若发现裂纹时,应作一记号,隔一段时间后再比较它的变化情况,以便进行综合分析。

④ 看工件　从工件来判别机床的好坏。若车削后的工件表面粗糙度 Ra 数值大,主要是由于主轴与轴承之间的间隙过大,溜板、刀架等压板楔铁有松动以及滚珠丝杠预紧松动等原因所致。若是磨削后的表面粗糙度 Ra 数值大,这主要是由于主轴或砂轮动平衡差,机床出现共

振以及工作台爬行等原因所引起的。若工件表面出现波纹,则看波纹数是否与机床主轴传动齿轮的齿数相等,如果相等,则表明主轴齿轮啮合不良是故障的主要原因。

⑤ 看变形　主要观察机床的传动轴、滚珠丝杠是否变形;直径大的带轮和齿轮的端面是否跳动。

⑥ 看油箱与冷却箱　主要观察油或冷却液是否变质,确定其能否继续使用。

3. 听

用以判别机床运转是否正常。一般运行正常的机床,其声响具有一定的音律和节奏保持持续的稳定。机械运动发出的正常声响大致可归纳为以下几种。

① 一般做旋转运动的机件,在运转区间较小或处于封闭系统时,多发出平静的"嘤嘤"声;若处于非封闭系统或运行区较大时,多发出较大的蜂鸣声;各种大型机床则产生低沉而振动声浪很大的轰隆声。

② 正常运行的齿轮副,一般在低速下无明显的声响;链轮和齿条传动副一般发出平稳的"唧唧"声;直线往复运动的机件,一般发出周期性的"咯噔"声;常见的凸轮顶杆机构、曲柄连杆机构和摆动摇杆机构等,通常都发出周期性的"嘀嗒"声;多数轴承副一般无明显的声响,借助传感器(通常用金属杆或螺钉旋具)可听到较为清晰的"嘤嘤"声。

③ 各种介质的传输设备产生的输送声,一般均随传输介质的特性而异。如气体介质多为"呼呼"声;流体介质为"哗哗"声;固体介质发出"沙沙"声或"呵罗呵罗"声响。

掌握正常声响及其变化,并与故障时的声音相对比,是"听觉诊断"的关键。下面介绍几种一般容易出现的异常声音。

● 摩擦声　声音尖锐而短促,常常是两个接触面相对运动的研磨。如带打滑或主轴轴承及传动丝杠副之间缺少润滑油,均会产生这种异常声音。

● 泄漏声　声小而长,连续不断,如漏风、漏气和漏液等。

● 冲击声　音低而沉闷,如汽缸内的间断冲击声,一般是由于螺栓松动或内部有其他异物碰击。

● 对比声　用手锤轻轻敲击来鉴别零件是否缺损。有裂纹的零件敲击后发出的声音就不那么清脆。

4. 摸

用手感来判别机床的故障,通常有以下几方面。

① 温升　人的手指触觉是很灵敏的,能相当可靠地判断各种异常的温升,其误差可准确到 3~5 ℃。根据经验,当机床温度在 0 ℃ 左右时,手指感觉冰凉,长时间触摸会产生刺骨的痛感;10 ℃ 左右时,手感较凉,但可忍受;20 ℃ 左右时,手感到稍凉,随着接触时间延长,手感潮湿;30 ℃ 左右时,手感微温有舒适感;40 ℃ 左右时,手感如触摸高烧病人;50 ℃ 以上时,手感较烫,如掌心扣的时间较长可有汗感;60 ℃ 左右时,手感很烫,但可忍受 10 s 左右;70 ℃ 左右时,手有灼痛感,且手的接触部位很快出现红色;80 ℃ 以上时,瞬时接触手感"麻辣火烧",时间过长,可出现烫伤。为了防止手指烫伤,应注意手的触摸方法,一般先用右手并拢的食指、中指和无名指指背中节部位轻轻触及机件表面,断定对皮肤无损害后,才可用手指肚或手掌触摸。

② 振动　轻微振动可用手感鉴别,至于振动的大小可找一个固定基点,用一只手去同时触摸便可以比较出振动的大小。

③ 伤痕和波纹　肉眼看不清的伤痕和波纹,若用手指去摸则可很容易地感觉出来。摸的方法是:对圆形零件要沿切向和轴向分别去摸;对平面则要左右、前后均匀去摸;摸时不能用力

太大,只轻轻把手指放在被检查面上接触便可。

④ 爬行　用手摸可直观地感觉出来,造成爬行的原因很多,常见的是润滑油不足或选择不当;活塞密封过紧或磨损造成机械摩擦阻力加大;液压系统进入空气或压力不足等。

⑤ 松或紧　用手转动主轴或摇动手轮,即可感到接触部位的松紧是否均匀适当,从而可判断出这些部位是否完好可用。

5. 闻

由于剧烈摩擦或电器元件绝缘破损短路,使附着的油脂或其他可燃物质发生氧化蒸发或燃烧产生油烟气、焦煳气等异味,应用嗅觉诊断的方法可收到较好的效果。

上述实用诊断技术的主要诊断方法,实用简便,相当有效。

4.1.2　机床异响的诊断

机床在运动中发出均匀、连续而轻微的声音,一般认为是正常的。如果声音过大或多金属的敲击声、摩擦声等,则表明机床运转的声音不正常,称作噪声或异响。异响主要是由于机件的磨损、变形、断裂、松动和腐蚀等原因,致使在运行中发碰撞、摩擦、冲击或振动所引起的。有些异响,表明机床中某一零件产生了故障;还有些异响,则是机床可能发生更大事故性损伤的预兆。因此,对机床异响的诊断是不可忽视的。

1. 确定应诊的异响

诊断机床异响,应考虑新旧机床的不同特点。新机床由于技术状况比较好,运转过程中一般无杂乱的声响,一旦由某种原因引起异响时,便会清晰而单纯地暴露出来,因而便于分析诊断;对于旧机床而言,由于自然磨损,技术状况渐趋恶化,各运动件之间的间隙加大,致使运行期间声音杂乱,所以应当首先判明,哪些异响是必须予以诊断并排除的。

2. 确诊异响部位

机床是由很多零部件连接为一个整体的,运转中一个零件所产生异响,就会传导给其他零部件,这就容易混淆故障的真实部位。这时,可根据机床的运行状态,确定异响部位。如机床变速箱产生异响,可根据不同排挡的声响程度来判断异响发生的部位。

3. 确诊异响零件

机床的异响,常因产生异响零件的形状、大小、材质、工作状态和振动频率不同而声响各异。在实践中如能用心分析所接触的各种异响,即可掌握其规律。

4. 根据异响与其他故障的关系进一步确诊或验证异响零件

同样的声响,如同样是冲击声,其高低、大小、尖锐、沉重及脆哑等不一定相同,而且每个人的听觉也有差异,所以仅凭声响特征确诊机床异响的零件,有时还不够确切,这时可根据异响与其他故障征象的关系,对异响零件进一步确诊与验证。

① 异响与振动　机床有异响存在时,其异响零件就会产生振动,而且振动频率与异响的声频将是一致的。据此便可进一步确诊和验证异响零件。如对于动不平衡引起的冲击声,其声响次数与振动频率相同,根据两者间的关系,来查找和确诊由于动不平衡而发出冲击声的零件,比较方便有效。

② 异响与爬行　在液压传动机构中,若液压系统内有异响,且执行机构伴有爬行,多可证明液压系统混有空气。这时,如果在液压泵中心线以下还有"吱嗡、吱嗡"的噪声,就可进一步确诊是液压泵吸空导致液压系统混入空气。

③ 异响与发热　有些零件产生故障后,不仅有异响,而且发热,滚动轴承就是最典型例子。

4.1.3 现代诊断技术的应用

现代诊断技术是利用诊断仪器和数据处理对机械装置的故障原因、部位和故障的严重程度进行定性和定量的分析。下面就以振动监测法为例,介绍现代诊断技术的具体方法。

机床运转时发生的振动一般用加速度、速度和位移表示,而且它们的频谱也具有特征形状,这种频谱即振动幅值—频率谱,通常称为机床的振动特征。由于机床在运行过程中所产生的振动往往是由多个频率成分所组成,其时域振动波形是由多个谐振波形合成的,如图 4-1 所示。图 4-1(a) 是频率为 f_1 的时域振动波形,A_1 为振动幅值;图 4-1(b) 是 f_2 的时域振动波形,A_2 为振动幅值;图 4-1(c) 是上述两个谐振合成的时域振动波形。若将图 4-1(c) 所示的时域振动波形进行快速傅里叶变换(FFT),可得图 4-1(d) 所示的波形,这是合成振动的时域波形所对应的频域波形,是合成振动的频谱。在频谱图 4-1(d) 中,频率 f_1 和 f_2 处分别出现振动幅值 A_1 和 A_2。

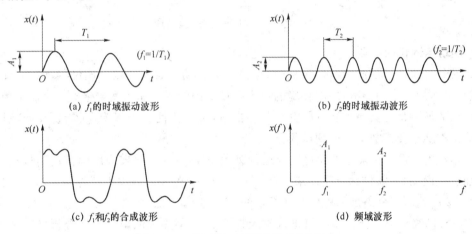

图 4-1 振动的时域波形和频域波形

处于正常状态的机床具有典型的频谱,但当机床磨损、基础下沉和部件变形时,机床原有的振动特征将发生变化,并通过机床振动能量的增加反映出来。通过监测和分析机床的振动信号,就可以判断出机床发生故障的部位和严重程度。振动测试仪是振动检测中最常用、最基本的仪器,用来测量数控机床主轴的运行情况,电动机的运行情况,甚至整机的运行情况。为诊断和趋势分析提供数据。为了适应现场检修人员对机器运行状态的在岗监测,振动测试仪一般都做成便携式或笔式测振仪,如图 4-2 所示为振动测试仪外观图。

图 4-2 振动测试仪

振动测试仪的输入端是一个压电晶体振动加速度传感器。通过探针接触机器,将机器振动的加速度转换成电荷量,再由电荷放大器将电荷量转化成电压量,电压量值和振动加速度量值成正比。两个耳机输出可供两人同时监听,一个电压输出可与示波器、磁带机、电平记录仪和信号分析仪等联机使用,以作进一步的故障分析。这是把定性与定量、单人与多人、振平测试与振动测试相结合的便携式仪器。各种仪器的连接方法如图4-3所示。

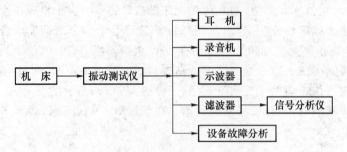

图4-3 振动测试仪与各种仪器的连接

1. 振动测试仪的特点

① 抗干扰性好 当测量机床某点时,该测点的振动无衰减地传至该仪器,测点外的振动因机械阻尼作用将得到衰减,周围环境的杂音因仪器中的振动加速度传感器对声波不敏感,被阻隔在外,故所测信号只是被测点的振动与冲击量,抗干扰性优于用传声传感器(如驻极体话筒)做成的类似于传声放大器的测试仪器。

② 分辨能力强 大多数现代化机床运行速度较高,许多起报警作用的振动信号出现在高频带,而且很微弱,只能借助于仪器来分辨。振动测试仪的安装频率大于等于15 kHz,其电路频响大于20 kHz,完全满足了机械振动规定的10 kHz要求。

③ 灵敏度高 振动测试仪可将输入放大数千倍,这对早期故障检测和分析判断是十分有用的。

2. 使用与诊断方法

振动测试仪的使用十分简便,只需将探针拧上传感器,打开音量开关,接上耳机就可测听。由于完好机器的振动特征和有故障机器的振动特征不同,反映在仪器耳机中的声音也不同,故根据声音的差异可初步判断出是否有故障。例如,当耳机里传出清脆尖细的声音时(振动频率较高),一般表明较小的构件有较小的裂纹,或强度相对较高的金属部件产生了局部缺陷;当耳机传出低沉混浊的噪声时(振动频率较低),一般表明由强度较低的材料制成的较大、较长的构件存在较大的裂纹或缺陷;当耳机里传出的噪声比平时增强时,表明机器故障正在扩展,声音愈大,故障愈严重;如果耳机里传出的噪声不再按有规律的间歇出现,而是随机地出现,这表明某个部件已经松动,随时会产生意外事故。

使用振动测试仪时,可用录音机将正常运行的机器各测点的信号记录下来,作为机器动态数据存档,与以后测得的信号作对比。对于较复杂的信号,也可送入信号分析仪进行频谱分析,振动测试仪还可接示波器观察信号的时域波形。

3. 测量注意事项

① 正确使用探针 为了尽可能准确地拾取振动量,一般要求传感器和被测部位要紧密固定,以减少振动高频分量的损失。振动测试仪配有长短两根探针,由于材料和长度不同,其谐

振频率也不同,硬而短的探针谐振频率较高,长的探针谐振频率较低。所以,在测量高速运行的机械时,应优先采用短探针,并将探针顶紧被测点,以减少振动高频信息的损失。

② 合理选择探测点　由于探测是在不停机、不解体的运动状态下进行的,故必须将探测点选在机器的外壳上。选择合适的探测点是很重要的,它决定着测量的准确程度。通常应选择振动响应最显著的敏感点和易损坏的关键点作为固定检测点。选择时应注意以下几点:
- 探测点和被测部件(如轴承、齿轮等)之间最好只有一层间隔(如外壳),以减少其他振动干扰。
- 探测点和被测部件的距离愈短、愈直接,其效果愈好,可减少振动信息的传递损失。
- 探测点应尽量选在负重部分,如轴承应选择轴承底座面而不宜选择上盖。
- 探针的顶部尽可能与探测点垂直接触,以减少干扰误差。

4.2　机电设备主传动系统的故障诊断及维护

学习目标

1. 了解机床主传动系统部件组成及特点。
2. 熟悉刀具夹紧装置与吹屑装置结构。
3. 掌握机床维护特点。
4. 能够分析机床主轴常见故障产生的原因。

工作任务

1. 识读 XK714G 数控铣床的主轴结构图。
2. 拆装 XK714G 数控铣床的主轴。

4.2.1　普通机床主传动系统的故障诊断及维护

1. 主轴轴承的间隙调整

在普通机床中,车床是机床的基础,具有典型的代表性。主轴是车床上最重要的一个部分,在车削时,它承受着很大的负荷。因此,当用以支承主轴的前、后轴承未进行正确调整时,在加工中就会产生各种缺陷。例如:主轴轴承间隙过大,主轴在车削时就会产生轴向窜动及径向跳动现象,而降低工件加工质量;反之,如主轴轴承间隙过小,主轴就会在高速回转情况下因发热过高而损坏。所以,在出现这些不正常的现象时,必须及时调整主轴轴承的间隙。主轴轴承间隙的调整要求,主要是使主轴在车削中,不致产生振动和过热等现象。下面分别叙述主轴轴承的径向间隙和轴向间隙的调整方法(分滚动轴承和滑动轴承两种情况)。

(1) 主轴轴承径向间隙的调整

车削时,主轴产生径向跳动的主要原因是主轴前轴承的径向间隙过大,因此在调整主轴轴承的径向间隙时,主要是调整前轴承的间隙。

当主轴前轴承采用滚动轴承时(如 C620-1 型车床,其结构如图 4-4 所示,实体图如图 4-5 所示),其调整方法如下:松开前螺母 8 的紧定螺钉 6,向右适量转动前螺母,使带有锥度的滚动轴承 7 内环沿轴向移动,然后进行试转,如果主轴在最高转速下不发生过热现象,同时用手转动主轴时,无阻滞感觉,则可将紧定螺钉 6 拧紧。

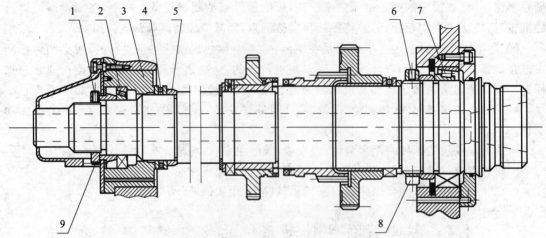

1—紧定螺钉;2、7—滚动轴承;3—后轴承座;4—推力球轴承;
5—止推垫圈;6—紧定螺钉;8—前螺母;9—后螺母

图 4-4 C620-1 型车床主轴结构

图 4-5 主轴结构实体图

当主轴前轴承采用滑动轴承时(如 C620 型车床,其结构如图 4-6 所示),调整方法如下:松开紧定螺钉 9,适量转动在固定环内的前螺母 8,使双层金属轴承 6 做轴向移动,将主轴与轴承的间隙保持在 0.02~0.03 mm,然后按上述方法试转、检查,如果运转正常,则将紧定螺钉 9 拧紧。

经过调整以后,用百分表测量主轴定心轴径的径向跳动,使其控制在 0.006~0.01 mm,如还有超差现象,则再调整主轴后轴承的间隙和主轴前轴承的间隙。

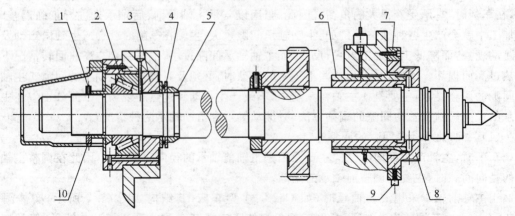

1—紧定螺钉;2—滚动轴承;3—后轴承座;4—推力球轴承;5—止推垫圈;
6—双层金属轴承;7—固定环;8—前螺母;9—紧定螺钉;10—后螺母

图 4-6 C620 型车床主轴结构

(2) 主轴轴承轴向间隙的调整

在车削时,主轴产生轴向窜动的主要原因是后轴承的间隙过大,因此在调整主轴的轴向间隙时,主要是调整主轴后轴承的间隙。

其调整方法如下:松开后螺母9的紧定螺钉1,向右适量转动后螺母9,使带有锥度的滚动轴承2内圈沿轴向移动,并减小主轴台肩、止推垫圈5、推力球轴承4及后轴承座3之间的间隙,然后进行试车检查,如果运转正常,则可将紧定螺钉1拧紧。

经过调整以后,按图4-7所示的方法,测量主轴的轴向窜动及轴向游隙(即主轴在正、反转瞬时的游动间隙),使其轴向窜动控制在0.01 mm范围内,轴向游隙控制在0.01~0.02 mm。如仍有超差现象,则需再进行调整。

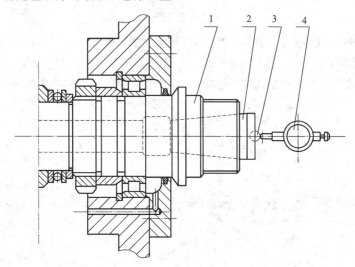

1—主轴;2—轴向窜动测量工具;3—钢珠;4—平头百分表

图4-7 主轴的轴向跳动及轴向游隙的测量

2. 动力传递机构的调整

车床动力传递机构的调整,关系到车床有效负荷能力的充分发挥。下面分别叙述电动机V带、床头箱摩擦离合器及拖板箱脱落蜗杆三个传动件的调整。

(1) 电动机V带的松紧调整

V带是将电动机的动力传递给床头箱的第一个传动件。在运行一段时间后,V带会产生松弛现象,为此,在许多场合下,需移动电动机底座位置,适当拉紧V带,或应使用V带张紧装置来确保V带在能维持在一定的张力下工作。

安装V带张紧装置时,也不是越紧越好,必须注意两个方面:一是应使张紧力适宜,如果过紧,会使V带加速磨损,缩短使用寿命;二是应使V带两侧张紧力一致,即张紧轮轴线应与带轮轴线保持平衡,如图4-8所示。

(2) 床头箱摩擦离合器的调整

床头箱摩擦离合器的调整,是关系到车床有效负荷能力充分发挥的一个十分重要的方面。如摩擦离合器过松,将会影响车床额定功率的正常传递,使主轴在车削时的实际转速低于铭牌上的转速,甚至发生"闷车"现象。因此在车削时,特别在强力车削时,必须正确调整床头箱摩擦离合器。

调整床头箱摩擦离合器的要求,是使之能传递额定的功率,且不发生过热现象。其调整方法如

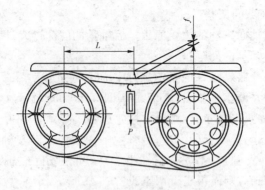

图 4-8 V 带预紧力测量

下(见图 4-9):先将定位销按入圆筒的孔内,然后转动紧固螺母,调整它在圆筒上的轴向位置,如发现主轴正转时摩擦离合器过松,则应使紧固螺母 1 向左适当移动一些;过紧,则应使紧固螺母 1 向右适当移动一些;如发现反转时摩擦离合器过松,则应使紧固螺母 2 向右适当移动一些;过紧,则应使紧固螺母 2 向左适当移动一些。在调整后,定位销必须弹回到紧固螺母的一个缺口中。

在调整摩擦离合器时,也不能使其过紧,否则,将可能在使用中因发热过高而烧坏;或者在停车时出现主轴自转现象,影响操作安全。

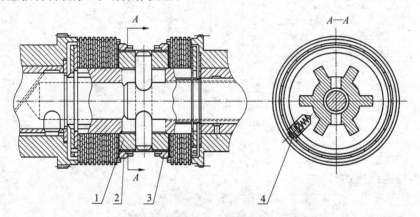

1—圆筒;2—紧固螺母 1;3—紧固螺母 2;4—定位销

图 4-9 摩擦离合器的调整

(3) 制动器的调整

C620 型车床的制动器结构如图 4-10 所示。当制动器调整过松时,会出现停车后主轴自转的现象,影响操作安全;当制动器调整过紧时,则会使制动带在开车时,不能和制动盘脱开,造成剧烈摩擦而损耗或烧坏。

制动器的调整方法如下:拧松锁紧螺母 5,调整锁紧螺母在调节螺杆 6 上的位置,如制动器过松,可用调节螺母将调节螺杆适当拉出一些,使主轴在摩擦离合器松开时,能迅速停止转动,如制动器过紧,则可松开锁紧螺母,使调节螺杆适当缩进一些,然后再拧紧锁紧螺母。

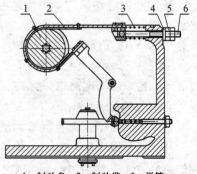

1—制动盘;2—制动带;3—弹簧;
4—调节垫圈;5—锁紧螺母;6—调节螺杆

图 4-10 C620 型车床的制动器结构

3. 普通机床主传动系统的常见故障诊断

（1）发生闷车现象

【故障原因分析】

主轴在切削负荷较大时，出现了转速明显低于标牌转速或者自动停车现象。故障产生的常见原因是主轴箱中的片式摩擦离合器的摩擦片间隙调整过大，或者摩擦片、摆杆、滑环等零件磨损严重。如果电动机的传动带调节过松也会出现这种情况。

【故障排除与检修】

首先应检查并调整电动机传动带的松紧程度，然后再调整摩擦离合器的摩擦片间隙。如果还不能解决问题，应检查相关件的磨损情况，如内、外摩擦片、摆杆、滑环等件的工作表面是否产生严重磨损。发现问题，应及时进行修理或更换。

（2）车削工件时出现椭圆或棱圆（即多棱形）

【故障原因分析】

① 主轴的轴承间隙过大。

② 主轴轴承磨损。

③ 滑动轴承的主轴轴颈磨损或椭圆度过大。

④ 主轴轴承套的外径或主轴箱体的轴孔呈椭圆，或相互配合间隙过大。

⑤ 卡盘后面的连接盘的内孔、螺纹配合松动。

⑥ 毛坯余量不均匀，在切削过程中吃刀量发生变化。

⑦ 工件用两顶尖安装时，中心孔接触不良，或后顶尖顶得不紧，以及可使用的回转顶尖产生扭动。

⑧ 前顶尖锥圆跳动。

【故障排除与检修】

调整轴承的间隙。主轴轴承间隙过大直接影响加工精度，主轴的旋转精度有径向跳动及轴向窜动两种。径向跳动由主轴的前后双列向心短圆柱滚子轴承保证。在一般情况下调整前轴承即可。如径向跳动仍达不到要求，就要对后轴承进行同样的调整。调整后应进行 1 h 的高速空转运转试验，主轴轴承温度不得超过 70 ℃，否则应稍松开一点螺母。

① 更换滚动轴承。

② 修磨轴颈或重新刮研轴承。

③ 可更换轴承外套或修正主轴箱的轴孔。

④ 重新修配卡盘后面的连接盘。

⑤ 在此道工序前增加一道或两道粗车工序，使毛坯余量基本均匀，以减小复映误差，再进行此道工序加工。

⑥ 工件在两顶尖间安装必须松紧适当。发现回转顶尖产生扭动，必须及时修理或更换。

⑦ 检查、更换前顶尖，或把前顶尖锥面修车一刀，然后再安装工件。

4.2.2 数控机床主传动系统的故障诊断及维护

1. 数控车床主轴部件的结构与调整

（1）主轴部件结构

CK7815 型数控车床主轴部件结构如图 4-11 所示，该主轴工作转速范围为

15~5 000 r/min。主轴9前端采用三个角接触轴承12,通过前支承套14支套,由螺母11预紧。后端采用圆柱滚子轴承15支承径向间隙由螺母3和螺母7调整。螺母8和螺母10分别用来锁紧螺母7和螺母11,防止螺母7和11的回松。带轮2直接安装在主轴9上(不卸荷)。同步带轮1安装在主轴9后端支承与带轮之间,通过同步带和安装在主轴脉冲发生器4轴上的另一同步带轮相连,带动主轴脉冲发生器4和主轴同步运动。在主轴前端,安装有液压卡盘或其他夹具。

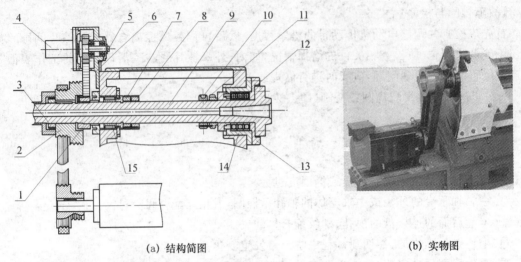

(a) 结构简图　　　　　　　　　　　　　　　(b) 实物图

1—同步带轮;2—带轮;3、7、8、10、11—螺母;4—主轴脉冲发生器;5—螺钉;6—支架
9—主轴;12—角接触轴承;13—前端盖;14—前支承套;15—圆柱滚子轴承

图4-11　CK7815型数控车床主轴部件结构图

(2) 主轴部件的拆卸与调整

1) 主轴部件的拆卸　主轴部件在维修时需要进行拆卸。拆卸前应做好工作场地清理、清洁工作和拆卸工具及资料的准备工作,然后进行拆卸操作。拆卸操作顺序大致如下:

① 切断总电源及主轴脉冲发生器等电器线路,总电源切断后,应拆下保险装置,防止他人误合闸而引起事故。

② 切断液压卡盘(见图4-11中未画出)油路,排放掉主轴部件及相关各部润滑油,油路切断后,应放尽管内余油,避免油溢出污染工作环境,管口应包扎,防止灰尘及杂物侵入。

③ 拆下液压卡盘(见图4-11中未画出)及主轴后端液压缸等部件,排尽油管中余油并包扎管口。

④ 拆下电动机传动带及主轴后端带轮和键。

⑤ 拆下主轴后端螺母3。

⑥ 松开螺钉5,拆下支架6上的螺钉,拆去主轴脉冲发生器(含支架、同步带)。

⑦ 拆下同步带轮1和后端油封件。

⑧ 拆下主轴后支承处轴向定位盘螺钉。

⑨ 拆下主轴前支承套螺钉。

⑩ 拆下(向前端方向)主轴部件。

⑪ 拆下圆柱滚子轴承15和轴向定位盘及油封。

⑫ 拆下螺母 7 和螺母 8。
⑬ 拆下螺母 10 和螺母 11 以及前油封。
⑭ 拆下主轴 9 和前端盖 13 主轴拆下后要轻放,不得碰伤各部螺纹及圆柱表面。
⑮ 拆下角接触球轴承 12 和前支承套 14,以上各部件、零件拆卸后,应清洗及防锈处理,并妥善存放保管。

2) 准备 主轴部件装配及调整装配前,各零件、部件应严格清洗,需要预先加涂油的部件应加涂油。装配设备、装配工具以及装配方法,应根据装配要求及配合部位的性质选取。操作者必须注意,不正确或不规范的装配方法,将影响装配精度和装配质量,甚至损坏被装配件。

对 CK7815 数控车床主轴部件的装配过程,可大体依据拆卸顺序逆向操作,这里就不再叙述。主轴部件装配时的调整,应注意以下几个部位的操作。

① 前端三个角接触球轴承,应注意前面两个大口向外,朝向主轴前端,后一个大口向里(与前面两个相反方向)。预紧螺母 11 的预紧量应适当(查阅制造厂家说明书),预紧后一定要注意用螺母 10 锁紧,防止回松。

② 后端圆柱滚子轴承的径向间隙由螺母 3 和螺母 7 调整。调整后通过螺母 8 锁紧,防止回松。

③ 为保证主轴脉冲发生器与主轴转动的同步精度,同步带的张紧力应合理。调整时先略松开支架 6 上的螺钉,然后调整螺钉 5,使之张紧同步带。同步带张紧后,再旋紧支架 6 上的紧固螺钉。

④ 液压卡盘装配调整时,应充分清洗卡盘内锥面和主轴前端外短锥面,保证卡盘与主轴短锥面的良好接触。卡盘与主轴连接螺钉旋紧时应对角均匀施力,以保证卡盘的工作定心精度。

⑤ 液压卡盘驱动液压缸(图 4-11 中未画出)安装时,应调好卡盘拉杆长度,保证驱动液压缸有足够的、合理的夹紧行程储备量。

2. 数控铣床主轴部件的结构与调整

(1) 主轴部件结构

图 4-12 是 NT-J320A 型数控铣床主轴部件结构图。该机床主轴可做轴向运动,主轴的轴向运动坐标为数控装置中的 z 轴,轴向运动由伺服电动机 16,经同步齿形带轮 13、15,同步带 14,带动丝杠 17 转动,通过丝杠螺母 7 和螺母支承 10 使主轴套筒 6 带动主轴 5 作轴向运动,同时也带动脉冲编码器 12,发出反馈脉冲信号进行控制。主轴为实心轴,上端为花键,通过花键套 11 与变速箱连接,带动主轴旋转,主轴前端采用两个特轻系列角接触球轴承 1 支承,两个轴承背靠背安装,通过轴承内圈隔套 2,外圈隔套 3 和主轴台阶与主轴轴向定位,用圆螺母 4 预紧,消除轴承轴向间隙和径向间隙。后端采用深沟球轴承 8,与前端组成一个相对于套筒的双支点单固式支承。主轴前端锥孔为 7∶24 锥度,用于刀柄定位。主轴前端端面键,用于传递铣削转矩。快换夹头 18 用于快速松、夹紧刀具。

(2) 主轴部件的拆卸与调整

1) 主轴部件的拆卸 主轴部件维修拆卸前的准备工作与前述数控车床主轴部件拆卸准备工作相同。在准备就绪后,即可进行如下顺序的拆卸工作。

① 切断总电源及脉冲编码器 12 以及主轴电动机等电器的线路。
② 拆下电动机法兰盘连接螺钉。

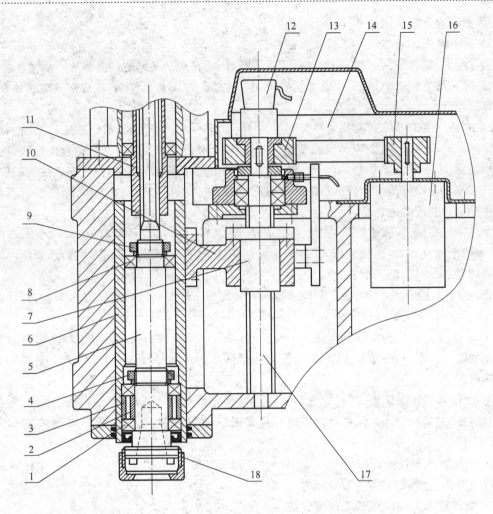

1—角接触球轴承；2、3—轴承内、外圈隔套；4、9—圆螺母；5—主轴；6—主轴套筒；7—丝杠螺母；
8—深沟球轴承；10—螺母支承架；11—花键套；12—脉冲编码器；13、15—同步齿形带轮；
14—同步齿形带；16—伺服电动机；17—丝杠；18—快换夹头

图 4-12　NT-J320A 型数控铣床主轴部件结构图

③ 拆下主轴电动机及花键套 11（根据具体情况，也可不拆此部分）。

④ 拆下罩壳螺钉，卸掉上罩壳。

⑤ 拆下丝杠座螺钉。

⑥ 拆下螺母支承 10 与主轴套筒 6 的连接螺钉。

⑦ 向左移动丝杠 7 和螺母支承 10，卸下同步带 14 和螺母支承 10 处与主轴套筒连接的定位锁。

⑧ 卸下主轴部件。

⑨ 拆下主轴部件前端法兰和油封。

⑩ 拆下主轴套筒。

⑪ 拆下圆螺母 4 和 9。

⑫ 拆下前后轴承 1 和 8 以及轴承隔套 2 和 3。

⑬ 卸下快换夹头 18。

拆卸后的零件、部件应进行清选和防锈处理,并妥善保管存放。

2) 主轴部件的装配及调整　装配前的准备工作与前述车床相同。装配设备,工具及装配方法根据装配要求和装配部位配合性质选取。

装配顺序可大体按拆卸顺序逆向操作。机床主轴部件装配调整时应注意以下几点:

① 为保证主轴工作精度,调整时应注意调整好预紧螺母 4 的预紧量;

② 前后轴承应保证有足够的润滑油;

③ 螺母支承架 10 与主轴套筒的连接螺钉要充分旋紧;

④ 为保证脉冲编码器与主轴的同步精度,调整时同步带 14 应保证合理的张紧量。

3. 加工中心主轴部件的结构与功能

加工中心主轴部件的结构如图 4-13 所示,主轴前端有 7∶24 的锥孔,用于装夹锥柄刀具。端面键 13 既作刀具定位用,又可通过它传递转矩。为了实现刀具的自动装卸,主轴内设有刀具自动夹紧装置。从图中可以看出,该机床是由拉紧机构拉紧锥柄刀夹尾端的轴颈来实现刀夹的定位及夹紧的。夹紧刀夹时,液压缸上腔接通回油,弹簧 11 推活塞 6 上移,处于图示位置,拉杆 4 在碟形弹簧 5 的作用下向上移动。由于此时装在拉杆前端径向孔中的 4 个钢球 12 进入主轴孔中直径较小的 d_2 处(见图 4-13),被迫径向收拢而卡进拉钉 2 的环形凹槽内,因而刀杆拉杆拉紧,依靠摩擦力紧固在主轴上。换刀前需将刀夹松开时,压力油进入液压缸上腔,活塞 6 推动拉杆 4 向下移动,碟形弹簧被压缩;当钢球 12 随拉杆一起下移至进入主轴孔中直径较大的 d_1 处时,它就不再能约束拉钉的头部,紧接着拉杆前端内孔的台肩端面碰到拉钉,把刀夹顶松,此时行程开关 10 发出信号,换刀机械手随即将刀夹取下。与此同时,压缩空气由管接头 9 经活塞和拉杆的中心通孔吹入主轴装刀孔内,把切屑或脏物清除干净,以保证刀具的装夹精度。机械手把新刀装上主轴后,液压缸 7 接通回油,碟形弹簧又拉紧刀夹。刀夹拉紧后,行程开关 8 发出信号。

自动清除主轴孔中的切屑和尘埃是换刀操作中的一个不容忽视的问题。如果在主轴锥孔中掉进了切屑或其他污物,在拉紧拉杆时,主轴锥孔表面和刀杆的锥柄就会被划伤,使刀杆发生偏斜,破坏刀具的正确定位,影响加工零件的精度,甚至使零件报废。为了保证主轴锥孔的清洁,常用压缩空气吹屑。如图 4-13 中活塞 6 的心部钻有压缩空气通道,当活塞向下移动时,压缩空气经拉杆 4 吹出,将锥孔清理干净。喷气小孔设计有合理的喷射角度,并均匀分布,以提高吹屑效果。主轴部件内部结构实体如图 4-14 所示。

4. 数控机床主轴部件维护特点

数控机床主轴部件是影响机床加工精度的主要部件,它的回转精度影响工件的加工精度;它的功率大小与回转速度影响加工效率;它的自动变速、准停和换刀影响机床的自动化程度。因此,要求主轴部件具有与本机床工作性能相适应的高回转精度、刚度、抗振性、耐磨性和低的温升。在结构上,必须很好地解决刀具和工件的装夹、轴承的配置、轴承间隙调整和润滑密封等问题。

主轴的结构根据数控机床的规格、精度采用不同的主轴轴承。一般中、小规格的数控机床的主轴部件多采用成组高精度滚动轴承;重型数控机床采用液体静压轴承;高精度数控机床采用气体静压轴承;转速达 20 000 r/min 的主轴采用磁力轴承或氮化硅材料的陶瓷滚珠轴承。

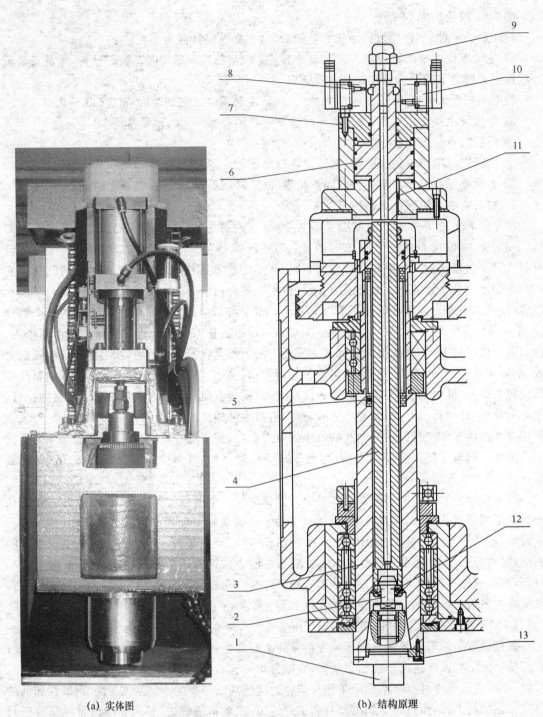

(a) 实体图　　　　　　　　　　(b) 结构原理

1—刀架；2—拉钉；3—主轴；4—拉杆；5—碟形弹簧；6—活塞；7—液压缸；
8、10—行程开关；9—压缩空气管接头；11—弹簧；12—钢球；13—端面键

图 4-13　数控加工中心主轴部件

(1) 主轴润滑

为了保证主轴有良好的润滑，减少摩擦发热，同时又能把主轴组件的热量带走，通常采

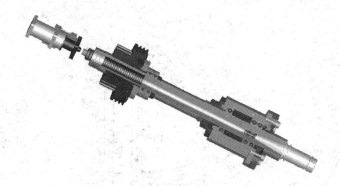

图 4-14 主轴部件内部结构实体图

用循环式润滑系统。用液压泵供油强力润滑,在油箱中使用油温控制器控制油液温度。近年来有些数控机床的主轴轴承采用高级油脂封放方式润滑,每加一次油脂可以使用 7~10 年,简化了结构,降低了成本且维护保养简单,但需防止润滑油和油脂混合,通常采用迷宫式密封方式。为了适应主轴转速向更高速化发展的需要,新的润滑冷却方式相继开发出来。这些新型润滑冷却方式不单要减少轴承温升,还要减少轴承内外圈的温差,以保证主轴热变形小。

1) 油气润滑方式 这种润滑方式近似于油雾润滑方式,所不同的是,油气润滑是定时定量地把油雾送进轴承空隙中,这样既实现了油雾润滑,又不至于油雾太多而污染周围空气;后者则是连续供给油雾。

2) 喷注润滑方式 它用较大流量的恒温油喷注到主轴轴承上,以达到润滑、冷却的目的。这里要特别指出的是,较大流量喷注的油,不是自然回流,而是用排油泵强制排油,同时采用专用高精度大容量恒温油箱,油温变动控制在 ±0.5 ℃。

(2) 防泄漏

在密封件中,被密封的介质往往是以穿漏、渗透或扩散的形式越界泄漏到密封连接处的彼侧。造成泄漏的基本原因是流体从密封面上的间隙中溢出,或是由于密封部件内外两侧密封介质的压力差或浓度差,致使流体向压力或浓度低的一侧流动。

主轴的密封有接触式和非接触式密封。图 4-15 是几种非接触密封的形式。

图(a)是利用轴承盖与轴的间隙密封,轴承盖的孔内开槽是为了提高密封效果,这种密封用在工作环境比较清洁的油脂润滑处;图(b)是在螺母 2 的外圆上开锯齿形环槽,当油向外流时,靠主轴转动的离心力把油沿斜面甩到端盖 1 的空腔内,油液流回箱内;图(c)是迷宫式密封结构,在切屑多,灰尘大的工作环境下可获得可靠的密封效果,这种结构适用油脂或油液润滑的密封。非接触式的油液密封时,为了防漏,重要的是保证回油能尽快排掉,要保证回油孔的畅通。

接触式密封主要有油毡圈和耐油橡胶密封圈密封,如图 4-16 所示。图 4-17 为卧式加工中心主轴前支撑的密封结构。

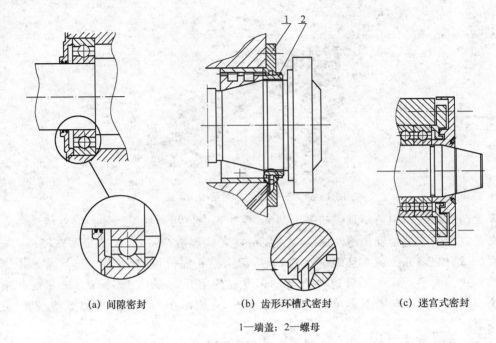

(a) 间隙密封　　(b) 齿形环槽式密封　　(c) 迷宫式密封

1—端盖；2—螺母

图 4-15　非接触式密封

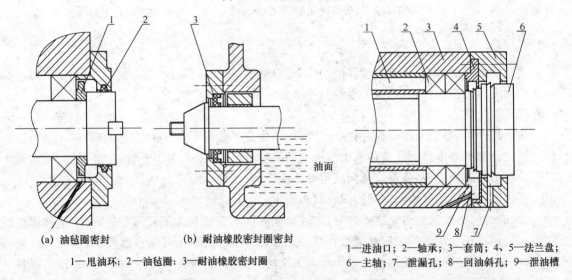

(a) 油毡圈密封　　(b) 耐油橡胶密封圈密封

1—甩油环；2—油毡圈；3—耐油橡胶密封圈

图 4-16　接触式密封

1—进油口；2—轴承；3—套筒；4、5—法兰盘；
6—主轴；7—泄漏孔；8—回油斜孔；9—泄油槽

图 4-17　主轴前支承的密封结构

卧式加工中心主轴前支承处采用的双层小间隙密封装置。主轴前端车出两组锯齿形护油槽，在法兰盘 4 和 5 上开沟槽及泄漏孔，当喷入轴承 2 内的油液流出后被法兰盘 4 内壁挡住，并经其下部的泄油槽 9 和套筒 3 上的回油斜孔 8 流回油箱，少量油液沿主轴 6 流出时，主轴护油槽在离心力的作用下被甩至法兰盘 4 的沟槽内，经回油斜孔 8 重新流回油箱，达到了防止润滑介质泄漏的目的。

当外部切削液、切屑及灰尘等沿主轴 6 与法兰盘 5 之间的间隙进入时，经法兰盘 5 的沟槽由泄漏孔 7 排出，少量的切削液、切屑及灰尘进入主轴前锯齿沟槽，在主轴 6 高速旋转的离心力作用下仍被甩至法兰盘 5 的沟槽内由泄漏孔 7 排出,达到了主轴端部密封的目的。要使间隙密封结构能在一定的压力和温度范围内具有良好的密封防漏性能,必须保证法兰盘 4 和 5 与主轴及轴承端面的配合间隙。

① 法兰盘 4 与主轴 6 的配合间隙应控制在 0.1~0.2 mm(单边)范围内。如果间隙偏大,则泄漏量将按间隙的 3 次方扩大;若间隙过小,由于加工及安装误差,容易与主轴局部接触使主轴局部升温并产生噪声。

② 法兰盘 4 内端面与轴承端面的间隙应控制在 0.15~0.3 mm。小间隙可使压力油直接被挡住并沿法兰盘 4 内端面下部的泄油槽 9 经回油斜孔 8 流回油箱。

③ 法兰盘 5 与主轴的配合间隙应控制在 0.15~0.25 mm(单边)范围内。间隙太大,进入主轴 6 内的切削液及杂物会显著增多,间隙太小,则易与主轴接触。法兰盘 5 沟槽深度应大于 10 mm(单边),泄漏孔 7 应大于 6 mm,并位于主轴下端靠近沟槽内壁处。

④ 法兰盘 4 的沟槽深度大于 12 mm(单边),主轴上的锯齿尖而深,一般在 5~8 mm 范围内,以确保具有足够的甩油空间。法兰盘 4 处的主轴锯齿向后倾斜,法兰盘 5 处的主轴锯齿向前倾斜。

⑤ 法兰盘 4 上的沟槽与主轴 6 上的护油槽对齐,以保证被主轴甩至法兰盘沟槽内腔的油液能可靠地流回油箱。

⑥ 套筒前端的回油斜孔 8 及法兰盘 4 的泄油槽 9 流量为进油孔 1 的 2~3 倍,以保证压力油能顺利地流回油箱。这种主轴前端密封结构也适合于普通卧式车床的主轴前端密封。在油脂润滑状态下使用该密封结构时,取消了法兰盘泄油孔及回油斜孔,并且有关配合间隙适当放大,经正确加工及装配后同样可达到较为理想的密封效果。

(3) 刀具夹紧

在自动换刀机床的刀具自动夹紧装置(见图 4-18)中,刀具自动夹紧装置的刀杆常采用 7∶24 的大锥度锥柄(见图 4-19),既利于定心,也为松刀带来方便。用碟形弹簧通过拉杆及夹头拉住刀柄的尾部,使刀具锥柄和主轴锥孔紧密配合,夹紧力达 10 000 N 以上。松刀时,通过液压缸活塞推动拉杆来压缩碟形弹簧,使夹头涨开,夹头与刀柄上的拉钉脱离,刀具即可拔出进行新、旧刀具的交换,新刀装入后,液压缸活塞后移,新刀具又被碟形弹簧拉紧。在活塞推动拉杆松开刀柄的过程中,压缩空气由喷气头经过活塞中心孔和拉杆中的孔吹出,将锥孔清理干净,防止主轴锥孔中掉入切屑和灰尘,把主轴锥孔表面和刀杆的锥柄划伤,同时保证刀具的正确位置。主轴锥孔的清洁十分重要。

(4) 主传动链的维护

① 熟悉数控机床主传动链的结构、性能参数,严禁超性能使用。

② 主传动链出现不正常现象时,应立即停机排除故障。

③ 操作者应注意观察主轴箱温度,检查主轴润滑恒温油箱,调节温度范围使油量充足。

④ 使用带传动的主轴系统,需定期观察调整主轴驱动传送带的松紧程度,防止因传送带打滑造成的丢转现象。

⑤ 由液压系统平衡主轴箱重量的平衡系统,需定期观察液压系统的压力表,当油压低于要求值时,要进行补油。

⑥ 使用液压拨叉变速的主传动系统,必须在主轴停车后变速。

⑦ 使用啮合式电磁离合器变速的主传动系统,离合器必须在低于 1~2 r/min 的转速下变速。

⑧ 注意保持主轴与刀柄连接部位及刀柄的清洁,防止对主轴的机械碰击。

⑨ 每年对主轴润滑恒温油箱中的润滑油更换一次,并清洗过滤器。

⑩ 每年清理润滑油池底一次,并更换液压泵滤油器。

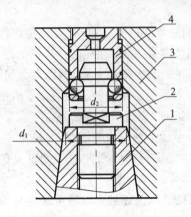

1—锥柄;2—拉钉;3—主轴;4—拉杆
图 4-18 刀具自动夹紧装置

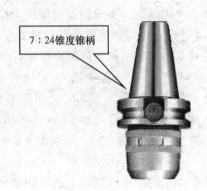

图 4-19 刀座

⑪ 每天检查主轴润滑恒温油箱,使其油量充足,工作正常。

⑫ 防止各种杂质进入润滑油箱,保持油液清洁。

⑬ 经常检查轴端及各处密封,防止润滑油液的泄漏。

⑭ 刀具夹紧装置长时间使用后,会使活塞杆和拉杆间的间隙加大,造成拉杆位移量减少,使碟形弹簧张闭伸缩量不够,影响刀具的夹紧,故需及时调整液压缸活塞的位移量。

⑮ 经常检查压缩空气气压,并调整到标准要求值。足够的气压才能使主轴锥孔中的切屑和灰尘清理彻底。

(5) 主传动链的故障诊断

表 4-2 所列为主传动链的故障诊断方法。

表 4-2 主传动链的故障诊断

序 号	故障现象	故障原因	排除方法
1	主轴发热	主轴前后轴承损伤或轴承不清洁	更换坏轴承,清除脏物
		主轴前端盖与主轴箱体压盖研伤	修磨主轴前端盖使其压紧主轴前轴承,轴承与后盖有 0.02~0.05 mm 间隙
		主轴前后轴承预紧力过大	调节螺纹使轴承预紧力减小
		轴承润滑油脂耗尽或润滑油脂涂抹过多	涂抹润滑油脂,每个轴承 3 mL

续表 4-2

序 号	故障现象	故障原因	排除方法
2	主轴在强力切削时停转	电动机与主轴连接的传送带过松	移动电动机座,张紧传送带,然后将电动机座重新锁紧
		传送带表面有油	用汽油清洗后擦干净,再装上
		传送带使用过久而失效	更换新传送带
		摩擦离合器调整过松或磨损	调整摩擦离合器,修磨或更换摩擦片
3	主轴噪声	缺少润滑	涂抹润滑脂保证每个轴承涂抹润滑脂量不得超过 3 mL
		小带轮与大带轮传动平衡情况不佳	带轮上的动平衡块脱落,重新进行动平衡
		主轴与电动机连接的传送带过紧	移动电动机座,传送带松紧度合适
		齿轮啮合间隙不均匀或齿轮损坏	调整啮合间隙或更换新齿轮
		传动轴承损坏或传动轴弯曲	修复或更换轴承,校直传动轴
4	主轴没有润滑油循环或润滑不足	油泵转向不正确,或间隙太大	改变油泵转向或修理油泵
		吸油管没有插入油箱的油面以下	将吸油管插入油面以下 2/3 处
		油管或滤油器堵塞	清除堵塞物
		润滑油压力不足	调整供油压力
5	润滑油泄漏	润滑油量过多	调整供油量
		检查各处密封件是否有损坏	更换密封件
		管件损坏	更新管件
6	刀具不能夹紧	碟形弹簧位移量较小	调整碟形弹簧行程长度
		检查刀具松夹弹簧上的螺母是否松动	顺时针旋转松夹刀弹簧上的螺母使其最大工作载荷为 13 kN
7	刀具夹紧后不能松开	松刀弹簧压合过紧	逆时针旋转松夹刀弹簧上的螺母使其最大工作载荷不得超过 13 kN
		液压缸压力和行程不够	调整液压压力和活塞行程开关位置

拓展知识

1. 电主轴功能及结构

数控机床为了实现高速、高效、高精度的加工,要采用特定的主轴功能部件,对于高速数控机床,其主轴的转速特性值至少应达到 $(50\sim150)\times10^4$ r/min 以上,并且要具有大功率、宽调速范围的特性。最适合高速运转的主轴形式是将主轴电动机的定子、转子直接装入主轴单元内部(称之为电主轴),通过交流变频控制系统,使主轴获得所需的工作速度和扭矩。电主轴结构紧凑、速度快、转动效率高,取消了传送带、带轮和齿轮等环节,实现"零传动",大大减少了主传动的转动惯量,提高了主轴动态响应速度和工作精度,彻底解决了主轴高速运转时传送带和带轮等传动件的振动和噪声问题。如图 4-20 所示为立式加工中心电主轴的组成。

以往电主轴主要用于轴承行业的高速内圆磨削,随着数控技术和变频技术的发展,电主轴在数控机床中的应用越来越广泛,不仅在高速切削机床上得到广泛应用,也应用于对工件加工有高效率、高表面质量要求的场合以及小孔的加工。一般主轴转速越高,加工的表面质量越好,尤其是对于直径为零点几毫米的小孔,采用高转速的主轴有利于提高内孔加工质量。

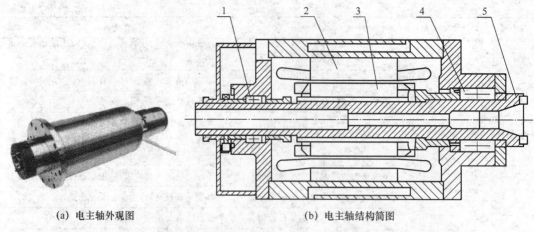

(a) 电主轴外观图　　　　　　　　(b) 电主轴结构简图

1—后轴承；2—定子磁极；3—转子磁极；4—前轴承；5—主轴

图 4-20　加工中心用电主轴

2. 电主轴的主要技术特点

高速轴承技术：电主轴通常采用复合陶瓷轴承，耐磨耐热，寿命是传统轴承的几倍有时也采用电磁悬浮轴承或静压轴承，内外圈不接触，理论上寿命无限。

高速电动机技术：电主轴是电动机与主轴融合在一起的产物，电动机的转子即为主轴的旋转部分，理论上可以把电主轴看作是一台高速电动机，关键技术是高速度下的动平衡。

润滑：电主轴的润滑一般采用定时定量油气润滑；也可以采用脂润滑，但相应的速度要打折扣；所谓定时，就是每隔一定的时间间隔注一次油；所谓定量，就是通过一个定量阀，精确地控制每次润滑油的油量；而油气润滑，指的是润滑油在压缩空气的携带下，被吹入陶瓷轴承；油量控制很重要，太少，起不到润滑作用；太多，在轴承高速旋转时会因油的阻力而发热。

冷却装置：为了尽快给高速运行的电主轴散热，通常对电主轴的外壁通以循环冷却剂，冷却装置的作用是保持冷却剂的温度。

内置脉冲编码器：为了实现自动换刀以及刚性攻螺纹，电主轴内置一脉冲编码器，以实现准确的相角控制以及与进给的配合。

自动换刀装置：为了应用于加工中心，电主轴配备了自动换刀装置，包括碟形弹簧、拉刀油缸等。

高速刀具的装夹方式：广为熟悉的 BT、ISO 刀具，已被实践证明不适合于高速加工。这种情况下出现了 HSK、SKI 等高速刀具。

高频变频装置：要实现电主轴每分钟几万甚至十几万转的转速，必须用一高频变频装置来驱动电主轴的内置高速电动机，变频器的输出频率必须达到上千或几千赫兹。

3. 电主轴高速旋转发热的故障维修

【故障现象】

主轴高速旋转时发热严重。

【故障分析及处理】

电主轴运转中的发热和温升问题始终是研究的焦点，电主轴单元的内部有两个主要热源，一是主轴轴承，另一个是内藏式主电动机。

电主轴单元最突出的问题是内藏式主电动机的发热。由于主电动机旁边就是主轴轴承,如果主电动机的散热问题解决不好,还会影响机床工作的可靠性。主要的解决方法是采用循环冷却结构,分外循环和内循环两种,冷却介质可以是水或油,使电动机与前后轴承都能得到充分冷却。

主轴轴承是电主轴的核心支承,也是电主轴的主要热源之一。当前高速电主轴大多数采用角接触陶瓷球轴承。因为陶瓷球轴承具有以下特点:
① 滚珠重量轻,离心力小,动摩擦力矩小。
② 因温升引起的热膨胀小,使轴承的预紧力稳定。
③ 弹性变形量小,刚度高,寿命长。

由于电主轴的运转速度高,因此对主轴轴承的动态、热态性能有严格要求。合理的预紧力,良好而充分的润滑是保证主轴正常运转的必要条件。采用油雾润滑,雾化发生器进气压为 $0.25\sim0.3\,\mathrm{MPa}$,油滴速度控制在 $80\sim100$ 滴/min。润滑油雾在充分润滑轴承的同时,还带走了大量的热量。前后轴承的润滑油分配是非常重要的,必须加以严格控制。进气口截面大于前后喷油口截面的总和,排气应顺畅,各喷油小孔的喷射角与轴线呈 $15°$ 夹角,使油雾直接喷入轴承工作区。

4.3 机电设备进给传动系统的故障诊断及维护

学习目标

1. 了解机床进给系统部件的组成及特点。
2. 了解机床典型部件的调整方法。
3. 分析数控机床进给传动系统常见故障的原因并进行调整。

工作任务

如图 4-21 所示为典型进给传动系统,滚珠丝杠副和线性导轨将伺服电动机旋转运动变为工作台的直线移动。

1—进给伺服电动机;2—联轴器;3—导轨座;4—润滑管路;5—滚珠丝杠

图 4-21 典型进给传动系统

排除下列故障现象:
① 移动过程中产生机械干涉。
② 工作台 x 轴方向位移过程中产生明显的机械抖动,故障发生时系统不报警的现象。
③ 半闭环伺服系统加工位置精度不稳定,机床没有任何报警。

相关实践与理论知识

4.3.1 普通机床进给传动系统的故障诊断及维护

1. 普通车床主要进给传动系统结构调整

(1) 大拖板压板和中、小拖板塞铁的间隙调整

大拖板及中、小拖板在车削中,起着车床纵横方向的进给作用,因此大拖板压板和中、小拖板塞铁的间隙,会直接影响到工件的加工精度和表面粗糙度。大拖板压板和中、小拖板塞铁的间隙调整要求,是使大拖板及中、小拖板在移动时,既平稳又轻便。

调整大拖板压板间隙的方法如下(见图 4-22)。

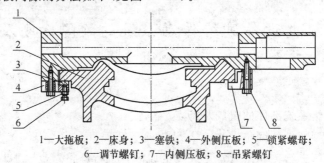

1—大拖板;2—床身;3—塞铁;4—外侧压板;5—锁紧螺母;
6—调节螺钉;7—内侧压板;8—吊紧螺钉

图 4-22 大拖板压板间隙的调整

拧松锁紧螺母 5,适当拧紧调节螺钉 6,以减少外侧压板 4 处塞铁 3 和床身导轨的间隙,然后用 0.04 mm 塞尺检查,插入深度应小于 20 mm,并在移动大拖板时无阻滞感觉,即可拧紧锁紧螺母,对调整大拖板内侧压板 7 与床身导轨的间隙,则可适量拧紧吊紧螺钉,然后用同样方法检查。

调整中、小拖板塞铁间隙的方法是分别拧紧、拧松塞铁的两端调节螺钉,使塞铁和导轨面之间的间隙正确,然后再用上述方法进行检查。

(2) 对合螺母塞铁的间隙调整

对合螺母在车削螺纹时,起带动拖板箱移动的作用,如对合螺母塞铁的间隙未经正确调整,就会影响到螺纹的加工精度,并且使操作麻烦(指采用开闸对合螺母方法车削螺纹时),因此在车削螺纹时,必须注意对合螺母塞铁的间隙情况。

对合螺母塞铁间隙的调整要求是开闸时轻便,工作时稳定,无阻滞和过松的感觉。

对合螺母塞铁间隙的调整方法如下(见图 4-23):拧松锁紧螺母,适量拧紧调节螺钉,使对合螺母体在燕尾导轨中滑动平稳,同时用塞尺检查密合程度,间隙要求在 0.03 mm 以内,即可拧紧锁紧螺母。

(3) 丝杠轴向窜动的间隙调整

车床丝杠的轴向窜动对螺纹的加工精度有着很大的影响,因此必须注意调整正确。

丝杠轴向窜动间隙的调整方法如下(见图4-24):适量锁紧圆螺母,使丝杠连接轴、推力球轴承、走刀箱、垫圈及圆螺母之间的间隙减小,随后用平头百分表进行测量(见图4-25),在闸下对合螺母后,丝杠正、反转时的轴向游隙应控制在 0.04 mm 左右,轴向窜动应小于 0.01 mm。

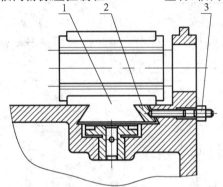

1—对合螺母体;2—塞铁;3—锁紧紧母;4—调节螺钉

图 4-23　对合螺母塞铁间隙的调整

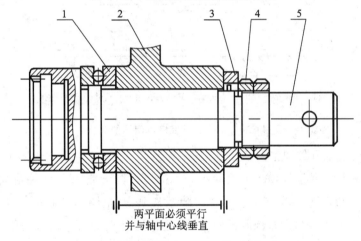

1—推力球轴承;2—走刀箱;3—垫圈;
4—圆螺母;5—丝杠连接轴

图 4-24　丝杠轴向窜动间隙的调整

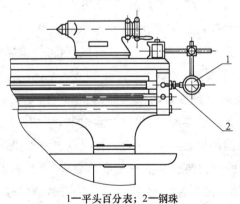

1—平头百分表;2—钢珠

图 4-25　测量丝杠的轴向游隙

(4) 中拖板丝杠螺母的间隙调整

中拖板丝杠螺母在长期使用后,由于磨损,会影响工件的加工质量。例如,精车大端面工件时,中拖板丝杠螺母的间隙过大,会使加工平面产生波纹。

中拖板丝杠螺母间隙的调整方法如下(见图4-26):先将前螺母上的螺钉拧松,正向转动丝杠后适量拧紧中间的一只螺钉将斜铁拉上,使丝杠在回转时灵活准确以及在正、反转时,空隙小于 1 mm/20 r,即可再拧紧前螺母上的螺钉。

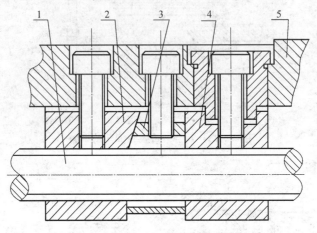

1—中拖板丝杠；2—前螺母；3—斜铁；4—后螺母；5—中拖板

图 4-26 中拖板丝杠螺母间隙的调整

(5) 拖板箱脱落蜗杆的调整

拖板箱脱落蜗杆是传递纵横走刀运动的一个机构。在正常情况下,由它将光杠的转动传递给拖板箱。当拖板箱在纵横走刀时,遇到障碍或碰到定位挡铁,则脱落蜗杆将会自行脱落,而停止走刀运动。因此在强力车削时或使用定位挡铁装置时,必须检查、调整拖板箱脱落蜗杆机构。

拖板箱脱落蜗杆的调整要求是车削时使用可靠,能正常传递动力进行纵横走刀,又能按定位挡铁的位置自行走刀运动。其调整方法如下(见图4-27):适当拧紧螺母,增大弹簧的弹力,以防止脱落蜗杆在车削时自行脱落,但也不能将弹簧压得太紧,否则当拖板箱撞到定位挡铁,或在走刀运动中遇到障碍,脱落蜗杆却不能自行脱落,将使车床损坏。

(6) 中拖板丝杠刻度盘的调整

C620-1型车床中拖板丝杠刻度盘的结构如图4-28所示。如刻度盘过松,在转动中拖板手柄时将会自行转动,而无法读准刻度;如刻度盘过紧,则使刻线格数不易调整。中拖板丝杠刻度盘的调整方法如下:当刻度盘过松时,可先拧出调节螺母和锁紧螺母,拉出圆盘,把弹簧片扭弯些,增加其弹力,随后把它装进圆盘和刻度盘之间,适当拧紧调节螺母,再拧紧锁紧螺母,减小刻度盘转动间隙;当刻度盘过紧时,则可适当松开调节螺母,使刻度盘转动间隙相应增大,然后再拧紧锁紧螺母。

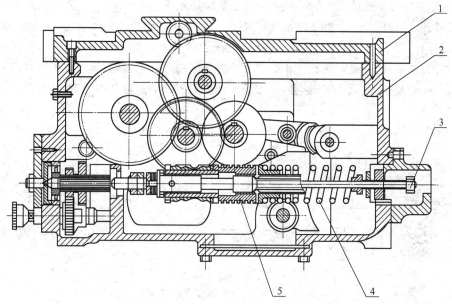

1—大拖板；2—拖板箱；3—螺母；4—弹簧；5—脱落蜗杆

图 4-27 拖板箱脱落蜗杆的调整

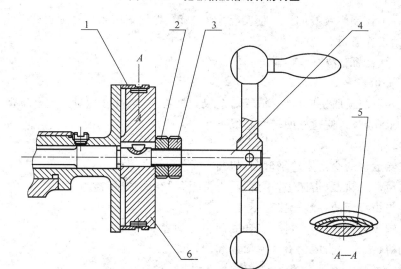

1—刻度盘；2—调节螺母；3—锁紧螺母；4—中拖板丝杠；5—弹簧片；6—圆盘

图 4-28 中拖板丝杠刻度盘结构

2. 普通车床进给传动系统的常见故障诊断

（1）车床纵向和横向机动进给动作不能实现

【故障原因分析】

此种情况是 CA6140 型车床机械结构造成的，在 C620-3 型车床上也有这种情况产生，而在 C620-1 型、C620-1B 型车床上就不会产生这种现象。严格地讲，这种情况不能算故障，这是因为在 CA6140 型车床溜板箱内传动进给是要经过装在轴Ⅻ上的单向超越离合器（见图 4-29），这个超越离合器在正常机动进给时由光杠传来的运动通过超越离合器外环（即齿轮 z56),按逆时针方向旋转,三个短圆柱滚子便楔紧在外环和星形体之间,外环通过滚子带动星形体一起转动,经过安全离合器2传至轴Ⅻ,这时操纵手柄扳到相应的位置,便可获得相应纵向、横向机动进给。如果主轴箱控制螺纹旋向的手柄放在左螺纹位置上,光杠为反转,超越离合器外环作顺时针方向旋转,于是就使滚子压缩弹簧而向楔形槽的宽端滚动,从而脱开外环与星体间的传动关系。此时超越离合器不传递力,车床纵向和横向的机动进给动作就不能实现。

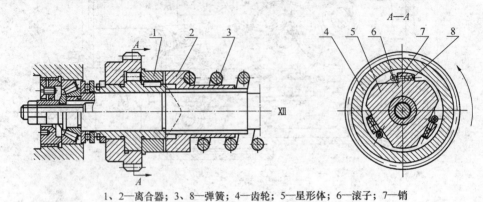

1、2—离合器;3、8—弹簧;4—齿轮;5—星形体;6—滚子;7—销

图4-29 超越离合器工作原理

【故障排除与检修】

检查主轴箱上控制螺纹旋向的手柄实际所处位置,必须把该手柄放到右旋螺纹的位置上,车床的机动进给动作就可开出来。

(2)精车螺纹表面有波纹

【故障原因分析】

① 因机床导轨磨损而使床鞍倾斜下沉,造成丝杠弯曲,与开合螺母的啮合不良。

② 托架支承孔磨损,使丝杠回转中心线不稳定。

③ 丝杠的轴向游隙过大。

④ 用于进给运动的交换齿轮轴弯曲、扭曲。

⑤ 所有的滑动导轨面(指床鞍、中滑板、小滑板)间有间隙,可能过大。

⑥ 方刀架与小滑板的接触面接触不良。

⑦ 切削长螺纹工件时,因工件本身弯曲而引起的表面波纹。

⑧ 因电动机、机床本身的固有频率而引起的振荡。

【故障排除与检修】

1)如果丝杠的磨损不严重,仅仅是弯曲,常用压力法及敲打法来校直,允差不大于0.15 mm。如果因经常车制校短的螺纹工件而近主轴箱一端的丝杠磨损较严重,就要采用修丝杠、配开合螺母的方法。如果开合螺母与丝杠的啮合间隙过大,可通过拧动丝杠螺栓来调节。如果调节不能解决问题,就要对开合螺母的燕尾导轨进行修理。

① 首先修刮燕尾导轨,要使燕尾导轨面与溜板箱结合面的垂直度不大于(0.08~0.10 mm)/200 mm。

② 检查丝杠、光杠孔中心线等高情况,当误差量过大时,可在开合螺母体的燕尾导轨面上粘一层塑料板或铜板,或用开合螺母的内螺孔中心线的偏移来进行补偿。

③ 测量丝杠、光杠孔中心距离及对结合面的平行度。超差时,可以修正手柄轴上的螺旋

槽,也可以由开合螺母内螺纹中心的偏移来补偿,或调整开合螺母体。

④ 在修复溜板箱燕尾导轨的同时,修复开合螺母和开合螺母体。

2) 对托架支承孔实施镗孔镶套修复。

3) 调整丝杠的轴向间隙。

4) 修复或更换弯曲、扭曲的齿轮轴。

5) 调整床鞍的压板间隙的方法如下:拧松锁紧螺母,适当拧紧调节螺钉,以减少外侧压板的镶条和床身导轨的间隙,然后用 0.04 mm 塞尺检查,插入深度小于 20 mm,并在用于移动床鞍时无阻滞感觉,既可拧紧锁紧螺母;对床鞍内侧压板则可适当拧紧吊紧螺钉,然后进行同样的检查;调整中、小滑板镶条间隙的方法是分别拧紧、拧松镶条的两端调节螺钉,使镶条和导轨面之间的间隙达到用上述方法检查合格的要求。

6) 修刮刀架底座面。

7) 工件必须选用合适的跟刀架,调节妥当,使工件不因车刀的切入而发生弯曲,引起跳动。

8) 找出该振动区的范围,可利用振动测试仪器进行诊断。采取防振措施或者在车削螺纹时避开这一振动区。

4.3.2 数控机床进给传动系统的故障诊断及维护

1. 进给驱动系统中消除间隙的齿轮传动结构

在数控设备的进给驱动系统中,考虑到惯量、转矩或脉冲当量的要求,有时要在电动机到丝杠之间加入齿轮传动副,而齿轮等传动副存在的间隙,会使进给运动反向滞后于指令信号,造成反向死区而影响其传动精度和系统的稳定性。因此,为了提高进给系统的传动精度,必须消除齿轮副的间隙。下面介绍几种实践中常用的齿轮间隙消除结构形式。

(1) 直齿圆柱齿轮传动副

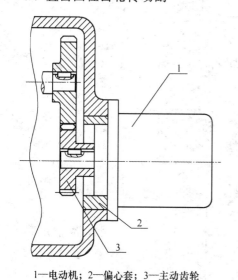

1—电动机;2—偏心套;3—主动齿轮

图 4-30 偏心套式消除间隙结构

1) 偏心套调整法

如图 4-30 所示为偏心套消隙结构。电动机 1 通过偏心套 2 安装到机床壳体上,通过转动偏心套 2,就可以调整两齿轮的中心距,从而消除齿侧的间隙。该方法的特点是结构简单,能传递较大转矩,传动刚度较好,但齿侧间隙调整后不能自动补偿,又称为刚性调整法。

2) 双齿轮错齿调整

如图 4-31 所示,两个齿数、模数相同的薄片齿轮 1、2 与另外一个宽齿轮啮合。薄片齿轮 1、2 套装在一起,并可做相对回转运动。每个薄片齿轮上分别开有周向圆弧槽,并在齿轮 1、2 的槽内压有装弹簧的圆柱销 3,由于弹簧 4 的作用使薄片齿轮 1、2 错位,分别与宽齿轮的齿槽左右侧贴紧,消除了齿侧间隙。无论齿轮正向或反向旋转,因为分别只有一个齿轮承受扭矩,因此承载能力受到限制,设计时须计算弹簧 4 的拉力,使它能克服最大扭矩。

这种调整法结构较复杂,传动刚度低,不宜传递大扭矩,对齿轮的齿厚和齿距要求较低,可始终保持齿侧无间隙啮合,尤其适用于检测装置。

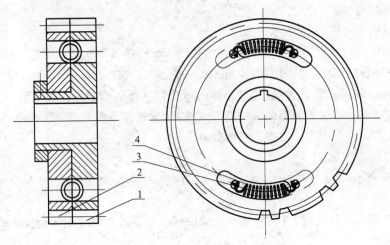

1、2—薄齿轮;3—圆柱销;4—弹簧

图 4-31 双片齿轮错齿消隙结构

3) 轴向垫片调整法

如图 4-32 所示,两啮合齿轮 1 和 3 的节圆直径沿齿宽方向制成稍有锥度。当齿轮 1 不动(轴向)时,调整轴向垫片 2 的厚度,使齿轮 3 作轴向位移,从而减少啮合间隙。这种调整方法结构简单,缺点也是当齿轮磨损后不能自动调整间隙,需重新调整。

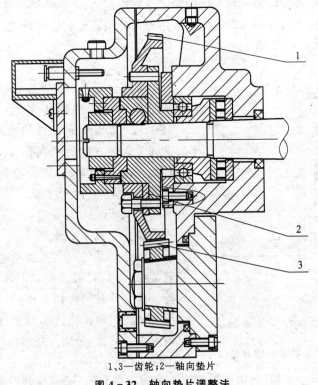

1、3—齿轮;2—轴向垫片

图 4-32 轴向垫片调整法

(2) 斜齿圆柱齿轮传动副

1) 轴向垫片调整法

如图 4-33 为斜齿轮垫片调整法,其原理与错齿调整法相同。斜齿 1 和 2 的齿形拼装在一起加工,装配时在两薄片齿轮间装入已知厚度为 t 的垫片 3,这样它的螺旋便错开了,使两薄片齿轮分别与宽齿轮 4 的左、右齿面贴紧,消除了间隙。垫片 3 的厚度 t 与齿侧间隙 Δ 的关系可用下式表示,即

$$t = \Delta \cot \beta \tag{4-1}$$

式中,β 为螺旋角。

垫片厚度一般由测试法确定,往往要经几次修磨才能调整好。这种结构的齿轮承载能力较小,且不能自动补偿消除间隙。

2) 轴向压簧调整法

如图 4-34 是斜齿轮轴向压簧错齿消隙结构。该结构消隙原理与轴向垫片调整法相似,所不同的是利用齿轮 2 右面的弹簧压力使两个薄片齿轮的左右齿面分别与宽齿轮的左右齿面贴紧,以消除齿侧间隙。图 4-34 采用的是压簧。弹簧 3 的压力可利用螺母 5 来调整,压力的大小要调整合适,压力过大会加快齿轮磨损,压力过小达不到消隙作用。这种结构齿轮间隙能自动消除,始终保持无间隙的啮合,但它只适于负载较小的场合,并且这种结构轴向尺寸较大。

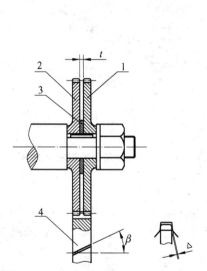

1、2—薄片斜齿轮;3—垫片;4—宽齿轮

图 4-33 斜齿轮垫片消隙结构

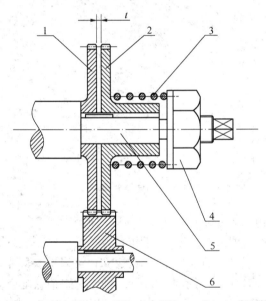

1、2—薄片斜齿轮;3—弹簧;4—螺母;5—轴;6—宽齿轮

图 4-34 斜齿轮压簧消隙结构

(3) 锥齿轮传动副

锥齿轮同圆柱齿轮一样可用上述类似的方法来消除齿侧间隙。

1) 轴向压簧调整法

轴向压簧调整法图 4-35 为轴向压簧调整法。该结构主要由两个啮合着的锥齿轮 1 和 2 组成,其中在锥齿轮 1 的传动轴 5 上装有压簧 3,锥齿轮 1 在弹簧力的作用下可稍作轴向移

动,从而消除间隙。弹簧力的大小由螺母4调节。

2)周向弹簧调整法

如图4-36为周向弹簧调整法。将一对啮合锥齿轮中的一个齿轮做成大小两片4和3,在大片上制有三个圆弧槽2,而在小片的端面上制有三个凸爪5,凸爪5伸入大片的圆弧槽中。弹簧7一端顶在凸爪5上,而另一端顶在镶块8上,为了安装的方便,用螺钉6将大小片齿圈相对固定,安装完毕之后将螺钉6卸去,利用弹簧力使大小片锥齿轮稍微错开,从而达到消除间隙的目的。

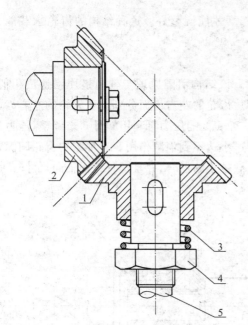

1、2—锥齿轮;3—压簧;4—螺母;5—传动轴

图4-35 锥齿轮轴向压簧调整法

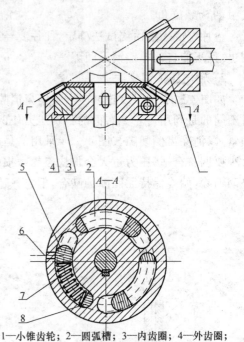

1—小锥齿轮;2—圆弧槽;3—内齿圈;4—外齿圈;
5—凸爪;6—螺钉;7—弹簧;8—镶块

图4-36 锥齿轮周向弹簧调整法

(4)齿轮齿条传动啮合间隙的消除

在大型数控机床中,工作台行程很长(如龙门铣床),它们的进给运动机构常采用齿轮齿条结构。当机床额定工作载荷较小时,可采用双薄片齿轮错齿法消除啮合侧隙。当机床额定载荷较大时,则采用图4-37所示的结构来消除啮合侧隙。

图4-37中齿轮2和齿轮6分别与齿条7啮合,并用预紧装置4在齿轮3上预加载荷,通过齿轮3使其左、右相啮合的齿轮1和5向外伸张,则与齿轮1和5分别同轴安装的齿轮2和6也同时向外伸张,使两个齿轮不同侧齿面与齿条7上的不同侧齿面啮合接触,从而消除齿侧间隙。

2. 进给驱动系统中滚珠丝杠螺母副

滚珠丝杠螺母副是直线运动与回转运动能相互转换的新型传动装置。

(1)工作原理与特点

滚珠丝杠螺母副的结构原理示意图如图4-38所示。在丝杠3和螺母1上都有半圆弧形的螺旋槽,当它们套装在一起时便形成了滚珠的螺旋滚道。螺母上有滚珠回路管道4,将几圈螺旋滚道的两端连接起来,构成封闭的循环滚道,并在滚道内装满滚珠2。当丝杠旋转时,滚珠在滚道内既自转又沿滚道循环转动,因而迫使螺母(或丝杠)轴向移动。

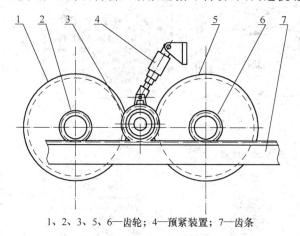

1、2、3、5、6—齿轮;4—预紧装置;7—齿条

图4-37 齿轮齿条传动啮合间隙的消除法结构

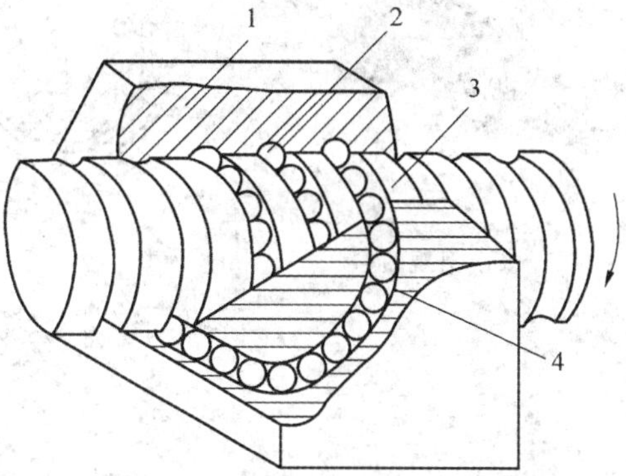

1—螺母;2—滚珠;3—丝杠;4—滚珠回路管道

图4-38 滚珠丝杠螺母副的结构

滚珠丝杠副的特点是:

① 传动效率高,摩擦损失小。滚珠丝杠副的传动效率 $\eta=0.92\sim0.96$,比常规的丝杠螺母副提高3~4倍。因此,功率消耗只相当于常规丝杠螺母副的1/30~1/4。

② 给予适当预紧,可消除丝杠和螺母的螺纹间隙,反向时就可以消除空程死区,定位精度高,刚度好。

③ 运动平稳,无爬行现象,传动精度高。

④ 有可逆性,可以从旋转运动转换为直线运动,也可以从直线运动转换为旋转运动,即丝杠和螺母都可以作为主动件。

⑤ 磨损小,使用寿命长。

⑥ 制造工艺复杂。滚珠丝杠和螺母等元件的加工精度要求高,表面粗糙度也要求高,故制造成本高。

⑦ 不能自锁。特别是对于垂直丝杠,由于自重惯力的作用,下降时当传动切断后,不能立即停止运动,故常需添加制动装置。

(2)滚珠丝杠螺母副的循环方式

常用的循环方式有外循环与内循环两种。滚珠在循环过程中有时与丝杠脱离接触的称为外循环;始终与丝杠保持接触的称内循环。

① 外循环 如图4-39所示为常用的一种外循环方式,这种结构是在螺母体上轴向相隔数个半导程处钻两个孔与螺旋槽相切,作为滚珠的进口与出口。再在螺母的外表面上铣出回珠槽并沟通两孔。另外,在螺母内进出口处各装一挡珠器,并在螺母外表面装一套筒,这样构成封闭的循环滚道。外循环结构制造工艺简单,使用较广泛。其缺点是滚道接缝处很难做得平滑,影响滚珠滚动的平稳性,甚至发生卡珠现象,噪声也较大。

② 内循环 内循环均采用反向器实现滚珠循环,如图4-40所示。内循环尺寸较小,从而减小了螺母的径向尺寸及缩短了轴向尺寸。但这种反向器的外廓和螺母上的切槽尺寸精度要求较高。

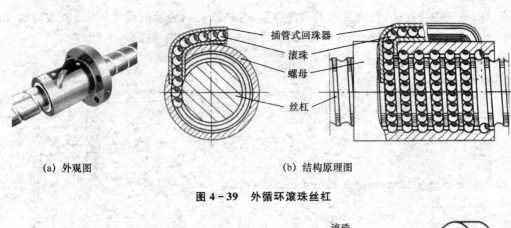

(a) 外观图　　　　　　　　　　(b) 结构原理图

图 4-39　外循环滚珠丝杠

 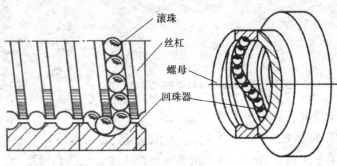

(a) 外观图　　　　　　　　　　(b) 结构原理图

1—凸键；2、3—反向槽；4—丝杠；5—钢珠；6—螺母；7—反向器

图 4-40　内循环滚珠丝杠

(3) 螺旋滚道型面

螺旋滚道型面(即滚道法向截形)的形状有多种,常见的截形有矩形滚道型面、单圆弧形面和双圆弧形面三种。图 4-41 为螺旋滚道型面的简图中钢球与滚道表面在接触点处的公法线与螺纹轴线的垂线间的夹角称为接触角 α,理想接触角 $\alpha=45°$。

① 矩形滚道型面如图 4-41(a)所示,这种型面制造容易,只能承受轴向载荷,承载能力低,可在要求不高的传动中应用。

② 双圆弧形面如图 4-41(b)所示,滚珠与滚道只在内相切的两点接触,接触角 α 不变。两圆弧交接处有一小空隙,可容纳一些脏物,这对滚珠的流动有利。

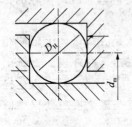 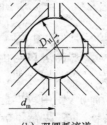 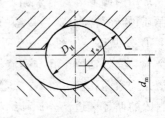

(a) 矩形滚道　　　　　　(b) 双圆弧滚道　　　　　　(c) 单圆弧滚道

图 4-41　滚珠丝杠副螺旋滚道截面形状

③ 单圆弧形面如图 4-41(c)所示,通常滚道半径 r_s 稍大于滚珠半径 r_H,通常 $2r_s=(1.04\sim$

1.1) D_H。对于单圆弧形面的螺纹滚道,接触角 α 是随轴向负荷 F 的大小而变化。当 F=0 时,α=0;承载后,随 F 的增大,α 也增大,α 的大小由接触变形的大小决定。当接触 α 增大后,传动效率 E_d、轴向刚度 R_c 以及承载能力随之增大。

单圆弧形面,接触角 α 是随负载的大小而变化,因而轴承刚度和承载能力也随之变化,应用较少。双圆弧形面,接触角选定后是不变的,应用较广。

(4) 滚珠丝杠螺母副间隙的调整

为了保证滚珠丝杠反向传动精度和轴向刚度,必须消除滚珠丝杠螺母副轴向间隙。消除间隙的方法常采用双螺母结构,利用两个螺母的相对轴向位移,使两上滚珠螺母中的滚珠分别贴紧在螺旋滚道的两个相反的侧面上,用这种方法预紧消除轴向间隙时,应注意预紧力不宜过大。预紧力过大会使空载力矩增加,从而降低传动效率,缩短使用寿命。

双螺母消隙常用的双螺母丝杠消除间隙方法有以下几种。

① 垫片调隙式 如图 4-42 所示,调整垫片厚度使左右两螺母产生轴向位移,即可消除间隙和产生预紧力。这种方法结构简单,刚性好,但调整不便,滚道有磨损时不能随时消除间隙和进行预紧。

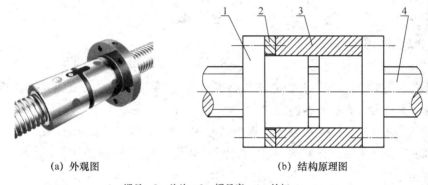

(a) 外观图　　　　　　　(b) 结构原理图

1—螺母；2—垫片；3—螺母座；4—丝杠

图 4-42　垫片调隙式

② 螺纹调隙式 如图 4-43 所示,丝母 1 的外端有凸缘,丝母 6 外端有螺纹,调整时只要旋动圆螺母 4,即可消除轴向间隙,并可达到产生预紧力的目的。

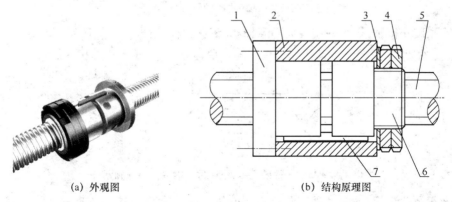

(a) 外观图　　　　　　　(b) 结构原理图

1—丝母；2—螺母座；3—垫片；4—调整螺母；5—丝杠；6—丝母；7—导向键

图 4-43　螺纹调隙式

③ 齿差调隙式　如图 4-44 所示,在两个螺母的凸缘上各制有圆柱外齿轮,分别与固紧在套筒两端的内齿圈相啮合,其齿数分别为 Z_1 和 Z_2,并相差一个齿。调整时,先取下内齿圈,让两个螺母相对于套筒同方向都转动一个齿,然后再插入内齿圈,则两个螺母便产生相对角位移,这种调整方法精确调整预紧量,调整方便、可靠,但结构尺寸较大,多用于高精度的传动。

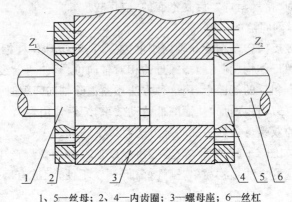

1、5—丝母；2、4—内齿圈；3—螺母座；6—丝杠

图 4-44　齿差调隙式

(5) 支撑轴承的定期检查

1) 滚珠丝杠副的支撑形式

滚珠丝杠副的支撑结构的好坏,选择得是否恰当,直接影响丝杠传动系统的刚度和使用。滚珠丝杠副的支撑形式有如下四种方式。

① 一端装止推轴承,另一端悬伸　该支撑形式结构简单,承载能力小,轴向刚度低,升降台式铣床的垂直坐标常用这种结构,一般用于丝杠较短的情况下,如图 4-45 所示。

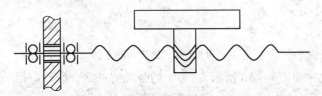

图 4-45　一端装止推轴承,另一端悬伸

② 一端装止推轴承,另一端装向心球轴承,滚珠丝杠较长时,一端固定一端自由可以减小丝杠热变形的影响,固定端布置到远离热源的一端,如图 4-46 所示。

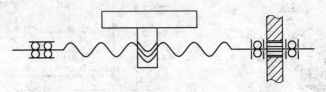

图 4-46　一端装止推轴承,另一端装向心球轴承

③ 两端装止推轴承,止推轴承装在两端并施加予拉力提高传动刚度,在热变形较大的场合用,如图 4-47 所示。

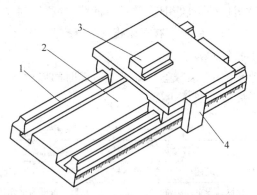

1—导轨；2—次线；3—初级；4—检测系统

图 4-47 两端装止推轴承

④ 两端装止推轴承及向心球轴承，丝杠两端采用双重支撑，提高了支撑刚度，丝杠热伸长会转化成轴承的预紧力，如图 4-48 所示。

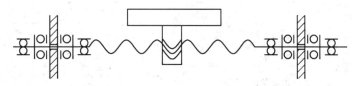

图 4-48 两端装止推轴承及向心球轴承

2) 滚珠丝杠副的支撑轴承的定期检查

应定期检查丝杠支撑与床身的连接是否有松动以及支撑轴承是否损坏等。如有以上问题，要及时紧固松动部位并更换支撑轴承。

(6) 滚珠丝杠副的润滑

润滑剂可提高耐磨性及传动效率。润滑剂可分为润滑油和润滑脂两大类。润滑油一般为全损耗系统用油；润滑脂可采用锂基润滑脂。润滑脂一般加在螺纹滚道和安装螺母的壳体空间内，而润滑油则经过壳体上的油孔注入螺母的空间内。每半年对滚珠丝杠上的润滑脂更换一次，清洗丝杠上的旧润滑脂，涂上新的润滑脂。用润滑油润滑的滚珠丝杠副，可在每次机床工作前加油一次。

(7) 滚珠丝杠的防护

滚珠丝杠副和其他滚动摩擦的传动元件一样，应避免硬质灰尘或切屑污物进入，因此，必须有防护装置。如滚珠丝杠副在机床上外露，应采用封闭的防护罩，如采用螺旋弹簧钢带套管、伸缩套管以及折叠式套管等如图 4-49 所示。安装时将防护罩的一端连接在滚珠螺母的端面，另一端固定在滚珠丝杠的支撑座上。如果处于隐蔽的位置，则可采用密封圈防护，密封圈装在螺母的两端。接触式的弹性密封圈系用耐油橡胶或尼龙制成，其内孔做成与丝杠螺纹滚道相配的形状，接触式密封圈的防尘效果好，但因有接触压力，使摩擦力矩略有增加。非接触式密封圈又称迷宫式密封圈，它用硬质塑

(a) 橡胶防护套

(b) 钢带防护套

图 4-49 滚珠丝杠的防护装置

料制成,其内孔与丝杠螺纹滚道的形状相反,并稍有间隙,这样可避免摩擦力矩,但防尘效果差。工作中应避免碰击防护装置,防护装置一有损坏要及时更换。

(8) 滚珠丝杠副的故障诊断

在数控机床进给传动系统中,滚珠丝杠副工作一定时间以后,经常发生故障,表 4-3 所列为滚珠丝杠副常见故障及故障诊断方法。

表 4-3 滚珠丝杠副的故障诊断

序号	故障现象	故障原因	排除方法
1	滚珠丝杠副噪声	丝杠支撑轴承的压盖压合情况不好	调整轴承压盖,使其压紧轴承端面
		丝杠支撑轴承可能破损	如轴承破损更换新轴承
		电动机与丝杠联轴器松动	拧紧联轴器锁紧螺钉
		丝杠润滑不良	改善润滑条件使润滑油量充足
		滚珠丝杠副滚珠有破损	更换新滚珠
2	滚珠丝杠运动不灵活	轴向预加载荷太大	调整轴向间隙和预加载荷
		丝杠与导轨不平行	调整丝杠支座位置,使丝杠与导轨平行
		螺母轴线与导轨不平行	调整螺母座的位置
		丝杠弯曲变形	校直丝杠
3	滚珠丝杠副润滑状况不良	检查各滚珠丝杠副润滑	用润滑脂润滑的丝杠需移动工作台取下罩套,涂上润滑脂

3. 导轨副的维护

(1) 间隙调整

导轨副维护很重要的一项工作是保证导轨面之间具有合理的间隙。间隙过小,则摩擦阻力大,导轨磨损加剧;间隙过大,则运动失去准确性和平稳性,失去导向精度。间隙调整的方法有以下几种方式。

① 压板调整间隙 图 4-50 所示为矩形导轨上常用的几种压板装置,压板用螺钉固定在动导轨上,常用钳工配合刮研及选用调整垫片、平镶条等机构,使导轨面与支承面之间的间隙均匀,达到规定的接触点数。对图 4-50(a)所示的压板结构,如间隙过大,应修磨或刮研凸面;间隙过小或压板与导轨压得太紧,则可刮研或修磨 A 面。

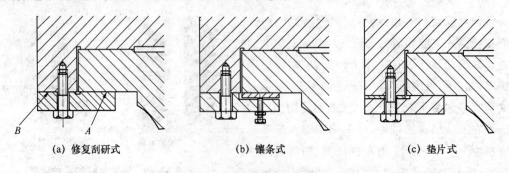

(a) 修复刮研式　　　　(b) 镶条式　　　　(c) 垫片式

图 4-50 压板调整间隙

② 镶条调整间隙 图 4-51(a)是一种全长厚度相等、横截面为平行四边形(用于燕尾形

导轨)或矩形的平镶条,通过侧面的螺钉调节和螺母锁紧,以其横向位移来调整间隙。由于收紧力不均匀,故在螺钉的着力点有挠曲。图 4-51(b)是一种全长厚度变化的斜镶条及三种用于斜镶条的调节螺钉,以其斜镶条的纵向位移来调整间隙。斜镶条在全长上支撑,其斜度为 1∶40 或 1∶100,由于楔形的增压作用会产生过大的横向压力,因此调整时应细心。

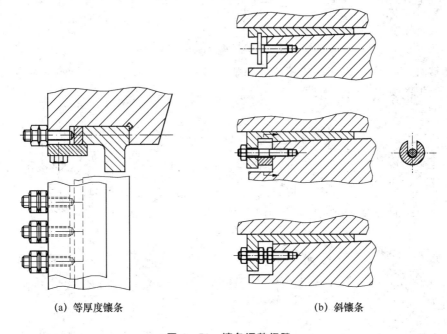

(a) 等厚度镶条　　　　　　　　　　(b) 斜镶条

图 4-51　镶条调整间隙

③ 压板镶条调整间隙　如图 4-52 所示,T 形压板用螺钉固定在运动部件上,运动部件内侧和 T 形压板之间放置斜镶条,镶条不是在纵向有斜度,而是在高度方面做成倾斜。调整时,借助压板上几个推拉螺钉,使镶条上下移动,而调整间隙。三角形导轨的上滑动面能自动补偿,下滑动面的间隙调整和矩形导轨的下压板调整底面间隙的方法相同。圆形导轨的间隙不能调整。

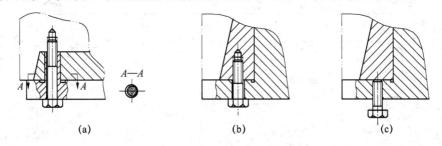

(a)　　　　　　　(b)　　　　　　　(c)

图 4-52　压板镶条调整间隙

(2) 滚动导轨的预紧

为了提高滚动导轨的刚度,对滚动导轨应预紧。预紧可提高接触刚度和消除间隙;在立式滚动导轨上,预紧可防止滚动体脱落和歪斜。常见的预紧方法有两种:

① 采用过盈配合　预加载荷大于外载荷,预紧力产生过盈量为 $\delta=2\sim 3\ \mu m$,过大会使牵引力增加。若运动部件较重,其重力可起预加载荷作用,若刚度满足要求,可不施预加载荷,如图 4-53 所示。

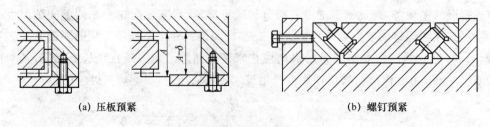

图 4-53 滚动导轨的预加负载方法

② 调整法 利用螺钉、斜块或偏心轮调整来进行预紧,如图 4-54 所示。也有利用垫片调整来进行预紧,如图 4-55 所示。

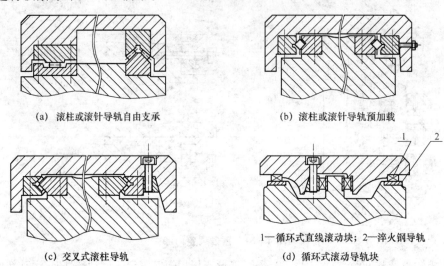

图 4-54 滚动导轨的预紧 1

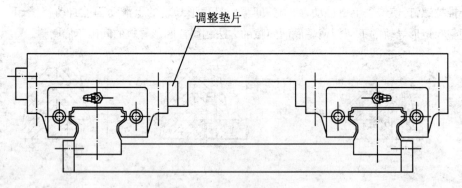

图 4-55 滚动导轨的预紧 2

(3) 导轨的润滑

导轨面上进行润滑后,可降低摩擦系数,减少磨损,并且可防止导轨面锈蚀。导轨常用的润滑剂有润滑油和润滑脂,前者用于滑动导轨,而滚动导轨两种都有使用。

① 润滑方法 导轨最简单的润滑方式是人工定期加油或用油杯供油。这种方法简单、成本低,但不可靠,一般用于调节辅助导轨及运动速度低、工作不频繁的滚动导轨。对运动速度较高的导轨大都采用润滑泵,以压力油强制润滑。这样不但可以连续或间歇供油给导轨进行润滑,而

且可利用油的流动冲洗和冷却导轨表面。为实现强制润滑,必须备有专门的供油系统。

② 对润滑油的要求　在工作温度变化时,润滑油黏度变化要小,要有良好的润滑性能和足够的油膜刚度,油中杂质尽量少且不侵蚀机件。常用的全损耗系统用油有 LAN10、15、32、42、68,精密机床导轨油 L-HG68,汽轮机油 L-TSA32、46 等。

(4) 导轨的防护

为了防止切屑、磨粒或冷却液散落在导轨面上而引起磨损、擦伤和锈蚀,导轨面上应有可靠的防护装置。常用的刮板式、卷帘式和叠层式防护罩(见图 4-56),大多用于长导轨上。在机床使用过程中,应防止损坏防护罩,应经常用刷子蘸机油清理移动接缝,以避免碰壳现象的产生。

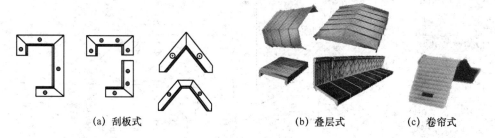

(a) 刮板式　　　　(b) 叠层式　　　　(c) 卷帘式

图 4-56　防护罩

(5) 导轨故障诊断

在数控机床进给传动系统中,机床导轨工作一定时间以后,经常发生故障,表 4-4 所列为机床导轨常见故障及故障诊断方法。

表 4-4　导轨故障诊断

序号	故障现象	故障原因	排除方法
1	导轨研伤	机床经长期使用,地基与床身水平有变化,使导轨局部单位面积负荷过大	定期进行床身导轨的水平调整,或修复导轨精度
		长期加工短工件或承受过分集中的负荷,使导轨局部磨损严重	注意合理分布短工件的安装位置避免负荷过分集中
		导轨润滑不良	调整导轨润滑油量,保证润滑油压力
		导轨材质不佳	采用电镀加热自冷摔火对导轨进行处理,导轨上增加磁铝铜合金板,以改善摩擦情况
		刮研质量不符合要求	提高刮研修复的质量
		机床维护不良,导轨里落入脏物	加强机床保养,保护好导轨防护装置
2	导轨上移动部件运动不良或不能移动	导轨面研伤	用 180 JHJ 砂布修磨机床导轨面上的研伤
		导轨压板研伤	卸下压板调整压板与导轨间隙
		导轨镶条与导轨间隙太小,调得太紧	松开镶条止退螺钉,调整镶条螺栓,使运动部件运动灵活,保证 0.03 mm 塞尺不得塞入,然后锁紧止退螺钉
3	加工面在接刀处不平	导轨直线度超差	调整或修刮导轨,允差 0.015/500 mm
		工作台塞铁松动或塞铁弯度太大	调整塞铁间隙,塞铁弯度在自然状态下小于 0.05 mm/全长
		机床水平度差,使导轨发生弯曲	调整机床安装水平,保证平行度、垂直度在 0.02/1 000 mm 之内

4. 数控回转工作台的维护

在数控铣床或数控铣削加工中心的加工过程中,数控机床的圆周进给由数控回转工作台完成,称为数控机床的第四轴,回转工作台可以与 X、Y、Z 三个坐标轴联动,从而加工出各种曲面和曲线等复杂的形状。数控回转工作台对于自动换刀多工序的数控铣削加工中心是必备的部件。

数控回转工作台主要用于数控铣削加工中心、数控铣床和数控镗床,其外形和通用机床分度工作台相似,但它的驱动是伺服系统的驱动方式。图 4-57 为自动换刀数控铣镗床的回转工作台。这是一种补偿型的开环数控回转工作台,它的进给、分度转位和定位锁紧都是由给定的指令进行控制的。

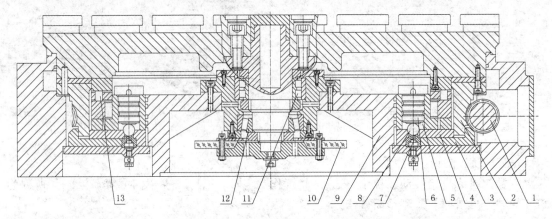

1—蜗杆;2—蜗轮;3、4—夹紧瓦;5—液压缸;6—活塞;7—弹簧;8—钢球;9—底座;10—光栅;11、12、13—轴承

图 4-57 数控回转工作台

数控回转工作台的回转运动通过电液脉冲电动机,经齿轮减速,由蜗杆 1 传给蜗轮 2。为了消除蜗杆副的传动间隙,采用了双螺距渐厚蜗杆,通过移动蜗杆的轴向位置来调整间隙。这种蜗杆的左右两侧面具有不同螺距,因此蜗杆齿厚从头到尾逐渐增厚。但由于同一侧的螺距是相同的,所以仍然可保持正常的啮合。

当数控回转工作台静止时,必须处于锁紧状态。为此,在蜗轮底部的径向方向装有 8 对夹紧瓦 4 和 3,并在底座 9 上均布着同样数量的小液压缸 5。当小液压缸的上腔接通压力油时,活塞 6 便压向钢球 8,撑开夹紧瓦 4,并夹紧蜗轮 2。在工作台需要回转时,先使小液压缸的上腔接通回油路,在弹簧 7 的作用下,钢球 8 抬起,夹紧瓦将蜗轮松开。

数控回转工作台的导轨面由大型滚珠轴承 13 支撑,并由圆锥滚柱轴承 12 及双列向心圆柱滚子轴承 11 保持准确的回转中心。

开环数控系统的回转工作台的定位精度主要取决于蜗杆副的传动精度,因而必须采用高精度的蜗杆副。除此之外,还可以在实际测量工作台静态定位误差之后,确定需要补偿角度的位置和补偿值的正负,记忆在补偿回路中,由数控装置进行误差补偿。

数控回转工作台设有零点,当它做回零运动时,先用挡块碰限位开关,使工作台降速,然后在回零位接近开关的作用下,使工作台准确地停在零位。数控回转工作台在作任意角度的转位和分度时,由光栅 10 进行读数,因此能够达到较高的分度精度。

拓展知识

1. 直线电动机系统

(1) 直线电动机发展过程

直线电动机是指可以直接产生直线运动的电动机,可作为进给驱动系统,如图 4-58 所示。其雏形在世界上出现了旋转电动机不久之后就出现了,但由于受制造技术水平和应用能力的限制,一直未能在制造业领域作为驱动电动机而使用。在常规的机床进给系统中,仍一直采用"旋转电动机+滚珠丝杠"的传动体系。随着近几年来超高速加工技术的发展,滚珠丝杠机构已不能满足高速度和高加速度的要求,直线电动机才有了用武之地。特别是大功率电子器件、新型交流变频调速技术、微型计算机数控技术和现代控制理论的发展,为直线电动机在高速数控机床中的应用提供了条件。

世界上第一台使用直线电动机驱动工作台的高速加工中心是德国 Ex-Cell-O 公司于 1993 年生产的,采用了德国 Indrament 公司开发成功的感应式直线电动机。同时,

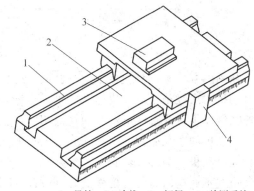

1—导轨;2—次线;3—初级;4—检测系统

图 4-58 直线电动机进给系统外观

美国 Ingersoll 公司和 Fort 汽车公司合作,在 HVM800 型卧式加工中心上采用了美国 Anorad 公司生产的永磁式直线电动机。日本的 FANUC 公司于 1994 年购买了 Anorad 公司的专利权,开始在亚洲市场销售直线电动机。在 1996 年 9 月芝加哥国际制造技术博览会(IMTs'96)上,直线电动机如雨后春笋般展现在人们面前,这预示着直线电动机开辟的机床新时代已经到来。

(2) 直线电动机工作原理

直线电动机的工作原理与旋转电动机相比,并没有本质的区别,可以将其视为旋转电动机沿圆周方向拉开展平的产物,如图 4-59 所示。对应于旋转电动机的定子部分,称为直线电动机的初级;对应于旋转电动机的转子部分,称为直线电动机的次级。当多相交变电流通入多相对称绕组时,就会在直线电动机初级和次级之间的气隙中产生一个行波磁场,从而使初级和次级之间相对移动。当然,两者之间也存在一个垂直力,可以是吸引力,也可以是推斥力。

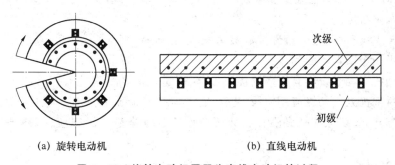

(a) 旋转电动机　　　　　　(b) 直线电动机

图 4-59 旋转电动机展平为直线电动机的过程

直线电动机可以分为直流直线电动机、步进直线电动机和交流直线电动机三大类。在机床上主要使用交流直线电动机。

在结构上,可以有如图 4-60 所示的短次级和短初级两种形式。为了减小发热量和降低成本,高速机床用直线电动机,即常采用图 4-60(b) 所示的短初级的结构。

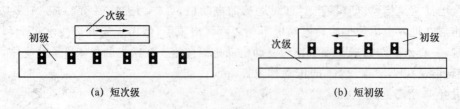

图 4-60　直线电动机的形式

在励磁方式上,交流直线电动机可以分为永磁(同步)式和感应(异步)式两种。永磁式直线电动机的次级是一块一块铺设的永久磁钢,其初级是含铁芯的三相绕组。感应式直线电动机的初级和永磁式直线电动机的初级相同,而次级是用自行短路的不馈电栅条来代替永磁式直线电动机的永久磁钢。永磁式直线电动机在单位面积推力、效率、可控性等方面均优于感应式直线电动机,但其成本高,工艺复杂,而且给机床的安装、使用的维护带来不便。感应式直线电动机在不通电时是没有磁性的,因此有利于机床的安装、使用和维护。近年来,其性能不断改进,已接近永磁式直线电动机的水平,并逐渐应用在机械行业中。

由于直线电动机的动件(初级)已和机床的工作台合二为一,因此,和滚珠丝杠进给单元不同,直线电动机进给单元只能采用全闭环控制系统,其控制框图如图 4-61 所示。

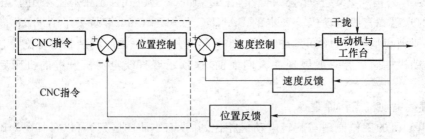

图 4-61　控制框图

然而,直线电动机在机床上的应用也存在一些问题,它们包括:
① 由于没有机械连接或啮合,因此垂直轴需要外加一个平衡块或制动器。
② 当负荷变化大时,需要重新整定系统;目前,大多数现代控制装置具有自动整定功能,因此能快速调整机床。
③ 磁铁(或线圈)对电动机部件的吸力很大,因此应注意选择导轨和设计滑架结构,并注意解决磁铁吸引金属颗粒的问题。

直线电动机驱动系统具有很多的优点,对于促进机床的高速化有十分重要的意义和应用价值。由于目前尚处于初级应用阶段,生产批量不大,因而成本很高。但可以预见,作为一种崭新的传动方式,直线电动机必然在机床工业中得到越来越广泛的应用,并显现出巨大的生命力。

2. 塑料滑动导轨

目前,数控机床所使用的滑动导轨材料为铸铁对塑料或镶钢对塑料滑动导轨。导轨塑料常用聚四氟乙烯导轨软带和环氧型耐磨导轨涂层两类。

(1) 聚四氟乙烯导轨软带的特点

① 摩擦特性好　金属－聚四氟乙烯导轨软带的动静摩擦因数基本不变。

② 耐磨特性好　聚四氟乙烯导轨软带材料中含有青铜、二硫化铜和石墨，因此其本身即具有自润滑作用，对润滑油的要求不高；此外，塑料质地较软，即使嵌入金属碎屑、灰尘等，也不致损伤金属导轨面和软带本身，可延长导轨副的使用寿命。

③ 减振性好　塑料的阻尼性能好，其减振效果、消声的性能较好，有利于提高运动速度。

④ 工艺性好：可降低对粘贴塑料的金属基体的硬度和表面质量要求，而且塑料易于加工（铣、刨、磨、刮），使导轨副接触面获得优良的表面质量；聚四氟乙烯导轨软带被广泛用于中小型数控机床的运动导轨中。

图 4－62 为某加工中心工作台的剖面图。作为移动部件的工作台导轨面（包括下压板和镶条）都粘贴有聚四氟乙烯导轨软带。

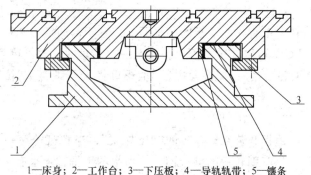

1—床身；2—工作台；3—下压板；4—导轨轨带；5—镶条

图 4－62　工作台的剖面图

(2) 环氧型耐磨涂层

环氧型耐磨涂层是以环氧树脂和二硫化铝为基体，加入增塑剂，混合成液状或膏状为一组分和固化剂为另一组分的双组分塑料涂层。德国生产的 SKC3 和我国生产的 HNT 环氧型耐磨涂层都具有以下特点：

① 良好的加工性，可经车、铣、刨、钻、磨削和刮削。

② 良好的摩擦性。

③ 耐磨性好。

④ 使用工艺简单。

4.4　机床换刀装置的故障诊断及维护

学习目标

1. 了解机床换刀装置的结构及特点。
2. 了解机床换刀装置的调整方法。
3. 能够分析数控机床自动换刀装置常见故障的原因并进行调整。

工作任务

分析处理下列故障：
1. 回转刀架通常有刀架不转、刀架回转后加工尺寸不稳定的故障。
2. 加工中心刀库不能转动或转动不到位的故障。
3. 换刀机械手刀具夹不紧掉刀、刀具夹紧后松不开、刀具交换时掉刀的故障。

相关实践与理论知识

4.4.1 普通机床换刀装置的故障诊断及维护

1. 普通车床换刀装置

（1）普通车床刀架

1）刀架转盘

如图 4-63 所示，转盘 1 装在中滑板的上平面上。它下部的定心圆柱面 H 装在中滑板的孔 H 中，转盘 1 及小滑板 2 可以在中滑板上回转至一定的角度位置。转盘可调整的最大角度是±90°。转盘的位置调整妥当后，需拧紧螺母 18，螺母将 T 形螺钉 19 拉紧，使转盘紧固在中滑板上。

2）小滑板

如图 4-63 所示，小滑板 2 装在转盘 1 的燕尾导轨上，当转盘转动一定的角度调整好后，用于操作移动小滑板，可以车削较短的圆锥面。小滑板的手把轴上也有刻度盘，每格的移动量为 0.1 mm。小滑板导轨的间隙是由镶条 17 来调整的。

3）方刀架

如图 4-63 所示，方刀架装在小滑板 2 的上面。在方刀架的内侧可以夹持四把车刀（或四组刀具）。方刀架体 4 可以转动四个位置（间隔 90°），使所装的四把车刀轮流地参加切削。方刀架转位、定位及夹紧的工作原理如下。

转位时，首先按逆时针方向转动手柄 8，于是手柄与轴 12 之间的螺纹使手柄向上移动，使方刀架体 4 松开；同时，手柄 8 通过销 14 带动套 9 转动，套 9 中有花键孔与套 10 的花键相配合，套 10 的下端有单向倾斜的端面齿，它与端面凸轮 7 的齿相啮合，套 10 的上部作用有压缩弹簧 13，因此，套 9 便通过套 10 的端面齿带动端面凸轮 7 向逆时针方向转动。当端面凸轮 7 转到定位销 16 的"Γ"形尾部下面时，端面凸轮 7 上部的斜面将定位销 16 从定位孔中拔出。手柄 8 继续向逆时针方向转动，当端面凸轮 7 缺口中的低面碰到转位销 20 时，端面凸轮 7 便带动方刀架体 4 向逆时针方向转动，方刀架转位到 90°时，粗定位钢球 5 在弹簧 6 的作用下被压入小滑板 2 上的另一个定位孔 3 中，使方刀架体 4 得到粗定位。这时，操作人员将手柄 8 改为顺时针方向转动，于是套 9 和 10 及端面凸轮 7 也改为顺时针方向转动。当端面凸轮 7 转动至其上端面脱离定位销 16 的"Γ"形尾部时，定位销 16 在弹簧 15 的作用下被压入小滑板 2 的另一个定位孔中，方刀架体 4 获得了精确的定位。当端面凸轮 7 顺时针方向转动至缺口的另一面碰到转位销 20 时，由于方刀架体 4 已被定位，所以端面凸轮 7 不能继续转动，但手柄 8 仍继续顺时针方向转过一定的角度，使手柄 8 沿轴 12 的螺纹向下拧,直到将方刀架体4压紧在小滑板2上时为止。在端面凸轮7由于碰到转位销20停止转动、而手柄8与套9和10尚继续顺时针方向转动的过程中,由于套10和手柄8间的端面齿是单向倾斜齿,作用在套10上的轴向向上力将弹簧13压缩,使套10的齿能在端面凸轮7的齿面上打滑。由油杯11加注润滑油,用于润滑方刀架体内的各零件。

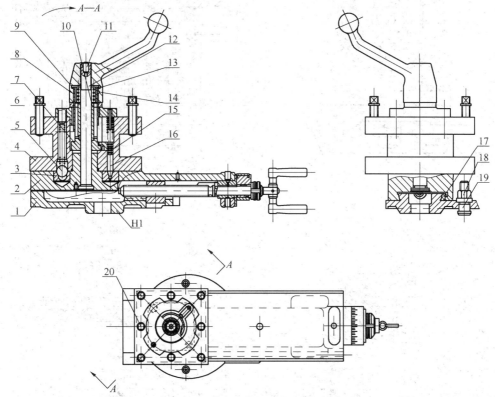

1—转盘；2—小滑板；3—定位孔；4—方刀架体；5—粗定位钢球；6、13、15—弹簧；7—端面凸轮；8—手柄；9、10—套；11—油杯；12—轴；14、16、20—销；17—镶条；18—螺母；19—T形螺钉

图4-63 CA6140型卧式车床的转盘、小滑板及方刀架

(2) 普通车床尾座

图4-64所示为CA6140型卧式车床的尾座。尾座装在床身的尾座导轨C及D上,它可以根据工件的长短调整纵向位置。位置调整妥当后用快速紧固手柄7夹紧,当快速紧固手柄7向后推动时,通过偏心轴及拉杆,就可将尾座夹紧在床身导轨上。有时,为了将尾座紧固得更牢靠些,可拧紧螺母9,这时螺母9通过螺钉10与压板11使尾座牢固地夹紧在床身上。后顶尖1安装在尾座顶尖套3的锥孔中。尾座顶尖套3装在尾座体2的孔中,并由平键15导向,使它只能轴向移动,不能转动。摇动手轮8,可使尾座顶尖套3纵向移动。当尾座顶尖套3移到所需位置时,可用手柄4转动螺杆12以拉紧套筒13和14,从而将尾座顶尖套3夹紧。如需卸下顶尖,可转动手轮8,使尾座顶尖套3后退,直到丝杠5的左端顶住后顶尖,将后顶尖从锥孔中顶出。

在卧式车床上,也可将钻头等孔加工刀具装在尾座顶尖套的锥孔中。这时,转动手轮8,借助于丝杠5和螺母6的传动,可使尾座顶尖套3带动钻头等孔加工刀具纵向移动,进行孔加工。

调整螺钉16和17用于调整尾座体2的横向位置,也就是调整后顶尖中心线在水平面内的位置,使它与主轴中心线重合,车削圆柱面;或使它与主轴中心线相交,工件由前、后顶尖支承,用以车削锥度较小的锥面。

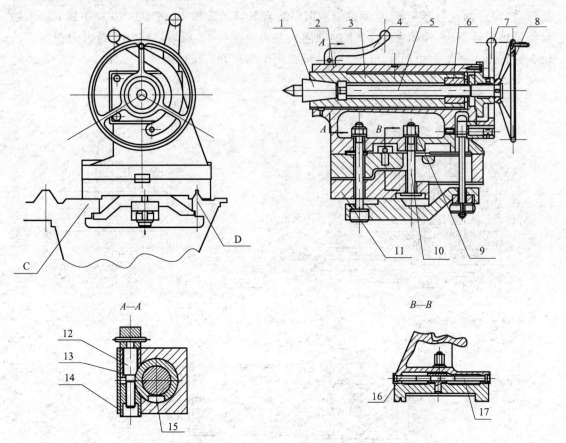

1—后顶尖;2—尾座体;3—顶尖套;4、7—手柄;5—丝杠;6、9—螺母;8—手轮;
10、16、17—螺钉;11—压板;12—螺杆;13、14—套筒;15—平键

图 4-64　CA6140 型卧式车床尾座

2. 普通机床换刀装置的常见故障诊断

1) 用方刀架进刀精车锥孔时呈扬声器形(抛物线形)或表面粗糙度值大。

【故障原因分析】

① 方刀架的移动燕尾导轨直线度超差。

② 方刀架移动对主轴中心线平行度超差。

③ 主轴径向回转精度不高。

【故障排除与检修】

上述①、②两项故障的排除方法如下。

① 在刮研平板上刮研小滑板表面 2(见图 4-65),平面度允差为 0.02 mm,可用小滑板表面 2 与平板涂色研点,接触度允差为 0.02 mm,接触点每 25 mm×25 mm 为 10~12 点,用 0.03 mm 塞尺检查时插不进为合格。

② 用小滑板与角度底座配合刮研刀架中部转盘的表面及小滑板的表面 3(见图 4-65)。

③ 表面 3 的精刮与镶条的修复一起完成,如果燕尾导轨磨损、修刮,原镶条已不能使用时,除了更换新的镶条外,还可利用镶条进行修复,方法有两种:其一是在镶条的非滑动面(背面)上胶粘一层尼龙板、层压板或玻璃纤维板,以恢复其厚度;其二是将原镶条在大端方向焊接

加长,镶条配置后应保持大端尚有必要的调整余量(10 mm 左右)。

④ 最后综合检查修复的质量。将镶条调节适当,小滑板底部的移动应无轻重现象,即使拉出刀架中部转盘的一半长度也不应有松动现象。

⑤ 如图4-66所示,以中滑板的表面为基准来刮研刀架中部转盘的表面1,并测量表面1相对于表面2的平行度。测量时,可使刀架中部转盘回转180进行校核,平行度允差为0.03 mm,接触面间用0.03 mm塞尺检查,不得插入。

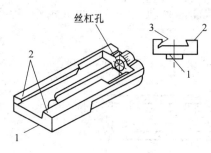

图4-65 小滑板

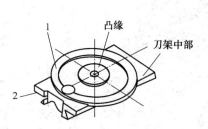

图4-66 刀架中部转盘

2) 方刀架上的压紧手柄压紧后,或刀具在方刀架上固紧后,小滑板丝杠手柄摇动加重甚至转不动。

【故障原因分析】

① 刀具夹紧后方刀架产生变形。

② 方刀架的底面不平,压紧方刀架使小滑板产生变形。

③ 方刀架与小滑板的接触面不良。

④ 小滑板凸台与平面1不垂直(见图4-67)。

【故障排除与检修】

① 刀具夹紧和刀架夹紧的用力要适度,既要夹紧,又不要用力过猛。如果仍不能解决问题,只有把方刀架的底面与小滑板的表面1(见图4-68)进行配刮。因为方刀架在夹持刀具后会发生变形,所以使其四个角上的接触点淡一些,也可以在刮研前先上刀具,刮去其四个角上的变形量。

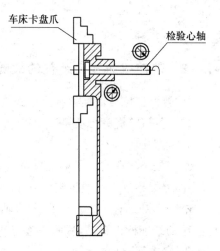

图4-67 检验定心轴颈的垂直度

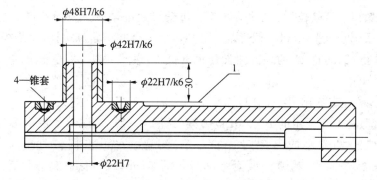

图4-68 小滑板凸台镶套

② 在夹紧刀具后用涂色法检查方刀架底面与小滑板接合面间的接触精度,应保证方刀架在夹紧刀具时仍保持与它均匀地全面接触,否则用刮研修正,接触面间用 0.04 mm 塞尺检查,不得插入。

③ 方刀架底面不平可用平面磨床磨平,小滑板的接合面用刮研方法修正。

④ 校正检验心轴(见图 4-69)与表面 1,对心轴全长偏差不大于 0.04 mm,对表面 1 垂直度允差为 0.01 mm。将原 φ48 mm 的凸台车小至 φ42 mm,镶入一套,套的内孔与凸台紧配(也可用厌氧胶粘接,配合间隙为 0.02~0.04 mm),套的外圆与方刀架内孔滑配(配合间隙为 0.02 mm 为好)。

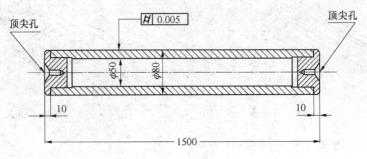

图 4-69 检验心轴

4.4.2 数控机床换刀装置的故障诊断及维护

1. 数控机床自动换刀装置形式

(1) 多轴转塔头自动换刀装置

1) 四方回转刀架

加工轴类零件常用的螺旋升降式四方刀架(见图 4-70)。它的换刀过程如下。

① 刀架抬起。当数控装置发出换刀指令后,电动机 23 正转,经联轴套 16、轴 17,由滑动键(花键)带动蜗杆 19、蜗轮 2、轴 1、轴套 10 转动。轴套 10 的外圆上有两处凸起,可在套筒 9 内孔中的螺旋槽内滑动,从而举起与 9 相连的刀架 8 及上端齿盘 6,使上端齿盘 6 与下端齿盘 5 分开,完成刀架抬起动作。

② 刀架转位。刀架抬起后,轴套 10 仍在继续转动,同时带动刀架 8 转过 90°(如不到位,刀架还可继续转位 180°\270°\360°),并由微动开关 25 发出信号给数控装置。

③ 刀架压紧。刀架转位后,由微动开关发出信号使电动机 23 反转,销 13 使刀架 8 定住而不随轴套 10 回转,于是刀架 8 向下移,上下端齿盘啮合并压紧。蜗杆 19 继续转动则产生轴向位移,压缩弹簧 22,凸轮 21 的外圆曲面压缩开关 20 使电动机 23 停止旋转,从而完成一次转位。

2) CK7815 数控车床用 BA200LD 刀架

CK7815 型数控车床采用的 BA200LD 刀架(见图 4-71)。该刀架最多可有 24 个分度位置,机床可选用 12 位(A 型或 B 型)、8 位(C 型)刀盘。A、B 型回转刀盘的外切刀可使用 25 mm×150 mm 标准刀具和刀杆截面为 25 mm×25 mm 的可调刀具,C 型可使用尺寸为 20 mm×20 mm×125 mm 的标准刀具。镗刀杆直径最大为 φ32 mm。刀架转位为机械传动。驱动电动机 11 尾部有磁制动器。转位开始时,电磁制动器断电,电动机 11 通电,30 ms 以后制动器松开，电动机开始转动，通过齿轮10、9、8带动蜗杆7旋转，使蜗轮5转动。蜗轮内孔有螺纹，与轴6上的螺纹旋合。这时轴6不能回转，当蜗轮转动时，使得轴6沿轴向向左移动。因为刀架1与轴6、活动鼠牙盘2固定在一起，故而刀盘和鼠牙盘2也向左移动，鼠牙盘3与2脱开。在轴6上有两个对称槽，内装滑块4，在鼠牙盘脱开后，蜗轮转到一定角度时与蜗轮固定在一起的圆盘14上的凸块部分便碰到滑块4，蜗轮便通过圆盘14上的凸块带动滑块，连同轴6、刀盘一起进行转位。到达要求位置后，电刷选择器发出信号，使电动机11反转，这时圆盘14上的凸块与滑块4脱离，不再带动轴6转动。蜗轮与轴6上的螺纹使轴6右移，鼠牙盘2和3结合定位，电磁制动器通电，维持电动机轴上的反转力矩，以保证鼠牙盘之间有一定的压紧力。最后，电动机断电，同时轴6右端的小轴13压下微动开关12，发出转位结束信号。刀架选位由刷形选择器进行。松开、夹紧位置检测则由微动开关12控制。刀具在刀盘上由压板15及斜铁16来夹紧，更换和对刀十分方便。

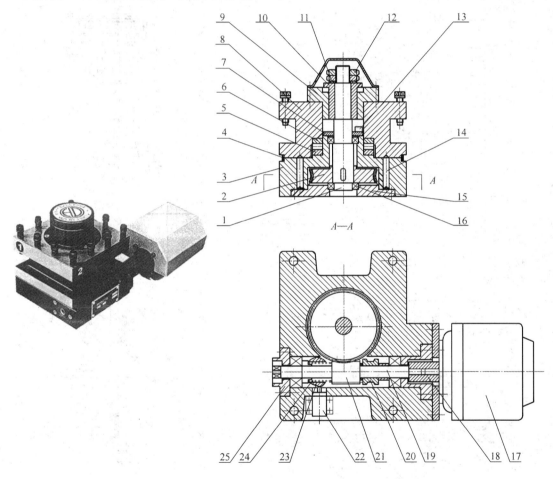

(a) 实体图　　　　　　　　　　(b) 结构原理图

1、19—轴；2—蜗轮；3—刀座；4—密封圈；5、6—齿盘；7、25—压盖；8—刀架；9—套筒；
10—轴套；11—垫圈；12—螺母；14—销；15—底座；16—轴承；18—联轴套；
20—套；21—蜗杆；22、13—开关；23—凸轮；24—弹簧；17—电动机

图4-70　立式四方刀架结构

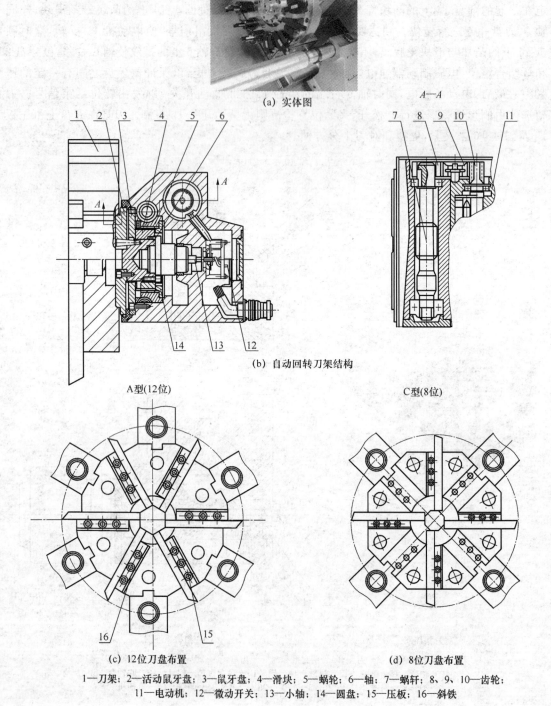

(a) 实体图

(b) 自动回转刀架结构

A型(12位)　　　　C型(8位)

(c) 12位刀盘布置　　　(d) 8位刀盘布置

1—刀架；2—活动鼠牙盘；3—鼠牙盘；4—滑块；5—蜗轮；6—轴；7—蜗杆；8、9、10—齿轮；
11—电动机；12—微动开关；13—小轴；14—圆盘；15—压板；16—斜铁

图 4-71　回转刀架

(2) 具有刀库和机械手的自动换刀装置

这种自动换刀装置结构比较复杂,它由刀库、机械手组成(有时还有中间传递装置)。目前在多坐标数控机床(如加工中心)大多数采用这类自动换刀装置。

1) 刀　库

刀库的功能是储存加工工序所需的各种刀具,并按程序指令,把将要用的刀具迅速准确地送到换刀位置,并接受从主轴送来的已用刀具。刀库的储存量一般在8～64把范围内,多的可达10～200把。

① 刀库种类及形式。图4-72为几种典型的刀库类型。

a) 转塔式刀库　如图4-72(a)为转塔式刀库,主要用于小型立式加工中心。转塔式刀库转位方式有两种:一种为借助机械方式转位,此种方式的选刀均为顺序选刀;另一种为由伺服电动机驱动转位,此种刀库可以实现刀具的任意选择。

b) 圆盘式刀库　如图4-72(b)、(c)、(d)所示刀库,卧式、立式加工中心均可采用。圆盘式侧挂型一般是挂在立式加工中心的立柱的侧面,或挂在无机械手换刀的卧式加工中心立柱的正面;圆盘式顶端型Ⅰ、Ⅱ则把刀库设在立柱顶上。

c) 链式刀库　如图4-72(e)所示,链式刀库是目前用得最多的一种形式,由一个主动链轮带动装有刀套的链条转动(移动)。

d) 格子式刀库　如图4-72(f)所示,装有刀套的格子架固定不动,在它的前面有抓刀器在上下、左右移动(二轴控制),根据指令把需用的刀具抓到与主轴换刀的位置上,换刀后再把已用刀具送回原位,然后把下道工序将要用的刀具送到换刀位置。这种刀库的容量大,适用于作为加工单元使用的加工中心。

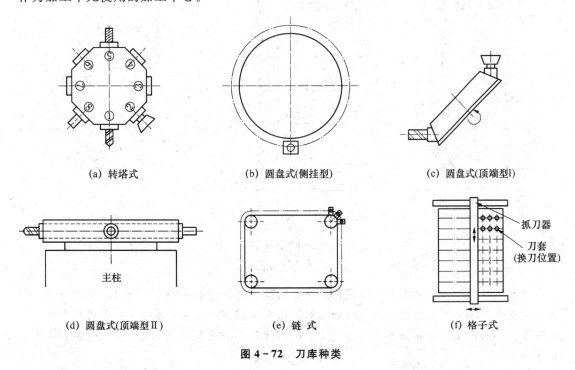

图4-72　刀库种类

② 链式刀库结构及形式

a) 换刀位置　为保证刀套准停精度和刀套定位刚性,链式刀库的换刀位置一般设在主动链轮上或设在尽可能靠近主动链轮的刀套处。图4-73为设在主动链轮上的示意图。

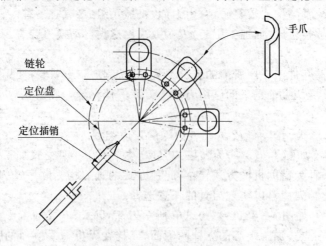

图4-73 主动链轮上的换刀位置

b) 链式刀库形式　链式刀库的形式很多,图4-74为其中的三种形式。

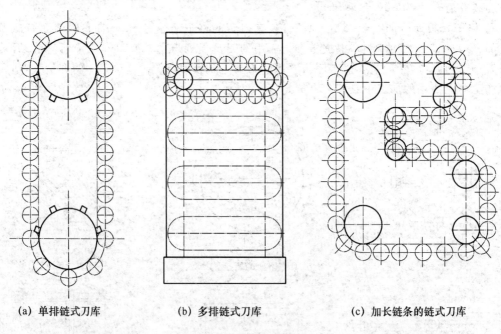

(a) 单排链式刀库　　　　(b) 多排链式刀库　　　　(c) 加长链条的链式刀库

图4-74 链式刀库

2) 机械手

机械手是自动换刀装置的重要机构。它的功能是把用过的刀具送回刀库,并从刀库上取出新刀送入主轴。加工中心的换刀可分为有机械手换刀方式和无机械手换刀方式两大类。大多数加工中心都采用有机械手换刀方式。无机械手换刀方式只适用于40号刀柄以下的小型加工中心。

① 机械手的种类　机械手的种类繁多,每个厂家都生产有自己独特的换刀机械手。

机械手主要有双对抓刀爪式机械手、夹持式机械手、回转式双臂机械手等。

② 机械手臂的结构。

a) 双对抓刀爪式机械手　机械手有两对抓刀爪(见图4-75)，分别由支架导向槽1驱动其动作。当液压缸推动机械手抓刀爪外伸时，抓刀爪上的销轴3在支架上的液压缸2内滑动，使抓刀爪绕销4摆动，抓刀爪合拢抓住刀具。当液压缸回缩时，支架导向槽1迫使抓刀爪张开，放松刀具。由于抓刀动作由机械机构实现，且能自锁，因此工作安全可靠。

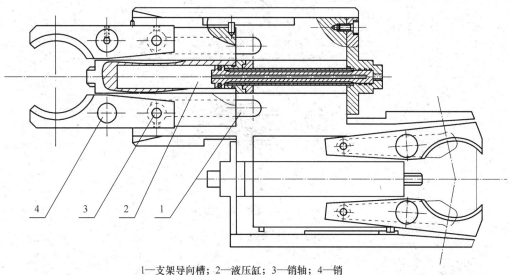

1—支架导向槽；2—液压缸；3—销轴；4—销

图4-75　双对抓刀爪式机械手结构

b) 夹持式机械手臂　图4-76为手臂结构图，卡爪2的抓刀夹持动作过程如下：压力油通过手臂回转轴，并由回转轴中的小孔通向回转臂中的小孔7，推动活塞6向前移动；与此同时与活塞6连接的锥体5移动，锥体5产生的分力作用在滚子4上，使卡爪2绕销1转动，抱紧刀夹的夹持面；当小孔7油路卸压时，卡爪2在弹簧3作用下转动并张开，使刀夹被放松。

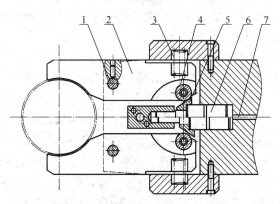

1—销；2—卡爪；3—弹簧；4—滚子；5—锥体；6—活塞；7—油孔

图4-76　机械手臂结构

c) 回转式双臂机械手臂　该机械手结构如图4-77所示。机械手的手爪为径向夹持刀柄的夹持槽，上有一活动销4(手指)一直处于伸出顶紧(刀柄凸缘)状态。机械手回转、刀具交换时,为避免刀具甩脱,手爪上有锁紧机构,在主轴箱、刀库上装有撞块导板。当装卸刀具时,撞块导板将顶销打开(压缩),活动销(手指)便可自由伸缩,离开导板后,活动销(手指)通过锁销3实现自锁。

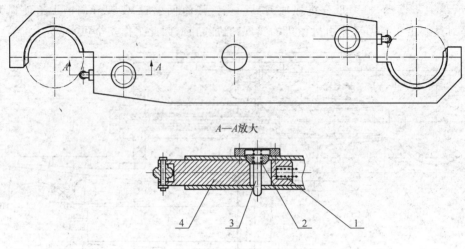

1、2—弹簧;3—锁销;4—活动销

图4-77 手臂和手爪结构

3)刀具的交换

数控机床的自动换刀系统中,实现刀库与机床主轴之间刀具传递和刀具装卸的装置称为刀具交换装置。刀具的交换方式一般有两种:机械手换刀和主轴换刀。

① 机械手换刀过程 由刀库选刀,再由机械手完成换刀动作,这是加工中心普遍采用的形式。机床结构不同,机械手的形式及动作也不一样。

下面以卧式镗铣加工中心为例说明采用机械手换刀的工作原理。该机床采用的是链式刀库,位于机床立柱左侧。由于刀库中存放刀具的轴线与主轴的轴线垂直,故机械手需要三个自由度。机械手沿主轴轴线的插拔刀动作由液压缸来实现;绕竖直轴摆动90°进行刀库与主轴间刀具的传送,由液压电动机实现;绕水平轴旋转180°完成刀库与主轴上的刀具交换的动作,也由液压电动机实现。其换刀分解动作〔见图4-78(a)~(h)〕如下。

a)机械手伸出,抓住刀库上的待换刀具,刀库刀座上的锁板拉开,如图4-78(a)所示;

b)机械手带着待换刀具绕竖直轴逆时针方向转90°,与主轴轴线平行;另一个抓刀爪抓住主轴上的刀具,主轴将刀杆松开,如图4-78(c)所示;

c)机械手前移,将刀具从主轴锥孔内拔出,如图4-78(d)所示;

d)机械手绕自身水平旋转180°,将两把刀具交换位置,如图4-78(e)所示;

e)机械手后退,将新刀具装入主轴,主轴将刀具锁住,如图4-78(f)所示;

f)抓刀爪缩回,松开主轴上的刀具。机械手绕竖直轴顺时针转90°,如图4-78(g)所示。刀库上刀具转位,锁板合上,机械手恢复到原始位置,如图4-78(h)所示。

② 主轴换刀过程 通过刀库和主轴箱的配合动作来完成换刀,适用于刀库中刀具位置与主轴上刀具位置一致的情况。一般采用把盘式刀库设置在主轴箱可以运动到的位置,或整个刀库能移动到主轴箱可以到达的位置。换刀时,主轴运动到刀库上的换刀位置,由主轴直接取走或放回刀具。

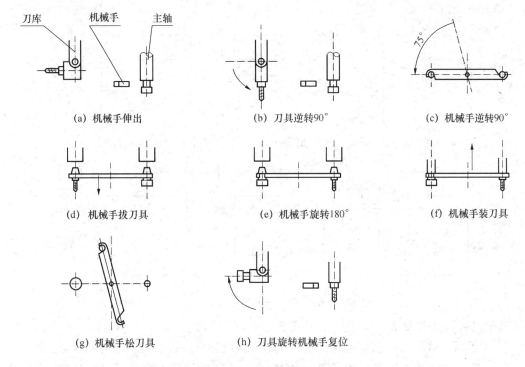

图 4-78 机械手换刀过程

XH754 型卧式加工中心就是采用这类刀具交换装置的实例。该机床主轴在立柱上可以沿 y 方向上下移动,工作台的横向运动沿 z 轴,纵向移动沿 x 轴。鼓轮式刀库位于机床顶部,有 30 个装刀位置,可装 29 把刀具。换刀过程如图 4-79 所示。

a) 当加工工步结束后执行换刀指令时,主轴实现准停,主轴箱沿 y 轴上升,这时机床上方刀库的空挡刀位正好处在交换位置,装夹刀具的卡爪打开,如图 4-79(a)所示。

b) 主轴箱上升到极限位置,被更换刀具的刀杆进入刀库空刀位,即被刀具定位卡爪钳住;与此同时,主轴内刀杆自动夹紧装置放松刀具,如图 4-79(b)所示。

c) 刀库伸出,从主轴锥孔中将刀具拔出,如图 4-79(c)所示。

d) 刀库转出,按照程序指令要求将选好的刀具转到最下面的位置,同时压缩空气将主轴锥孔吹净,如图 4-79(d)所示。

e) 刀库退回,同时将新刀具插入主轴锥孔,主轴内有夹紧装置将刀杆拉紧,如图 4-79(e)所示。

f) 主轴下降到加工位置后启动,开始下一工步的加工,如图 4-79(f)所示。

这种换刀机构不需要机械手,结构简单、紧凑。由于交换刀具时机床不工作,所以不会影响加工精度,但会影响机床的生产率。另外,因刀库尺寸限制,装刀数量不能太多,多用于采用 40 号以下刀柄的中小型加工中心。

2. 刀库与换刀机械手的维护要点

① 严禁把超重、超长的刀具装入刀库,防止在机械手换刀时掉刀或刀具与工件、夹具等发生碰撞。

② 顺序选刀方式必须注意刀具放置在刀库上的顺序要正确。其他选刀方式也要注意所

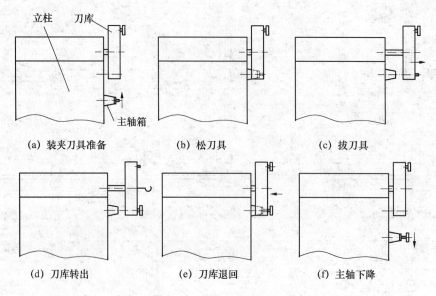

图 4-79 主轴换刀过程

换刀具号是否与所需刀具一致,防止换错刀具导致事故发生。

③ 用手动方式往刀库上装刀时,要确保装到位、装牢靠。检查刀座上的锁紧是否可靠。

④ 经常检查刀库的回零位置是否正确,检查机床主轴回换刀点位置是否到位,并及时调整,否则不能完成换刀动作。

⑤ 要注意保持刀具刀柄和刀套的清洁。

⑥ 开机时,应先使刀库和机械手空运行,检查各部分工作是否正常,特别是各行程开关和电磁阀能否正常动作。检查机械手液压系统的压力是否正常,刀具在机械手上锁紧是否可靠,发现不正常及时处理。

3. 刀库与换刀机械手的故障诊断

在数控机床刀库与换刀机械手传动系统中,机床刀库与换刀机械手工作一定时间以后,经常发生故障,表 4-5 所列为数控机床刀库与换刀机械手的常见故障及故障诊断方法。

表 4-5 刀库与换刀机械手的故障诊断

序号	故障现象	故障原因	排除方法
1	刀库中的刀套不能卡紧刀具	检查刀套上的调整螺母	顺时针旋转刀套两边的调整螺母压紧弹簧,顶紧卡紧销
2	刀库不能旋转	连接电动机轴与蜗杆轴的联轴器松动	紧固联轴器上的螺钉
3	刀具从机械手中脱落	检查刀具重量	刀具重量不得超过规定值
		机械手卡紧销损坏或没有弹出来	更换卡紧销或弹簧
4	刀具交换时掉刀	换刀时主轴箱没有回到换刀点或换刀点飘移	重新操作主轴箱运动,使其回到换刀点位置,重新设定换刀点
		机械手抓刀时没有到位,就开始拔刀	调整机械手手臂使手臂爪抓紧刀柄再拔刀
5	机械手换刀速度过快或过慢	以气动机械手为例,气压太高或太低和换刀气阀节流开口太大或太小	调整气压大小和节流阀开口

拓展知识

1. ATC刀具自动交换

为进一步提高数控机床的加工效率,数控机床正向着工件在一台机床一次装夹即可完成多道工序或全部工序加工的方向发展,因此出现了各种类型的加工中心机床,如车削中心、铣削加工中心、钻削中心等。这类多工序加工的数控机床在加工过程中要使用多种刀具,因此必须有自动换刀装置,以便选用不同刀具,完成不同工序的加工工艺。自动换刀装置应当具备换刀时间短、刀具重复定位精度高、足够的刀具储备量、占地面积小、安全可靠等特性。

各类数控机床的自动换刀装置的结构取决于机床的类型、工艺范围、使用刀具种类和数量。

2. 刀具的选择方式

按数控装置的刀具选择指令,从刀库中将所需要的刀具转换到取刀位置,称为自动选刀。在刀库中,选择刀具通常采用以下两种方法。

(1)顺序选择刀具

刀具按预定工序的先后顺序插入刀库的刀座中,使用时按顺序转到取刀位置。用过的刀具放回原来的刀座内,也可以按加工顺序放入下一个刀座内。该法不需要刀具识别装置,驱动控制也较简单,工作可靠。但刀库中每一把刀具在不同的工序中不能重复使用,为了满足加工需要,只有增加刀具的数量和刀库的容量,这就降低了刀具和刀库的利用率。此外,装刀时必须十分谨慎,如果刀具不按顺序装在刀库中将会产生严重的后果。

(2)任意选择刀具

这种方法根据程序指令的要求任意选择所需要的刀具,刀具在刀库中不必按照工件的加工顺序排列,可以任意存放。每把刀具(或刀座)都编上代码,自动换刀时,刀库旋转,每把刀具(或刀座)都经过"刀具识别装置"接受识别。当某把刀具的代码与数控指令的代码相符合时,该把刀具被选中,刀库将刀具送到换刀位置,等待机械手来抓取。任意选择刀具法的优点是刀库中刀具的排列顺序与工件加工顺序无关,相同的刀具可重复使用。因此,刀具数量比顺序选择法的刀具可少一些,刀库也相应地小一些。

任意选择法主要有以下三种编码方式。

① 刀具编码方式 这种方式是对每把刀具进行编码,由于每把刀具都有自己的代码,因此,可以存放于刀库的任一刀座中。这样刀库中的刀具在不同的工序中也就可重复使用,用过的刀具也不一定放回原刀座中,避免了因刀具存放在刀库中的顺序差错而造成的事故,同时也缩短了刀库的运转时间;简化了自动换刀控制线路。

刀具编码的具体结构如图4-80所示。在刀柄1后端的拉杆4上套装着等间隔的编码环2,由锁紧螺母3固定。编码环既可以是整体的,也可由圆环组装而成。编码环直径有大小两种,大直径的为二进制的"1",小直径的为"0"。通过这两种圆环的不同排列,可以得到一系列代码。通常全部为"0"的代码不许使用,以免与刀座中没有刀具的状况相混淆。为了便于操作者的记忆和识别,也可采用二八进制编码来表示。THK6370自动换刀数控镗铣床的刀具编码采用了二八进制,六个编码环相当八进制的二位。

② 刀座编码方式 这种编码方式对每个刀座都进行编码,刀具也编号,并将刀具放到与其号码相符的刀座中,换刀时刀库旋转,使各个刀座依次经过识刀器,直至找到规定的刀座,刀

库便停止旋转。由于这种编码方式取消了刀柄中的编码环,使刀柄结构大为简化。因此,识刀器的结构不受刀柄尺寸的限制而且可以放在较适当的位置。另外,在自动换刀过程中必须将用过的刀具放回原来的刀座中,增加了换刀动作。与顺序选择刀具的方式相比,刀座编码的突出优点是刀具在加工过程中可重复使用。

如图4-81所示为圆盘形刀库的刀座编码装置。在圆盘的圆周上均布若干个刀座,其外侧边缘上装有相应的刀座识别装置2。刀座编码的识别原理与上述刀具编码的识别原理完全相同。

③ 编码附件方式　编码附件方式可分为编码钥匙、编码卡片、编码杆和编码盘等,其中应用最多的是编码钥匙。这种方式是先给各刀具都缚上一把表示该刀具号的编码钥匙,当把各刀具存放到刀库的刀座中时,将编码钥匙插进刀座旁边的钥匙孔中,这样就把钥匙的号码转记到刀座中,给刀座编上了号码。识别装置可以通过识别钥匙上的号码来选取该钥匙旁边刀座中的刀具。

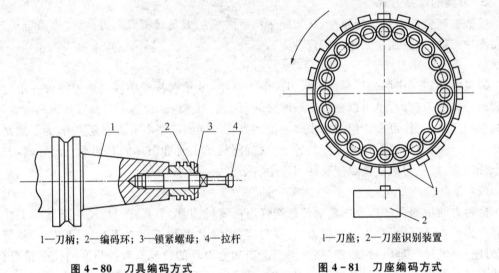

1—刀柄;2—编码环;3—锁紧螺母;4—拉杆

图4-80　刀具编码方式

1—刀座;2—刀座识别装置

图4-81　刀座编码方式

3. 识别装置

刀具(刀座)识别装置是自动换刀系统中重要组成部分,常用的有下列几种。

(1) 接触式刀具识别装置

接触式刀具识别装置应用较广,特别适应于空间位置较小的刀具编码,其识别原理如图4-82所示。在刀柄1上装有两种直径不同的编码环,规定大直径的环表示二进制的"1",小直径的环为"0",图中有5个编码环4,在刀库附近固定一刀具识别装置2,从中伸出几个触针3,触针数量与刀柄上编码环个数相等。每个触针与一个继电器相连,当编码环是大直径时与触针接触,继电器通电,其数码为"1",当编码环是小直径时与触针不接角触虫,继电器不通电,其数码为"0"。当各继电器读出的数码与所需刀具的编码一致时,由控制装置发出信号,使刀库停转,等待换刀。

接触式刀具识别装置的结构简单,但由于触针有磨损,故寿命较短,可靠性较差,且难于快速选刀。

(2) 非接触式刀具识别装置

非接触式刀具识别装置没有机械直接接触,因而无磨损、无噪声、寿命长、反应速度快,适应于高速、换刀频繁的工作场合。常用的有磁性识别和光电识别法。

① 非接触式磁性识别法　磁性识别法是利用磁性材料和非磁性材料磁感应强弱不同,通过磁应线圈读取代码。编码环的直径相等,分别由导磁材料(如软钢)和非导磁材料(如黄铜、塑料等)制成,规定前者编码为"1",后者编码为"0"。如图 4-83 所示为一种用于刀具编码的磁性识别装置。图中刀柄 1 上装有非导磁材料编码环 4 和导磁材料编码环 2,与编码环相对应的有一组检测线圈 6 组成非接触式识别装置 3。在检测线圈 6 的一次线圈 5 中输入交流电压时,如编码环为导磁材料,则磁感应较强,在二次线圈 7 中产生较大的感应电压。如编码环为非导磁材料,则磁感应较弱,在二次线圈中感应的电压较弱。利用感应电压的强弱,就能识别刀具的号码。当编码环的号码与指令刀号相符时,控制电路便发出信号,使刀库停止运转,等待换刀。

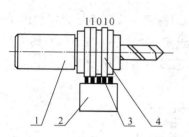

1—刀柄；2—识别装置；3—触针；4—编码环

图 4-82　接触式刀具识别装置

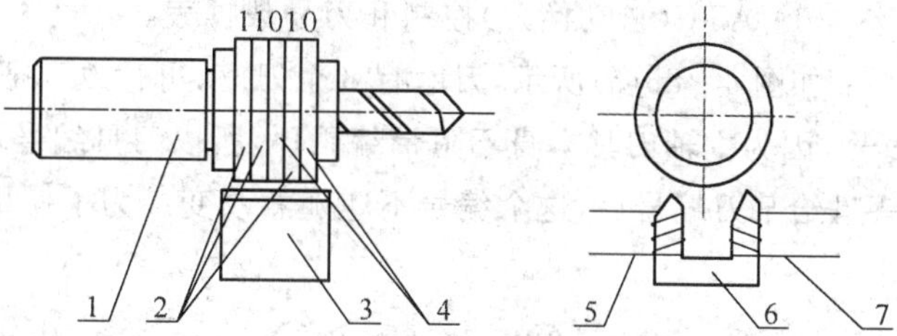

1—刀柄；2—导磁材料编码环；3—识别装置；
4—非导磁材料编码环；5——次线圈；6—检测线圈；7—二次线圈

图 4-83　非接触式磁性识别

② 光学纤维刀具识别装置　这种装置利用光导纤维良好的光传导特性,采用多束光导纤维构成阅读头。用靠近的二束光导纤维来阅读二进制码的一位时,其中一束将光源折射到能反光或不能反光(被涂黑)的金属表面,另一束光导纤维将反射光送至光电转换元件转换成电信号,以判断正对这二束光导纤维的金属表面有无反射光,有反射时(表面光亮)为"1",无反射时(表面涂黑)为"0",如图 4-84 所示。在刀具的某个磨光部位按二进制规律涂黑或不涂黑,就可给刀具编上号码。正当中的一小块反光部分用来发出同步信号。阅读头端面如图 4-84 所示,共用的投光射出面为一矩形框,中间嵌进一排共 9 个圆形受光入射面。当阅读头端面正对刀具编码部位,沿箭头方向相对运动时,在同步信号的作用下,可将刀具编码读入,并与给定的刀具号进行比较而选刀。

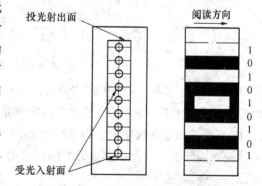

图 4-84　光学纤维刀具识别装置

在光导纤维中传播的光信号比在导体中传播的电信号具有更高的抗干扰能力。光导纤维可任意弯曲,这给机械设计、光源及光电转换元件的安装都带来很大的方便。因此,这种识别方法很有发展前途。

近年来,"图像识别"技术也开始用于刀具识别,刀具不必编码,而在刀具识别位置上利用光学系统将刀具的形状投影到由许多光电元件组成的屏板上,从而将刀具的形状变为光电信号,经信息处理后存入记忆装置中。选刀时,数控指令 T 所指的刀具在刀具识别位置出现图形时,并与记忆装置中的图形进行比较,选中时发出选刀符合信号,刀具便停在换刀位置上。

这种识别方法虽然有很多优点,但由于该系统价格昂贵,而限制了它的使用。

4. 利用 PC(可编程序控制器)实现随机换刀

由于计算机技术的发展,可以利用软件选刀,它代替了传统的编码环和识刀器。在这种选刀与换刀的方式中,刀库上的刀具能与主轴上的刀具任意的直接交换,即随机换刀。主轴上换来的新刀号及还回刀库上的刀具号,均在 PLC 内部相应的存储单元记忆。随机换刀控制方式需要在 PLC 内部设置一个模拟刀库的数据表,其长度和表内设置的数据与刀库的位置数和刀具号相对应。这种方法主要由软件完成选刀,从而消除了由于识刀装置的稳定性、可靠性所带来的选刀失误。

(1) ATC(自动换刀)控制和刀号数据表

如图 4-85(a)所示,刀库有 8 个刀座,可存放 8 把刀具。刀座固定位置编号为方框内 1~8 号,因为主轴刀具本身不附带编码环,所以刀具编号可任意设定,如图中(10)~(18)的刀号。一旦给某刀编号后,这个编号不应随意改变。为了使用方便,刀号也采用 BCD 码编写。

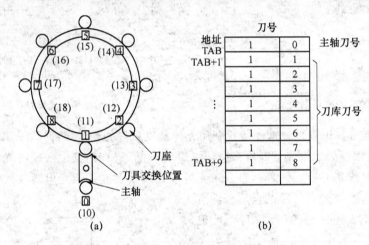

图 4-85 随机选刀、换刀

在 PLC 内部建立一个模拟刀库的刀号数据表,如图 4-85(b)所示。数据表的表序号与刀库刀座编号相对应,每个表序号中的内容就是对应刀座中所插入的刀座号。图中刀号表首地址 TAB 单元固定存放主轴上刀具的号数,TAB+1~TAB+8 存放刀库上的刀具号。由于刀号数据表实际上是刀库中存放刀具的位置的一种映象,所以刀号表与刀库中刀具的位置应始终保持一致。

(2) 刀具的识别

虽然刀具不附带任何编码装置,而且采取任意换刀方式,即刀具在刀库中不是顺序存放的,但是,由于在 PLC 内部设置的刀号数据表始终与刀具在刀库中的实际位置相对应,所以对刀具的识别实质上转变为对刀库位置的识别。当刀库旋转,每个刀座通过换刀位置(基准位置)时,产生一个脉冲信号送至 PLC,作为计数脉冲。同时,在 PLC 内部设置一个刀库位置计数器,当刀库正转(CW)时,每发一个计数脉冲,使该计数器递增计数;当刀库反转(CCW)时,每发一个计数脉冲,则计数器递减计数。于是计数器的计数值始终在 1~8 之间循环,而通过换刀位置时的计数值(当前值)总是指示刀库的现在位置。

当 PLC 接到寻找新刀具的指令(T××)后,在模拟刀库的刀号数据表中进行数据检索,检索到 T 代码给定的刀具号,将该刀具号所在数据表中的表序号数存放在一个缓冲存储单元中。这个表序号数就是新刀具在刀库中的目标位置。刀库旋转后,测得刀库的实际位置与要求得的刀库目标位置一致时,即识别了所要寻找的新刀具。刀库停转并定位,等待换刀。

(3) 刀具的交换及刀号数据表的修改

当前一工序加工结束后需要更换新刀加工时,NC 系统发出自动换刀指令 M06,控制机床主轴准停,机械手执行换刀动作,将主轴上用过的旧刀和刀库上选好的新刀进行交换。与此同时,应通过软件修改 PLC 内部的刀号数据表,使相应刀号表单元的刀号与交换后的刀号相应,修改刀号表的流程如图 4-86 所示。

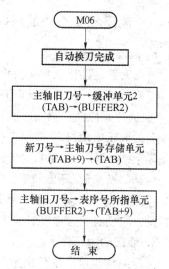

图 4-86 刀号数据表的修改

4.5 机床液压、气压控制系统的维护保养

学习目标

1. 了解液压系统组成。
2. 掌握液压系统各组成部分的工作原理。
3. 读懂典型液压系统控制回路。
4. 了解气动系统组成。
5. 掌握气动系统各组成部分的工作原理。
6. 读懂典型气动系统控制回路。

工作任务

分析处理 XK714G 数控铣床自动抓松刀动作失灵的气动故障。

相关实践与理论知识

数控机床作为实现柔性自动化最重要的装备,近年来得到了高速发展和大量应用。数控机床对控制的自动化程度要求很高,液压与气压传动由于能方便地实现电气控制与自动化,从而成为数控机床中广为采用的传动与控制方式之一。

液压传动具有结构紧凑、输出力大、工作平稳可靠、易于控制和调节等优点;但需要配置液压泵和油箱,接管不良易造成液压油外泄,除了会污染工作场所外,还有引起火灾的危险。气压传动具有气源容易获得,不必单独配置动力源,结构简单,工作介质不污染环境,工作速度快、动作频率高,过载时比较安全等优点;但存在工作平稳性较差和压力低的缺点。

4.5.1 液压控制系统的维护保养

1. 液压系统组成

一个完整的液压系统应由以下几部分组成。

① 动力元件 供给液压系统压力油,把机械能转换成液压能的装置。最常见形式是液压泵。

② 执行元件 是把液压能转换成机械能的装置。其形式有做直线运动的液压缸和做回转运动的液压电动机。

③ 控制元件 是对系统中油液的压力、流量和流动方向进行控制或调节的装置。如溢流阀、节流阀、换向阀、开停阀等。

④ 辅助元件 除上述三部分之外的其他装置。如油箱、滤油器、油管、管接头、加热器、冷却器等。它们是保证系统正常工作必不可少的部分。

2. 液压动力元件

液压系统是以液压泵作为向系统提供一定流量和压力的动力元件,它将原动机输出的机械能转换成液体的压力能,是一种能量转换装置。

(1) 液压泵工作原理

如图 4-87 所示为单柱塞液压泵的工作原理图及图形符号。图中柱塞 2 装在缸体 3 内,靠间隙密封,柱塞、缸体和单向阀 5、6 形成一个密封容积 a,柱塞在弹簧 4 的作用下始终压紧在偏心轮 1 上。当偏心轮旋转时,柱塞在偏心轮和弹簧的作用下在缸体中做往复移动,使密封容积 a 的大小发生周期性的交替变化。当密封容积 a 增大时,形成局部真空,油箱中的油液在大气压作用下顶开单向阀 6 流入泵体内,实现吸油,此时,单向阀 5 封闭出油口,防止系统压力油回流;当密封容积 a 减小时,已吸入的油液受到挤压,产生一定高压油,此时,单向阀 6 封闭吸油口,避免油液流回油箱。偏心轮不断地旋转,液压泵就不停地吸油和压油。由此看出,液压泵是靠密封容积大小的变化来实现吸油和压油的,故称液压泵为容积式液压泵。

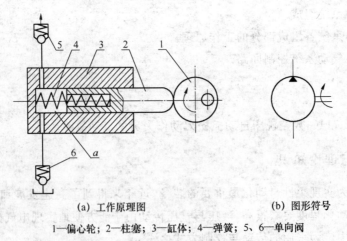

(a) 工作原理图　　(b) 图形符号

1—偏心轮；2—柱塞；3—缸体；4—弹簧；5、6—单向阀

图 4-87 液压泵

通过以上分析可得出液压泵工作必备的三个条件。

1) 具有若干个周期性变化的密闭容积

液压泵输出流量与此空间的容积变化量及单位时间内的变化次数成正比,与其他因素无关。这是容积式液压泵的一个重要特性。

2) 具有相应的配流装置

配流装置将吸、压油腔隔开,保证液压泵有规律地、连续地吸和压液体。

3) 油箱内液体的绝对压力必须恒等于或大于大气压力

这是容积式液压泵能够吸入油液的外部条件。因此,为保证液压泵正常吸油,油箱必须与大气相通或采用密闭的充压油箱。液压泵按其单位时间内所能输出的油液体积是否可调节分为定量泵和变量泵;按结构形式分为齿轮式液压泵、叶片式液压泵、柱塞式液压泵等类型。

(2) 齿轮泵

齿轮泵是液压泵中结构最简单的一种,且价格便宜,故在一般机械上被广泛使用。齿轮泵是定量泵,可分为外啮合齿轮泵和内啮合齿轮泵两种。如图4-88所示为外啮合齿轮泵外观图及工作原理图。

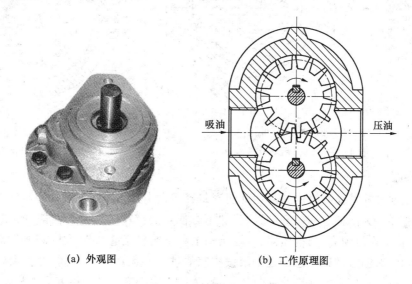

(a) 外观图　　　　　(b) 工作原理图

图4-88　外啮合齿轮泵

(3) 叶片泵

叶片泵具有运转平稳、压力脉动小、噪声小、结构紧凑、尺寸小、流量大等优点。其缺点是对油液污染敏感,与齿轮泵相比结构较复杂。它广泛应用于机械制造中的专用机床及自动线等中、低压液压系统中。该泵有两种结构形式:一种是单作用式,即转子每转一转,泵吸压油各一次,单作用叶片泵大多是变量泵;另一种是双作用式,即转子每转一转,泵吸压油各两次,双作用叶片泵大多是定量泵。

1) 单作用叶片泵

如图4-89所示为单作用叶片泵外观图及工作原理图。它由转子1、定子2、叶片3和端盖等零件组成。定子具有圆柱形内表面,定子和转子间有偏心量e,叶片装在转子的叶片槽内,并可在槽内滑动,转子回转时,在离心力的作用下,叶片紧靠在定子内壁,则在定子、转子、叶片和上下配油盘间形成了若干个密封工作容腔,当转子逆时针方向回转时,在图4-89(b)的右部,叶片逐渐伸出,两叶片间的工作容腔逐渐增大,将油液从吸油口吸入。在图4-89(b)

的左部,叶片被定子内壁逐渐压进槽内,工作容腔逐渐减小,将油液从压油口压出。吸油腔和压油腔之压油间有一段封油区,把吸、压油腔隔开,转子不停地旋转,泵就不断地吸油和压油。改变转子与定子的偏心量 e,即可改变泵的流量,因此单作用叶片泵大多为变量泵。

2) 双作用叶片泵

如图 4-90 所示为双作用叶片泵的工作原理图。双作用叶片泵的定子内表面近似椭圆,转子和定子同心安装,有两个吸油区和两个压油区并对称布置,故转子每转一转,泵吸、压油各两次。

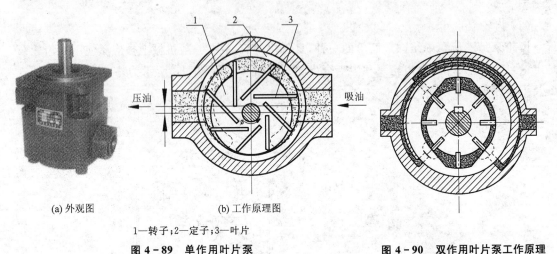

(a) 外观图　　　(b) 工作原理图

1—转子;2—定子;3—叶片

图 4-89　单作用叶片泵　　　　　图 4-90　双作用叶片泵工作原理

(4) 柱塞泵

柱塞泵是通过柱塞在缸筒内往复运动使密封容积大小变化来实现吸油和压油的。由于构成密封容积的零件为圆柱形的柱塞和缸孔,加工方便,配合精度高,密封性能好。故柱塞泵具有容积效率高、工作压力高、结构紧凑、且在结构上易于实现流量调节等优点;其缺点是结构复杂、制造成本高、对油液污染敏感。柱塞泵按柱塞的排列和运动方向不同,分为径向柱塞泵和轴向柱塞泵。径向柱塞泵的柱塞径向放置,与缸体中心线垂直。轴向柱塞泵的柱塞轴向放置,与缸体中心线平行;轴向柱塞泵可分为斜盘式和斜轴式两种。下面以斜盘式为例,分析轴向柱塞泵的工作原理。

如图 4-91 所示为斜盘式轴向柱塞泵的工作原理图。它由缸体 1、配油盘 2、柱塞 3 和斜盘 4 等主要零件组成。斜盘与缸体有一倾角。配油盘和斜盘固定不转,柱塞靠机械装置在低压油作用下压紧在斜盘上(图中为弹簧),当缸体由传动轴带动转动时,由于斜盘的作用,迫使柱塞在缸体做往复运动,柱塞与缸体间的密封容积便发生增大减小的变化。密封容积增大时,通过配油盘的吸油窗口吸油;密封容积减小时,通过配油盘的压油窗口压油。缸体每转一转,每个柱塞各完成吸、压油一次,缸体连续旋转,柱塞则不断地吸油和压油。如改变斜盘倾角,就能改变柱塞的行程,即改变泵的排量,如改变斜盘倾角的方向,就能改变吸油和压油的方向,即成为双向变量泵。

3. 液压执行元件

液压执行元件包括液压缸和液压电动机。它们都是将压力能转换为机械能的能量转换装置。液压电动机输出旋转运动,液压缸输出直线运动(其中包括输出摆动运动)。以下以最常

用的单活塞杆液压缸为例进行说明:

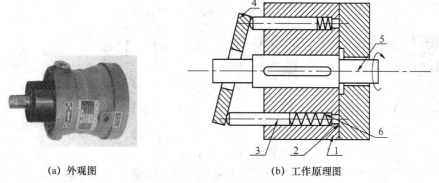

(a) 外观图　　　　　　　　(b) 工作原理图

1—缸体；2—配油盘；3—柱塞；4—斜盘；5—主轴；6—弹簧

图 4-91　斜盘式轴向柱塞泵

如图 4-92 所示为单活塞杆液压缸外观图及工作原理图。其活塞的一侧有伸出杆。两腔的有效工作面积不等，当向缸两腔分别供油,且供油压力和流量相同时,活塞(或缸体)在两个方向的推力(F_1、F_2)和运动速度(v_1、v_2)不相等，即不具有等推力等速度特性。

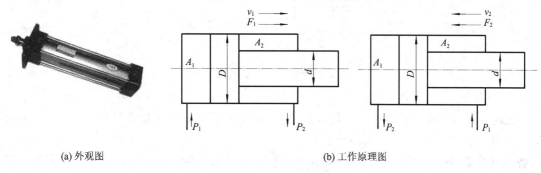

(a) 外观图　　　　　　　　(b) 工作原理图

图 4-92　单活塞杆液压缸

4. 液压控制元件

液压控制元件即液压阀，按用途可分为方向控制阀、压力控制阀、流量控制阀三大类。

（1）方向控制阀

方向控制阀通过控制阀口的通断来控制液体流动的方向。包括单向阀和换向阀两类。

1）单向阀

单向阀是控制油液单方向流动的控制阀。有普通单向阀和液控单向阀两种。

① 普通单向阀　普通单向阀的作用是控制油液只能沿一个方向流动,反向截止。如图 4-93 所示为普通单向阀外观图、工作原理图及图形符号。压力油从阀体左端的通口 P_1 流入时，克服弹簧 3 作用在阀芯 2 上的力，使阀芯向右移动，打开阀口，并通过阀芯 2 上的径向孔 a、轴向孔 b 从阀体右端的通口 P_2 流出。但是压力油从阀体右端的通口 P_2 流入时，它和弹簧力一起使阀芯锥面压紧在阀座上，使阀口关闭，油液无法通过。

② 液控单向阀　如图 4-94 所示，为液控单向阀外观图、工作原理图及图形符号。当控制口 K 无压力油通入时，其工作机制和普通单向阀一样，压力油只能从入口 P_1 流向出口 P_2，不能反向倒流；当控制口 K 有压力油通入时，因控制活塞 1 右侧 a 腔通泄油口，故活塞 1 右移，推

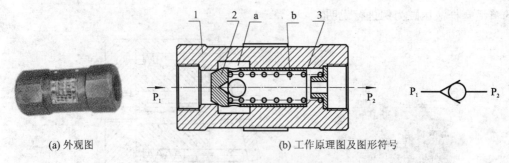

(a) 外观图　　　　　　　(b) 工作原理图及图形符号

1—阀体；2—阀芯；a—径向孔；b—轴向孔

图 4-93　普通单向阀

动顶杆 2 顶开阀芯 3，使通口 P_1 和 P_2 接通，油液即可在两个方向自由流通。

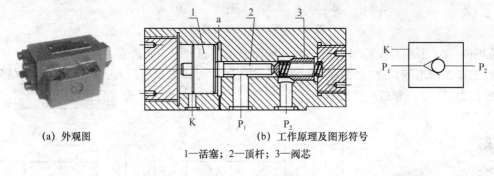

(a) 外观图　　　　　　　(b) 工作原理及图形符号

1—活塞；2—顶杆；3—阀芯

图 4-94　液控单向阀

2）换向阀

换向阀是利用阀芯相对于阀体位置的改变，来控制油路接通、关闭或变换油流方向。从而使液压执行元件启动、停止或变换运动方向。

① 电磁换向阀结构　电磁换向阀是利用电磁铁的通电吸合与断电释放而直接推动阀芯来控制液流方向的。如图 4-95 所示为二位三通电磁换向阀外形图、工作原理图及图形符号。当电磁铁带电时，顶杆 1 推动阀芯 2 右移，弹簧 3 被压缩，油口 P 和 B 通，油口 A 堵死；当电磁铁失电时，弹簧复位，阀芯左移，P 和 A 通，B 堵死。电磁换向阀就其工作位置来说，有二位和三位等。二位电磁阀有一个电磁铁，靠弹簧复位；三位电磁阀有两个电磁铁。

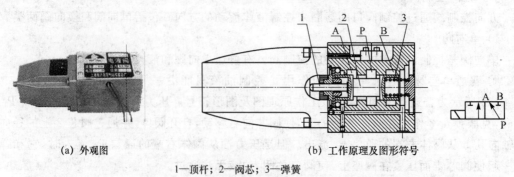

(a) 外观图　　　　　　　(b) 工作原理及图形符号

1—顶杆；2—阀芯；3—弹簧

图 4-95　二位三通电磁换向阀

在大中型液压设备中,当通过阀的流量较大时,作用在滑阀上的摩擦力和液动力较大,此时电磁换向阀的电磁铁推力相对而言太小,需要用电液动换向阀来代替电磁换向阀。电液动换向阀是由电磁滑阀和液动滑阀组合而成。图 4-96 为三位四通电液动换向阀外形图、工作原理图及图形符号。电磁滑阀起先导作用,它可以改变控制液流的方向,从而改变液动滑阀阀芯的位置。由于操纵液动滑阀的液压推力可以很大,主阀芯的尺寸可以做得很大,允许有较大的油液流量通过。这样用较小的电磁铁就能控制较大的液流。

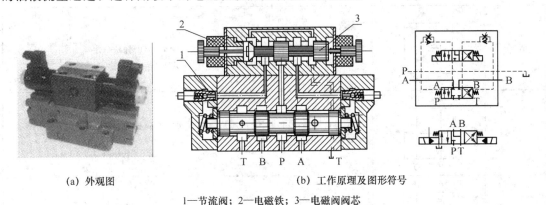

(a) 外观图　　　　　　　(b) 工作原理及图形符号

1—节流阀;2—电磁铁;3—电磁阀阀芯

图 4-96　三位四通电液动换向阀

② 换向阀的中位机能　三位换向阀阀芯在中间位置时的连通方式称为换向阀的中位机能。三位换向阀阀芯中间位置各通口间不同的连通方式,可满足不同的使用要求。三位四通换向阀常见的中位机能型号、符号及其特点如表 4-6 所列。三位五通换向阀的情况与此相仿。

表 4-6　三位四通换向阀常见的中位机能型号、符号及其特点

中位机能	中间位置的符号	中间位置油口的状况及性能特点
O 型	A B / P O	P、A、B、O 口全部封闭,液压泵不卸荷,系统保持压力,执行元件闭锁,可用于多个换向阀并联工作
H 型	A B / P O	P、A、B、O 口全部连通,液压泵卸荷,执行元件两腔连通,处于浮动状态,在外力作用下可移动
Y 型	A B / P O	P 口封闭,A、B、O 口连通;液压泵不卸荷,执行元件两腔连通,处于浮动状态,在外力作用下可移动
K 型	A B / P O	P、A、O 口连通,B 口封闭,液压泵卸荷

续表 4-6

中位机能	中间位置的符号	中间位置油口的状况及性能特点
M 型	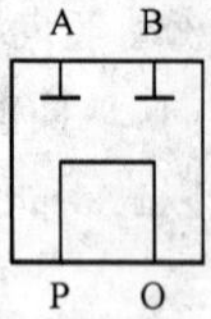 (A B / P O)	P、O 口连通，A、B 口封闭；液压泵卸荷，执行元件处于闭锁状态
X 型	 (A B / P O)	P、A、B、O 口处于半开启状态，液压泵基本卸荷，但仍保持一定压力
P 型	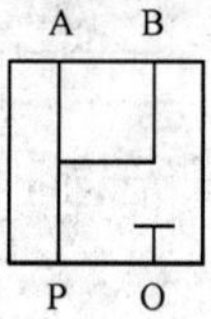 (A B / P O)	P、A、B 口连通，O 口封闭；液压泵与执行元件两腔相通，可以实现液压缸的差动连接
J 型	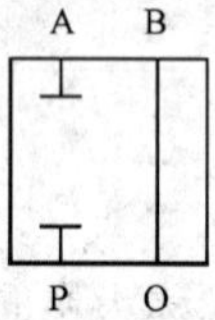 (A B / P O)	P、A 口封闭，B、O 口连通，液压泵不卸荷
C 型	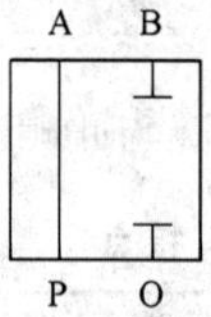 (A B / P O)	P、A 口连通，B、O 口封闭，液压泵的出口和执行元件的工作腔相连
N 型	 (A B / P O)	P、B 口封闭，A、O 口连通，液压泵不卸荷
U 型	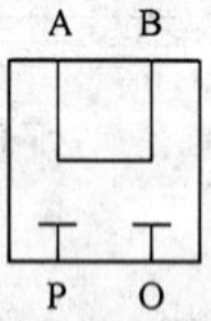 (A B / P O)	A、B 口连通，P、O 口封闭，液压泵不卸荷，执行元件两腔连通，双活塞杆液压缸和液压电动机处于浮动状态

(2) 压力控制阀

在液压传动系统中，控制油液压力高低的液压阀称为压力控制阀。常用的压力控制阀有溢流阀、减压阀、顺序阀和压力继电器。现简单介绍如下：

1) 溢流阀

① 直动式溢流阀，如图 4-97 所示为直动式溢流阀工作原理图及图形符号。油液从进油口 P 流入，作用在阀芯上，其液压力由进口油液压力产生，当油液压力超过溢流阀调定值时（压力由弹簧调定），阀芯左移，油液从出油口 T 流回油箱，并使进油压力等于调定压力。在常位状态下，溢流阀进、出油口之间是不相通的，溢流阀阀芯的泄漏油液经内泄漏通道进入出油

口 T。直动式溢流阀一般只用于压力小于 2.5 MPa 的小流量场合。

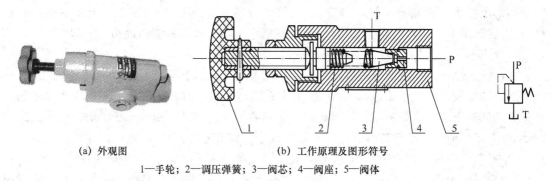

(a) 外观图　　　　　　　　(b) 工作原理及图形符号

1—手轮；2—调压弹簧；3—阀芯；4—阀座；5—阀体

图 4 - 97　直动式溢流阀

② 先导式溢流阀，如图 4 - 98 所示为先导式溢流阀外观图、工作原理图及图形符号。它由主阀和先导阀两部分组成。

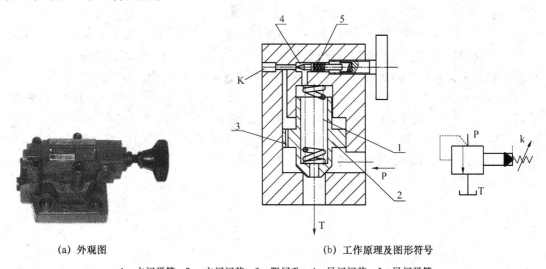

(a) 外观图　　　　　　　　(b) 工作原理及图形符号

1—主阀弹簧；2—主阀阀芯；3—阻尼孔；4—导阀阀芯；5—导阀弹簧

图 4 - 98　先导式溢流阀

压力油从 P 口进入，通过阻尼孔 3 后作用在导阀阀芯 4 上，当进油口压力较低，导阀阀芯上的液压力不足以克服导阀弹簧 5 的作用力时，导阀关闭，即没有油液流过阻尼孔，所以主阀阀芯 2 两端压力相等，在较软的主阀弹簧 1 的作用下主阀阀芯处于最下端位置，溢流阀阀口 P 和 T 隔断，没有溢流。当进油口压力升高到作用在导阀阀芯上的液压力大于导阀弹簧作用力时，导阀打开，压力油就可通过阻尼孔、经导阀流回油箱，由于阻尼孔的作用，使主阀阀芯上端的液压力 p_2 小于下端压力 p_1，当这个压力差作用在面积为 A 的主阀阀芯上的力等于或超过主阀弹簧力 F_s 时，主阀阀芯开启，油液从 P 口流入，从 T 口流回油箱，实现溢流，由于油液通过阻尼孔而产生的 p_1 与 p_2 之间的压差值不太大，所以主阀阀芯只需一个小刚度的软弹簧即可；先导式溢流阀有一个远程控制口 K，如果将 K 口用油管接到另一个远程调压阀上（远程调压阀的结构和溢流阀的先导控制部分一样），调节远程调压阀的弹簧力，即可调节溢流阀主阀芯上端的液压力，从而对溢流阀的溢流压力实现远程调压。但是，远程调压阀所能调节的最高压力不得超过溢流阀本身导阀的调整压力。当远程控制口 K 通过二位二通阀接通油箱时，主阀阀芯上端的压力接近于零，主阀阀芯上移到最高位置，阀口开得很大。由于主阀弹簧较软，这时溢流阀 P 口处压力很低，系统的油液在低压下通过溢流阀流回油箱，实现卸荷。

2) 减压阀

减压阀是使出口压力低于进口压力的一种压力控制阀。当回路内有两个以上液压缸，且其中之一需要较低的工作压力，同时其他液压缸仍需高压运作时，就需用减压阀提供一个比系统压力低的低压油供给低压缸。减压阀有直动式和先导式两种。图 4-99 所示为先导式减压阀外观图、工作原理及图形符号。先导式减压阀由主阀和先导阀两部分组成，先导阀负责调定压力，主阀负责减压。压力油由 A 流入，经主阀阀芯 2 和阀体 1 所形成的减压缝隙 x 后，从 B 流出，故出口压力小于进口压力。出口压力油经径向孔 a、阻尼孔 e、轴向孔 d 作用在先导阀阀芯 4 上。当负载较小，出口压力低于先导阀的调定压力时，先导阀阀芯 4 关闭，油腔内的压力均等于出口压力，主阀阀芯 2 在刚性很小的主弹簧 3 作用下处于最左端，减压缝隙 x 开口最大，减压阀无减压作用。当负载增加，出口压力 p_2 上升并达到先导阀调压弹簧 5 所调定的压力时，先导阀阀芯 4 打开，压力油经泄油口 y 流回油箱，阻尼孔有油液流过，则流经阻尼孔前的油液压力 p_2 大于流经阻尼孔后的压力 p_3，当此压力差所产生的作用力大于主弹簧 3 的预压力时，主阀阀芯 2 右移，减压缝隙 x 减小，使 p_2 下降，直到 p_2 与 p_3 之差和主阀阀芯 2 作用面积的乘积同主弹簧 3 的弹簧力相等时，主阀阀芯 2 进入平衡状态，此时减压缝隙 x 保持一定的开度，出口压力 p_2 保持在定值。如果外界干扰使进口压力 p_1 上升，则出口压力 p_2 也跟着上升，从而使主阀阀芯右移，此时出口压力 p_2 又降低，而在新的位置取得平衡，但出口压力始终保持为定值，又当出口压力 p_2 降到调定压力以下时，先导阀阀芯 4 关闭，则作用在主阀阀芯 2 上的弹簧力使主阀阀芯 2 向左移动，减压缝隙 x 最大，减压阀不起减压作用。

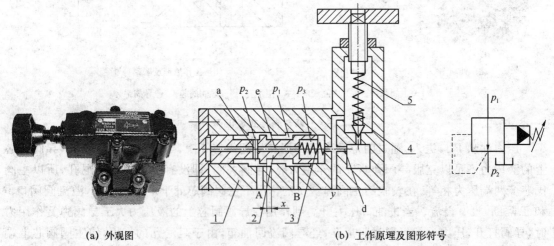

(a) 外观图　　　　　　　　(b) 工作原理及图形符号

1—阀体；2—主阀阀芯；3—主弹簧；4—先导阀阀芯；5—先导阀调压弹簧

图 4-99　先导式减压阀

3) 顺序阀

顺序阀是使用在一个液压泵供给两个以上液压缸且依一定顺序动作的场合的一种压力阀。顺序阀的构造及其工作原理类似溢流阀，有直动式和先导式两种，常用直动式。顺序阀与溢流不同的是：出口直接接执行元件，有专门的泄油口。图 4-100 所示为直动式顺序阀工作原理图及图形符号。

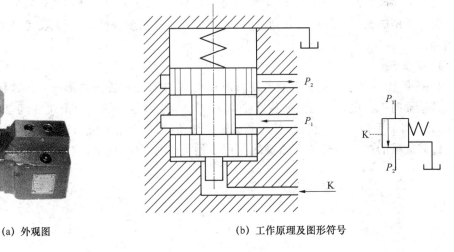

(a) 外观图　　(b) 工作原理及图形符号

图 4-100　直动式顺序阀

4) 压力继电器

压力继电器是一种将液压系统的压力信号转换为电信号输出的元件。其作用是根据液压系统压力的变化，通过压力继电器内的微动开关自动接通或断开电气线路，实现执行元件的顺序控制或安全保护。

压力继电器按结构特点可分为柱塞式、弹簧管式和膜片式等。

图 4-101 所示为单触点柱塞式压力继电器工作原理图及图形符号。主要零件有柱塞 1、调节杠杆 2 和电气微动开关 3。压力油作用在柱塞的下端，液压力直接与柱塞上端弹簧力相比较。当液压力大于或等于弹簧力时，柱塞向上移以压下微动开关触头，接通或断开电气线路。当液压力小于弹簧力时，微动开关触头复位。

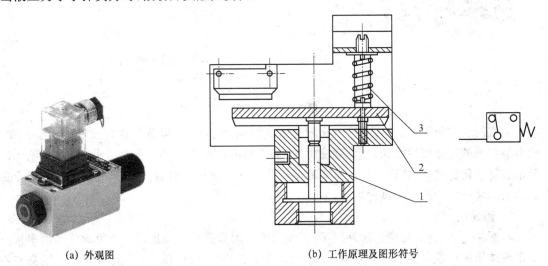

(a) 外观图　　(b) 工作原理及图形符号

1—柱塞；2—调节杠杆；3—电气微动开关

图 4-101　单触点柱塞式压力继电器

(3) 流量控制阀

液压系统中执行元件运动速度的大小,由输入执行元件的油液流量的大小来确定。流量控制阀是依靠改变阀口通流面积(节流口局部阻力)的大小或通流通道的长短来控制流量的液压阀类。常用的流量控制阀有普通节流阀、压力补偿和温度补偿调速阀、溢流节流阀和分流集流阀等。

1) 节流阀

如图4-102所示为一种普通节流阀的外观图、工作原理图及图形符号。这种节流阀的节流通道呈轴向三角槽式。压力油从进油口 P_1 流入,经阀芯上的三角槽式节流口后,从出油口 P_2 流出。调节手柄,可通过推杆使阀芯做轴向移动,即可改变节流口通流截面积的大小,以调节通过其流量的多少。阀芯在弹簧的作用下始终贴紧在推杆上,这种节流阀的进出油口可互换。

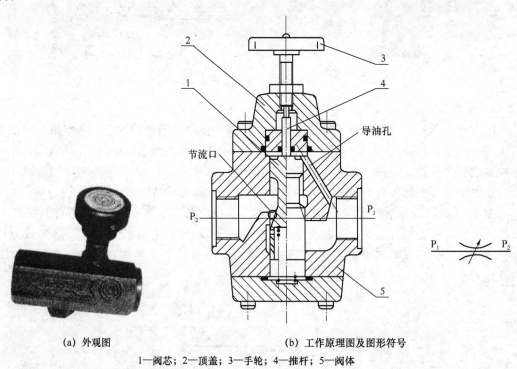

(a) 外观图　　　　　　　　　(b) 工作原理图及图形符号

1—阀芯；2—顶盖；3—手轮；4—推杆；5—阀体

图4-102 节流阀

节流阀在定量泵系统中,与溢流阀配合组成节流调速系统,以调节执行元件的运动速度。但由节流阀的流量特性可知,当负载变化时,节流阀前后压力差随之发生变化,通过节流阀的流量也就变化。这样,执行元件的运动速度将受到负载变化的影响。所以,它只能用在恒定负载或对速度稳定性要求不高的场合。

2) 调速阀

如图4-103所示为调速阀外观图、工作原理及图形符号。调速阀由节流阀2前面串接一个定差减压阀1组合而成。调速阀的进口接在液压泵的出口,压力 p_1 由溢流阀调整基本不变,而调速阀的出口压力 p_3 则由液压缸负载 f 决定。油液先经减压阀产生一次压力降,将压力降到 p_2,p_2 经通道 e、f 作用到减压阀的 d 腔和 c 腔；节流阀的出口压力 p_3 又经反馈通道 a

作用到减压阀的上腔 b，在弹簧力 f_s、油液压力 p_2 和 p_3 作用下处于某一平衡位置。

因为弹簧刚度较低，且工作过程中减压阀阀芯位移很小，可以认为 f_s 基本保持不变。故节流阀两端压差 p_2-p_3 也基本保持不变，这就保证了通过节流阀的流量稳定。

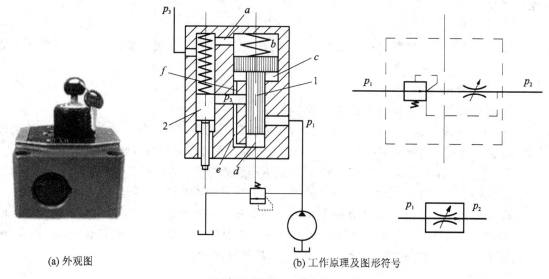

(a) 外观图　　　(b) 工作原理及图形符号

1—定差减压阀；2—节流阀

图 4-103　调速阀的实物、原理与图形符号

5. 辅助元件

（1）油　箱

油箱的主要功能是储存油液，此外，还有散热（以控制油温），阻止杂质进入，沉淀油中杂质，分离气泡等功能。

油箱容量如果太小，就会使油温上升。油箱容量一般设计为泵每分钟流量的 2~4 倍。油箱可分为开式和闭式两种，开式油箱中油的油液面和大气相通，而闭式油箱中的油液面和大气隔绝。液压系统中大多数采用开式油箱。开式油箱大部分是由钢板焊接而成的，如图 4-104 所示为工业上使用的典型焊接式油箱。

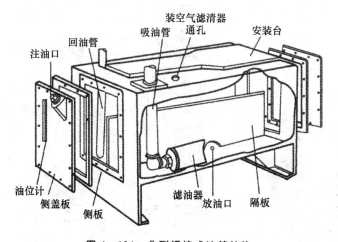

图 4-104　典型焊接式油箱结构

(2) 滤油器

1) 功 用

滤油器的功用是过滤混在液压油液中的杂质，降低进入系统中油液的污染度，保证系统正常地工作。

2) 类 型

滤油器按其滤芯材料的过滤机制来分，有表面型滤油器、深度型滤油器和吸附型滤油器三种。

3) 滤油器的选用

选用滤油器时应考虑到如下问题。

① 过滤精度　原则上大于滤芯网目的污染物是不能通过滤芯的。滤油器上的过滤精度常用能被过滤掉的杂质颗粒的公称尺寸大小来表示。系统压力越高，过滤精度越低。

② 液压油通过的能力　液压油通过的流量大小和滤芯的通流面积有关。一般可根据要求通过的流量选用相对应规格的滤油器(为了降低阻力，要求滤油器的容量为泵流量的两倍以上)。

③ 耐压　选用滤油器时必须注意系统中冲击压力的产生。而滤油器的耐压包含滤芯的耐压和壳体的耐压。一般滤芯的耐压为 0.01～0.1 MPa，这主要靠滤芯有足够的通流面积，使其压降小，以避免滤芯被破坏。滤芯被堵塞，压降便增加。

(3) 蓄能器

1) 蓄能器的功用

蓄能器是液压系统中的一种储存油液压力能的装置，其主要功用如下：

① 作辅助动力源；

② 保压和补充泄漏；

③ 吸收压力冲击和消除压力脉动。

2) 蓄能器的分类

蓄能器有弹簧式、重锤式和充气式三类。常用的是充气式，它利用气体的压缩和膨胀储存、释放压力能，在蓄能器中，气体和油液被隔开，而根据隔离的方式不同，充气式又分为活塞式、气囊式等。如图 4-105 所示为蓄能器外观图、工作原理及图形符号。

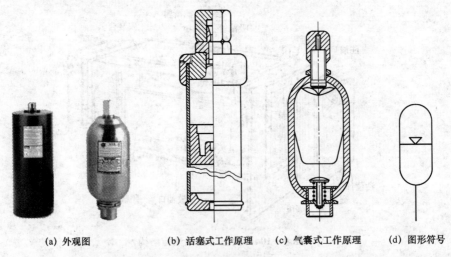

(a) 外观图　　(b) 活塞式工作原理　　(c) 气囊式工作原理　　(d) 图形符号

图 4-105　蓄能器

6. 液压系统应用实例：MJ-50 数拉车床液压系统

MJ-50 数控车床卡盘的夹紧与松开、卡盘夹紧力的高低压转换、回转刀架的松开与夹紧、刀架刀盘的正转与反转、尾座套筒的伸出与退回都是由液压系统驱动的，液压系统中各电磁阀电磁铁的动作是由数控系统的 PLC 控制实现的。

(1) 液压系统原理图

图 4-106 是 MJ-50 数控车床液压系统原理图。机床的液压系统采用单向变量液压泵为动力源，系统压力调整至 4 MPa，由压力表 14 显示。泵出口的压力油经过单向阀进入控制油路。

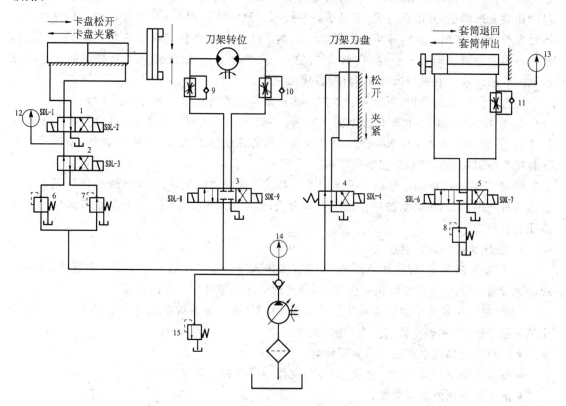

1、2、3、4、5—电磁换向阀；6、7、8—减压阀；9、10、11—调速阀；12、13、14—压力表；15—溢流阀

图 4-106 MJ-50 数控车床液压系统原理图

(2) 卡盘动作的控制

主轴卡盘的夹紧与松开，由二位四通电磁换向阀 1 控制。卡盘的高压夹紧与低压夹紧的转换，由电磁换向阀 2 控制。当卡盘处于正卡(也称外卡)且在高压夹紧状态下，夹紧力的大小由减压阀 6 来调整，由压力表 12 显示卡盘压力。系统压力油经减压阀 6→电磁换向阀 2(左位)→电磁换向阀 1(左位)→液压缸右腔，活塞杆左移，卡盘夹紧。这时液压缸左腔的油液经电磁换向阀 1(左位)直接回油箱。反之，系统压力油经减压阀 6→电磁换向阀 2(左位)→电磁换向阀 1(右位)→液压缸左腔，活塞杆右移，卡盘松开。这时液压缸右腔的油液经阀 1(右位)直接回油箱。

当卡盘处于正卡且在低压夹紧状态下，夹紧力的大小由减压阀 7 来调整。系统压力油经减压阀 7→电磁换向阀 2(右位)→电磁换向阀 1(左位)→液压缸右腔，卡盘夹紧。反之，系统压力油经减压阀 7→电磁换向阀 2(右位)→电磁换向阀 1(右位)→液压缸左腔，卡盘松开。

(3) 回转刀架动作的控制

回转刀架换刀时,首先是刀盘松开,之后刀盘就近转位到指定的刀位,最后刀盘复位夹紧。刀盘的夹紧与松开,由二位四通电磁换向阀 4 控制。刀盘的旋转有正转和反转两个方向,它由三位四通电磁换向阀 3 控制,压力油经电磁换向阀 3(左位)→调速阀 9→液压电动机,刀架正转。若系统压力油经电磁换向阀 3(右位)→调速阀 10→液压电动机,则刀架反转。电磁换向阀 4 在左位时,刀盘夹紧。

(4) 尾座套筒动作的控制

尾座套筒的伸出与退回由三位四通电磁换向阀 5 控制,套筒伸出工作时的预紧力大小通过减压阀 8 来调整,并由压力表 13 显示。系统压力油经减压阀 8→电磁换向阀 5(左位)→液压缸左腔,套筒伸出。这时液压缸右腔油液经调速阀 11→电磁换向阀 5(左位)回油箱。反之,系统压力油经减压阀 8→电磁换向阀 5(右位)→调速阀 11→液压缸右腔,套筒退回。这时液压缸左腔的油液经电磁换向阀 5(右位)直接回油箱。

通过上述系统的分析,不难发现数控机床液压系统的特点以下两方面。

① 数控机床控制的自动化程度要求较高,类似于机床的液压控制,它对动作的顺序要求较严格,并有一定的速度要求。液压系统一般由数控系统的 PLC 或 CNC 来控制,所以动作顺序直接用电磁换向阀切换来实现的较多。

② 由于数控机床的主运动和进给运动大多采用伺服机构控制,液压系统的执行元件主要承担各种辅助功能,虽其负载变化幅度不是太大,但要求稳定。因此,常采用减压阀来保证支路压力的恒定。

7. 液压系统的维护要点

① 控制油液污染,保持油液清洁,是确保液压系统正常工作的重要措施。据统计,液压系统的故障有 80% 是由于油液污染引发的,油液污染还加速液压元件的磨损。

② 控制液压系统中油液的温升是减少能源消耗、提高系统效率的一个重要环节。一台机床的液压系统,若油温变化范围大,其后果是:

- 影响液压泵的吸油能力及容积效率;
- 系统工作不正常,压力、速度不稳定,动作不可靠;
- 液压元件内外泄漏增加;
- 加速油液的氧化变质。

③ 控制液压系统泄漏极为重要,因为泄漏和吸空是液压系统常见的故障。要控制泄漏,首先是提高液压元件零部件的加工精度和元件的装配质量以及管道系统的安装质量。其次是提高密封件的质量,注意密封件的安装使用与定期更换,最后是加强日常维护。

④ 防止液压系统振动与噪声。振动影响液压件的性能,使螺钉松动、管接头松脱,从而引起漏油。因此要防止和排除振动现象。

⑤ 严格执行日常点检制度。液压系统故障存在着隐蔽性、可变性和难于判断性。因此应对液压系统的工作状态进行点检,把可能产生的故障现象记录在日检维修卡上,并将故障排除在萌芽状态,减少故障的发生。

⑥ 严格执行定期紧固、清洗、过滤和更换制度。液压设备在工作过程中,由于冲击振动、磨损和污染等因素,使管件松动,金属件和密封件磨损,因此必须对液压件及油箱等实行定期清洗和维修,对油液、密封件执行定期更换制度。

8. 液压系统的点检

① 各液压阀、液压缸及管子接头处是否有外漏。
② 液压泵或液压电动机运转时是否有异常噪声等现象。
③ 液压缸移动时工作是否正常平稳。
④ 液压系统的各测压点压力是否在规定的范围内,压力是否稳定。
⑤ 油液的温度是否在允许的范围内。
⑥ 液压系统工作时有无高频振动。
⑦ 电气控制或撞块(凸轮)控制的换向阀工作是否灵敏可靠。
⑧ 油箱内油量是否在油标刻线范围内。
⑨ 行程开关或限位挡块的位置是否有变动。
⑩ 液压系统手动或自动工作循环时是否有异常现象。
⑪ 定期对油箱内的油液进行取样化验,检查油液质量,定期过滤或更换油液。
⑫ 定期检查蓄能器工作性能。
⑬ 定期检查冷却器和加热器的工作性盲目。
⑭ 定期检查和紧固重要部位的螺钉、螺母、接头和法兰螺钉。
⑮ 定期检查更换密封件。
⑯ 定期检查清洗或更换液压件。
⑰ 定期检查清洗或更换滤芯。
⑱ 定期检查清洗油箱和管道。

4.5.2 气压控制系统的维护保养

1. 气压传动系统组成

气压传动系统一般由以下部分组成。

(1) 气源装置及辅助元件

将原动机供给的机械能转换为气体的压力能,为各类气动设备提供动力,如空气压缩机。

(2) 气动执行元件

将气体的压力能转变为机械能,输出到工作机械传动机构上,如汽缸、气压电动机。

(3) 气动控制元件

用以控制压缩空气的压力、流量和流动方向以及执行元件的工作顺序,使执行元件完成预定的运动规律。如单向阀、换向阀、减压阀、顺序阀、安全阀、排气节流阀等。

2. 气源装置及辅助元件

(1) 气源装置

1) 压缩空气站与空气压缩机

如图 4-107 所示为典型气源系统的组成。电动机驱动空气压缩机(简称空压机),将大气压力状态下的气体升压并输出。压力开关 7 将根据小气罐 2 内的压力高低来控制电动机 6 的启闭,保证小气罐 2 内压力在某个调定范围内。安全阀 4 用于因意外原因使小气罐 2 内压力超过允许值时向外排气降压。为阻止压缩空气反向流动而设有单向阀 3。后冷却器 10 通过降温来将压缩空气中水蒸气及油雾冷凝成液滴,经油水分离器 11 将液滴与空气分离。在 10、11 及 12 最低点,都设有排气器以排除液态的水和油。空压机按输出压力分为低压(0.2~

1.0 MPa)、中压(1.0～10 MPa)、高压(压力＞10 MPa)三大类；按工作原理分为容积式和速度式。常见的容积式空气压缩机按结构不同分为活塞式、叶片式、螺杆式。其工作原理与液压泵相同，由一个可变的密闭空间的变化产生吸排气，加上适当的配流机构来完成工作过程。

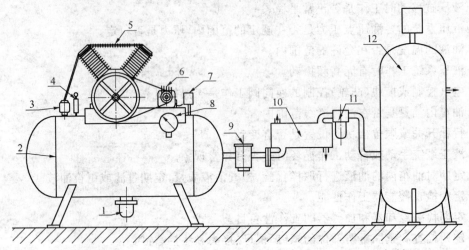

1—自动排水器；2—小气罐；3—单向阀；4—安全阀；5—空气压缩机；6—电动机；7—压力开关；8—压力表；9—截止阀；10—后冷却器；11—油水分离器；12—气罐

图 4-107　典型气源系统的组成

2) 气源净化装置

由空气压缩机输出的压缩空气，虽然能够满足一定压力和流量的要求，但还不能被气动装置使用。压缩机从大气中吸入含有水分和灰尘的空气，经压缩后空气温度高达 140～170 ℃，这时压缩机汽缸里的润滑油也部分地成为气态。这些油分、水分以及灰尘便形成混合的胶体微雾及杂质，混合在压缩空气中一同排出。这些杂质若进入气动系统，会造成管路堵塞和锈蚀，加速元件磨损和老化，使泄漏增加，缩短使用寿命。因此必须设置气源净化处理装置，提高压缩空气的质量。净化装置一般包括：后冷却器、油水分离器、空气过滤器、干燥器、储气罐等。

① 冷却器　冷却器的作用就是将空气压缩机出口的高温压缩空气冷却到 40 ℃，并使其中的水蒸气和油雾冷凝成水滴和油滴，根据冷却介质不同可分为风冷和水冷两种。

② 油水分离器　油水分离器的作用是分离并排除压缩空气中所含的水分、油分和灰尘等杂质，使压缩空气得到初步净化。

③ 空气过滤器　空气过滤器的作用是滤除压缩空气中的杂质微粒，除去液态的油污和水滴，使压缩空气进一步净化，但不能除去气态物质，常用的有一次过滤器和二次过滤器。

④ 干燥器　干燥器的作用是进一步除去压缩空气中含有的水蒸气，主要方法有冷冻法和吸附法，冷冻法是利用制冷设备使压缩空气冷却到一定的露点温度，析出空气中的多余水分，从而达到所需要的干燥程度；吸附法是利用硅胶、活性氧化铝、焦炭或分子筛等具有吸附性能的干燥剂来吸附压缩空气中的水分以达到干燥的目的。

(2) 辅助元件

1) 油雾器

油雾器的作用是将润滑油雾化并注入空气流中，随着压缩空气流入到需要润滑的部位，达到润滑的目的。油雾器在使用中一定要垂直安装，它可以单独使用，也可以和空气过滤器、减压阀、油雾器三件联合使用(气动三联件),组成减压和油雾润滑的功能。联合使用时,其连接顺序应为"空气过滤器→减压阀→油雾器",不能改变顺序。安装时,气源调节装置应尽量靠近气动设备附近,距离不应大于 5 m。图 4-108 所示为气动三联件的外观图及图形符号。

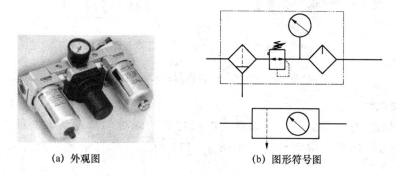

(a) 外观图　　　　　　(b) 图形符号图

图 4-108　气动三联件

2) 消声器

消声器是用来降低排气噪声的。它是通过阻尼和增大排气面积来降低排气速度和压力以降低噪声的。如图 4-109 所示为消声器外观图。

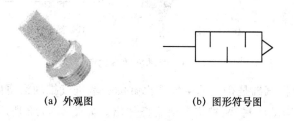

(a) 外观图　　　　　　(b) 图形符号图

图 4-109　消声器

3) 储气罐

储气罐的作用是消除压力波动,保证输出气流的连续性;进一步分离压缩空气中的水分和油分;储存一定量的压缩空气,调节用气量或以备发生故障和临时需要时应急使用。

3. 气动执行元件

在气动自动化系统中,汽缸由于具有相对较低的成本,容易安装,结构简单、耐用,各种缸径尺寸及行程可选等优点,是应用最广泛的一种执行元件。根据使用条件不同,汽缸的结构、形状和功能也不一样。

(1) 汽缸的分类

按压缩空气作用在活塞端面上的方向分为单作用汽缸和双作用汽缸。

(2) 典型汽缸介绍

1) 单作用汽缸

单作用汽缸是指压缩空气在汽缸的一端进气推动活塞运动,而活塞的返回则借助其他外力,如重力、弹簧力。图 4-110 所示为单作用活塞式汽缸外观图及图形符号。

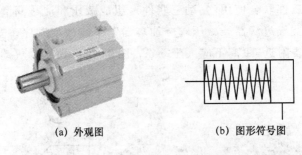

图 4-110　单作用活塞式汽缸

2) 双作用汽缸

① 单杆汽缸　单杆汽缸是指压缩空气在汽缸的一端进气推动活塞向前运动，而活塞的返回则借助另一端进气推动活塞。如图 4-111 所示为单杆活塞式汽缸外观图及图形符号。

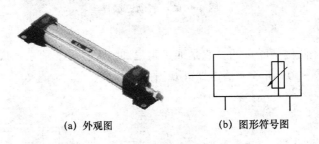

图 4-111　单杆活塞式汽缸

② 双杆汽缸　双杆汽缸是指压缩空气在汽缸的一端进气推动活塞向前运动，而活塞的返回则借助另一端进气推动活塞，两端均有活塞杆伸出。如图 4-112 所示为双杆活塞式汽缸外观图及图形符号。

图 4-112　双杆活塞式汽缸

③ 气液阻尼式汽缸　气液阻尼式汽缸由汽缸和液压缸组合而成，它以压缩空气为动力，利用油液的不可压缩性和控制流量来获得活塞的平稳运动及调节活塞的运动速度。由于同时具有汽缸和液压缸的优点，得到了越来越广泛的应用。

④ 摆动式汽缸　摆动式汽缸是将压缩空气的压力能转变为汽缸输出轴的回转机械能的一种汽缸。图 4-113 所示为叶片式摆动汽缸结构原理图。叶片式摆动汽缸可分为单叶片式、双叶片式和多叶片式，叶片越多摆动角度越小，但扭矩却越大，单叶片式输出摆动角度小于360°，双叶片式输出摆动角度小于180°。

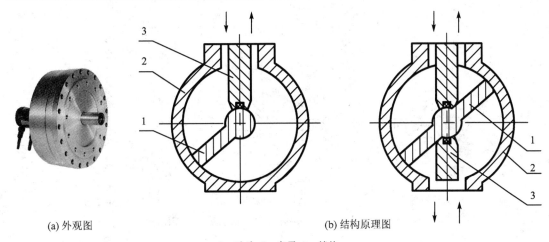

(a) 外观图　　　　　　　　　　(b) 结构原理图

1—叶片；2—定子；3—挡块

图 4-113　叶片式摆动汽缸结构原理图

4．气动控制元件

（1）方向控制阀

方向控制阀按阀内气流的流通方向分为单向型和换向型；按控制操纵方式分为电磁、气压、人工、机械等；按位置和通口分为二位二通阀、二位三通阀、三位四通阀和三位五通阀等。

梭阀为常用方向控制阀。梭阀又称为双向控制阀。图 4-114 为梭阀外观图、工作原理图及图形符号。有两个输入信号口 1 和一个输出信号口 2。若在一个输入口上有气信号，则与该输入口相对的阀口就被关闭，同时在输出口 2 上有气信号输出。这种阀具有"或"逻辑功能，即只要在任一输入口 1 上有气信号，在输出口 2 上就会有气信号输出。

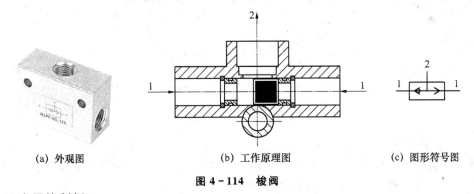

(a) 外观图　　　　(b) 工作原理图　　　　(c) 图形符号图

图 4-114　梭阀

（2）流量控制阀

在气动系统中，经常要求控制气动执行元件的运动速度，这要靠调节压缩空气的流量来实现。用来控制气体流量的阀，称为流量控制阀。流量控制阀是通过改变阀的通流截面积来实现流量控制的元件，它包括单向节流阀、排气节流阀等。

1）单向节流阀

单向节流阀是由单向阀和节流阀组合而成。如图 4-115 所示为单向节流阀外观图、工作原理图及图形符号。当气流从入口 P 进入，单向阀阀芯 2 被顶在阀座上，空气只能从节流口 4 流向出口 R，流量被节流阀节流口大小所限制，调节针阀 1 可以调节通流面积。

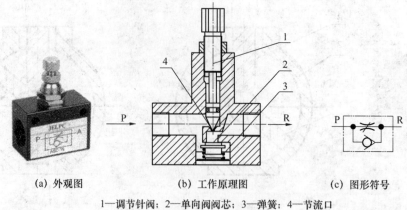

(a) 外观图　　　(b) 工作原理图　　　(c) 图形符号

1—调节针阀；2—单向阀阀芯；3—弹簧；4—节流口

图 4-115　单向节流阀

2) 排气节流阀

排气节流阀的节流原理和单向节流阀一样，也是靠调节通流面积来调节阀的流量的。如图 4-116 所示为排气节流阀外观图、工作原理图及图形符号。气流从 A 口进入阀内，由节流口 1 节流后经消声套 2 排出。因而它不仅能调节执行元件的运动速度，还能起到降低排气噪声的作用。单向节流阀通常是安装在系统中调节气流的流量，而排气节流阀只能安装在排气口处，调节排出气体的流量，以此来调节执行机构的运动速度。

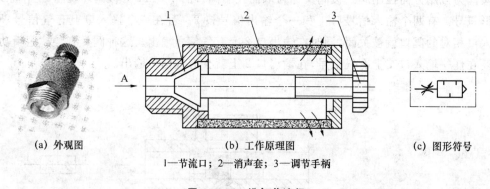

(a) 外观图　　　(b) 工作原理图　　　(c) 图形符号

1—节流口；2—消声套；3—调节手柄

图 4-116　排气节流阀

(3) 压力控制阀

压力控制阀是用来控制气动系统中压缩空气的压力，以满足各种压力需求或用于节能。压力控制阀有减压阀、安全阀（溢流阀）和顺序阀三种。

1) 减压阀

减压阀又称调压阀，将较高的入口压力调节并降低到符合使用的出口压力，并保持调节后出口压力的稳定。使用时，应安装在分水滤气器之后，油雾器之前。

减压阀的调压方式有直动式和先导式两种，一般先导式减压阀的流量特性比直动式的好。直动式减压阀通径小于 20~25 mm，输出压力在 0~1.0 MPa 范围内最为适当，超出这个范围应选用先导式。

2) 安全阀

安全阀是用来防止系统内压力超过最大许用压力，用来保护回路或气动装置的安全，如

图4-117(a)所示为安全阀的外观图、工作原理图及图形符号。阀的输入口与控制系统(或装置)相连,当系统压力小于此阀的调定压力时,弹簧力使阀芯紧压在阀座上,当系统压力大于此阀的调定压力时,则阀芯开启,压缩空气从R口排放到大气中,如图4-117(b)所示。此后,当系统中的压力降低到阀的调定值时,阀门关闭,并保持密封。如图4-117(c)所示为安全阀的图形符号。

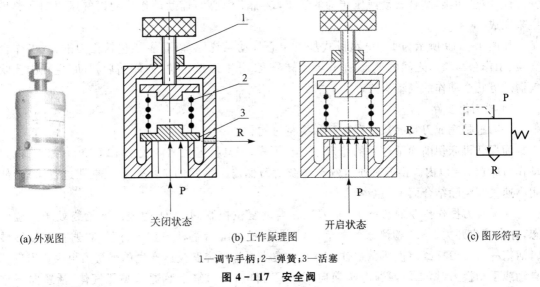

(a) 外观图　　　　　(b) 工作原理图　　　　　(c) 图形符号

1—调节手柄;2—弹簧;3—活塞

图4-117　安全阀

3) 顺序阀

顺序阀是靠回路中的压力变化来控制汽缸顺序动作的一种压力控制阀。在气动系统中,顺序阀通常安装在需要某一特定压力的场合,以便完成某一操作。只有达到需要的操作压力后,顺序阀才有气信号输出。如图4-118所示为顺序阀的外观图、工作原理图及图形符号。当控制口P的气信号压力小于阀的弹簧调定压力时,从P口进入的压缩空气被堵塞。只有当控制口P的气信号压力超过了弹簧调定值,压缩空气才能将柱塞顶起,顺序阀开启,压缩空气从P口流向A口。调节杆上带一个锁定螺母,可以锁定预调压力值。

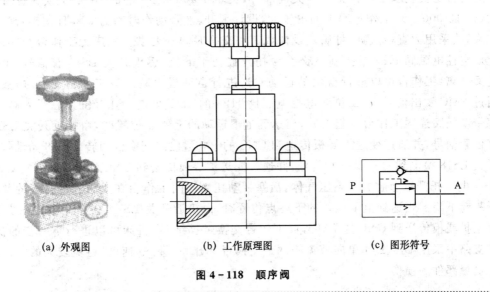

(a) 外观图　　　　　(b) 工作原理图　　　　　(c) 图形符号

图4-118　顺序阀

5. 气动系统应用实例

(1) H400 型卧式加工中心气动系统

加工中心气动系统的设计及布置与加工中心的类型、结构、要求完成的功能等有关,结合气压传动的特点,一般在要求力或力矩不太大的情况下采用气压传动。

H400 型卧式加工中心作为一种中小功率、中等精度的加工中心,为降低制造成本,提高安全性,减少污染,结合气动液压传动的特点,该加工中心的辅助动作采用以气压驱动装置为主来完成。

如图 4-119 所示为 H400 型卧式加工中心气动系统原理图,主要包括松刀缸、双工作台交换、工作台与鞍座之间的锁紧、工作台回转分度、分度插销定位、刀库前后移动、主轴锥孔吹气清理等几个动作的气动支路。

1) 松刀缸支路

松刀缸是完成刀具的拉紧和松开的执行机构。

为保证机床切削加工过程的稳定、安全、可靠,刀具拉紧拉力应大于 12 000 N,抓刀、松刀动作时间在 2 s 以内。换刀时通过气动系统对刀柄与主轴间的 7∶24 定位锥孔进行清理,使用高速气流清除结合面上的杂物。

在无换刀操作指令的状态下,松刀缸在自动复位控制阀 HF1 的控制下始终处于上位状态,并由感应开关 LS11 检测该位置信号,以保证松刀缸活塞杆与拉刀杆脱离,避免主轴旋转时活塞杆与拉刀杆摩擦损坏。主轴对刀具的拉力由蝶形弹簧受压产生的弹簧力提供。当进行自动或手动换刀时,二位四通电磁换向阀 1DT 得电,松刀缸上腔通入高压气体,活塞向下移动,活塞杆压住拉刀杆克服弹簧力向下移动,直到拉刀爪松开刀柄上的拉钉,刀柄与主轴脱离。感应开关 LS12 检测到位信号,通过变送扩展板传送到 CNC 的 PMC,作为对换刀机构进行协调控制的状态信号。DJ1、DJ2 是调节汽缸压力和松刀速度的单向节流阀,用于避免气流的冲击和振动的产生。电磁阀 HF2 用来控制主轴和刀柄之间的定位锥面在换刀时的吹气清理气流的开关,主轴锥孔吹气的气体流量大小用节流阀 JL1 调节。

2) 工作台交换支路

交换台是实现双工作台交换的关键部件,由于 H400 型卧式加工中心交换台提升载荷较大(达 12 000 N),工作过程中冲击较大,设计上升、下降动作时间为 3 s,且交换台位置空间较大,故采用大直径汽缸,可满足设计载荷和交换时间的要求。机床无工作台交换时,在二位双电控电磁阀 HF3 的控制下交换台托升缸处于下位,感应开关 LS17 有信号,工作台与托叉分离,工作台可以进行自由的运动。当进行自动或手动的双工作台交换时,数控系统通过 PMC 发出信号,使二位双电控电磁阀 HF3 的 3DT 得电。托升缸下腔通入高压气,活塞带动托叉连同工作台一起上升,当达到上下运动的上终点位置时,由接近开关 LS16 检测其位置信号,并通过变送扩展板传送到 CNC 的 PMC,控制交换台回转 180°开始动作。接近开关 LS18 检测到回转到位的信号,并通过变送扩展板传送到 CNC 的 PMC,控制 HF3 的 4DT 得电。托升缸上腔通入高压气体,活塞带动托叉连同工作台在重力和托升缸的共同作用下一起下降。当达到上下运动的下终点位置时,由接近开关 LS17 检测其位置信号,并通过变送扩展板传送到 CNC 的 PMC,双工作台交换过程结束,机床可以进行下一步的操作。在该支路中采用 DJ3、DJ4 单向节流阀调节交换台上升和下降的速度,避免较大的载荷冲击及对机械部件的损伤。

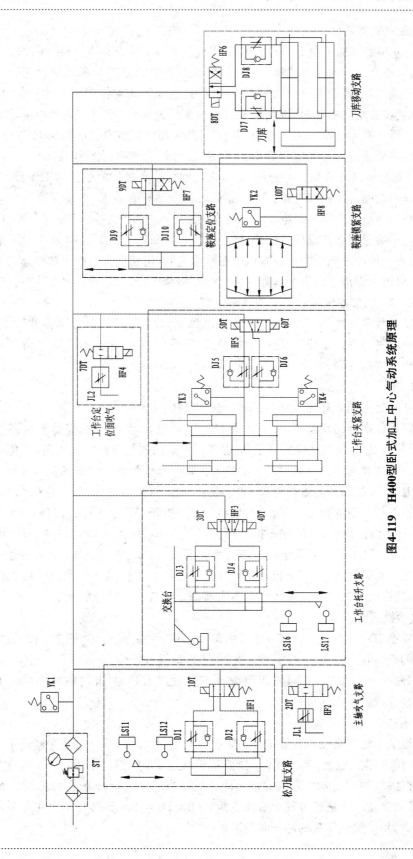

图4-119 H400型卧式加工中心气动系统原理

3) 工作台夹紧支路

由于H400型卧式加工中心要进行双工作台的交换,为了节约交换时间,保证交换的可靠,工作台与鞍座之间必须具有能够快速、可靠的定位、夹紧及迅速脱离的功能。可交换的工作台固定于鞍座上,由四个带定位锥的汽缸夹紧,并且为了达到拉力大于12 000 N的可靠工作要求,以及受位置结构的限制,该汽缸采用了弹簧增力结构,在汽缸内径仅为$\phi 63$ mm的情况下就达到了设计拉力要求。图4-119中,该支路采用二位双电控电磁阀HF5进行控制,当双工作台交换将要进行或已经进行完毕时,数控系统通过PMC控制电磁阀HF5,使5DT或6DT得电,分别控制汽缸活塞的上升或下降,通过钢珠拉套机构放松拉紧工作台上的拉钉,完成鞍座与工作台之间的放松或夹紧。为了避免活塞运动时的冲击,在该支路采用具有得电动作、失电不动作、双电磁铁同时得电不动作特点的二位双电控电磁阀HF5进行控制,可避免在动作进行过程中突然断电造成的机械部件冲击损伤,并采用单向节流阀DJ5、DJ6来调节夹紧的速度,避免较大的冲击载荷。该位置由于受结构限制,用感应开关检测放松与夹紧信号较为困难,故采用可调工作点的压力继电器YK3、YK4检测压力,并以此信号作为汽缸到位信号。

(2) XK716G型数控铣削加工中心气动系统

XK716G型数控铣削加工中心的辅助动作采用以气压驱动装置为主来完成(见图4-120)。加工中心气动系统原理图,主要包括松刀、机械手换刀、主轴锥孔吹气清理及开关防护门等几个动作的气动支路。

1) 松刀支路

松刀缸支路是完成刀具的拉紧和松开的执行机构。

在无换刀操作指令的状态下,松刀缸在自动复位控制阀YV2的控制下始终处于上位状态,并由感应开关SQ3检测该位置信号,以保证松刀缸活塞杆与拉刀杆脱离,避免主轴旋转时活塞杆与拉刀杆摩擦损坏。主轴对刀具的拉力由蝶形弹簧受压产生的弹簧力提供。当进行自动或手动换刀时,三位四通电磁换向阀4DT得电,松刀缸上腔通入高压气体,活塞向下移动,活塞杆压住拉刀杆克服弹簧力向下移动,直到拉刀爪松开刀柄上的拉钉,刀柄与主轴脱离。感应开关SQ4检测到位信号,通过变送扩展板传送到CNC的PMC,作为对换刀机构进行协调控制的状态信号。DJ1、DJ2是调节汽缸压力和松刀速度的单向节流阀,用于避免气流的冲击和振动的产生。电磁阀YV4用来控制主轴和刀柄之间的定位锥面在换刀时的吹气清理气流的开关,主轴锥孔吹气的气体流量大小用节流阀JL5调节。

2) 机械手换刀支路

当机械手换刀时。在三位四通双电控电磁阀YV1的控制下汽缸处于上位,感应开关SQ5有信号,当2DT带电后,汽缸下行至碰到SQ6使其有信号,此时开始抓刀。当碰到SQ1、SQ2使其有信号,此时开始拔刀。汽缸下行至碰到SQ7使其有信号,此时机械手回转180°开始换刀。依此类推完成装换刀动作。

3) 开关防护门支路

为了保证加工的安全性。设置了开关防护门支路(见图4-120),该支路采用二位五通单电控电磁阀YV3进行控制,当加工时,数控系统通过PMC控制电磁阀YV3,使5DT得、断电,控制汽缸活塞的左右移动,完成防护门的开关。当门碰到行程开关SQ8时系统才能进行加工动作,可避免在动作进行过程中造成危险。DJ3、DJ4是调节汽缸压力和开关防护门速度的单向节流阀,用于避免气流的冲击和振动的产生。

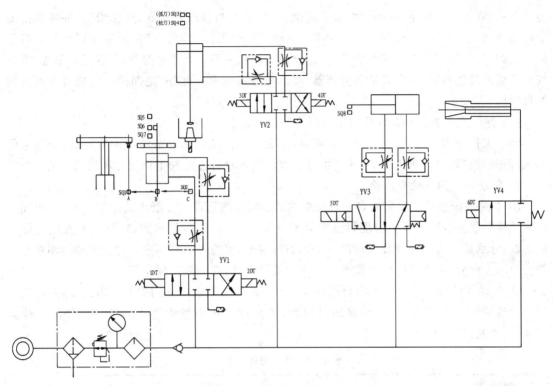

图 4-120　XK716G 型数控铣削加工中心气动系统原理图

6. 气动系统维护的要点

(1) 保证供给洁净的压缩空气压缩空气中通常都含有水分、油分和粉尘等杂质

水分会使管道、阀和汽缸腐蚀;油分会使橡胶、塑料和密封材料变质;粉尘造成阀体动作失灵。选用合适的过滤器,可以清除压缩空气中的杂质,使用过滤器时应及时排除积存的液体;否则,当积存液体接近挡水板时,气流仍可将积存物卷起。

(2) 保证空气中含有适量的润滑油

大多数气动执行元件和控制元件都要求适度的润滑。如果润滑不良将会发生以下故障:

① 由于摩擦阻力增大则造成汽缸推力不足,阀芯动作失灵;

② 由于密封材料的磨损而造成空气泄漏;

③ 由于生锈造成元件的损伤及动作失灵。

润滑的方法一般采用油雾器进行喷雾润滑,油雾器一般安装在过滤器和减压阀之后。油雾器的供油量一般不宜过多,通常每 $10\ m^3$ 的自由空气供 1 mL 的油量(即 40~50 滴油)。检查润滑是否良好的一个方法是:找一张清洁的白纸放在换向阀的排气口附近,如果阀在工作三到四个循环后,白纸上存有少量斑点时,表明润滑是良好的。

(3) 保持气动系统的密封性

漏气不仅增加了能量的消耗,也会导致供气压力的下降,甚至造成气动元件工作失常。严重的漏气在气动系统停止运行时,由漏气引起的响声很容易发现;轻微的漏气可利用仪表,或用涂抹肥皂水的办法进行检查。

(4) 保证气动元件中运动零件的灵敏性

从空气压缩机排出的压缩空气,含有粒度为 0.01~0.8 μm 的压缩机油微粒,在排气温度为 120~220 ℃ 的高温下,这些油粒会迅速氧化,氧化后油粒颜色变深,黏性增大,并逐步由液态固化成油泥。这种 1 μm 级以下的颗粒,一般过滤器无法滤除。当它们进入到换向阀后便附着在阀芯上,使阀的灵敏度逐步降低,甚至出现动作失灵。为了清除油泥,保证灵敏度,可在气动系统的过滤器之后,安装油雾分离器,将油泥分离出来。此外,定期清洗阀也可以保证阀的灵敏度。

(5) 保证气动装置具有合适的工作压力和运动速度

调节工作压力时,压力表应当工作可靠,读数准确。减压阀与节流阀调节好后,必须紧固调压阀盖或锁紧螺母,防止松动,这样保证了气动装置具有合适的工作压力和运动速度。

7. 气动系统的点检与定检

① 管路系统点检 主要内容是对冷凝水和润滑油的管理。冷凝水的排放,一般应当在气动装置运行之前进行。但是当夜间温度低于 0 ℃ 时,为防止冷凝水冻结,气动装置运行结束后,就应开启放水阀门将冷凝水排出。补充润滑油时,要检查油雾器中油的质量和滴油量是否符合要求。此外,点检还应包括检查供气压力是否正常,有无漏气现象等。

② 气动元件的定检 主要内容是彻底处理系统的漏气现象。例如更换密封元件,处理管接头或连接螺钉松动等,定期检验测量仪表、安全阀和压力继电器等。气动元件的定检如表 4-7 所列。

表 4-7 气动元件的点检

元件名称	点检内容
汽 缸	1. 活塞杆与端盖之间是否漏气 2. 活塞杆是否划伤、变形 3. 管接头、配管是否松动、损伤 4. 汽缸动作时有无异常声音 5. 缓冲效果是否合乎要求
电磁阀	1. 电磁阀外壳温度是否过高 2. 电磁阀动作时,阀芯工作是否正常 3. 汽缸行程到末端时,通过检查阀的排气口是否有漏气来确诊电磁间是否漏气 4. 紧固螺栓及管接头是否松动 5. 电压是否正常,电线有否损伤 6. 通过检查排气口是否被油润湿,或排气是否会在白纸上留下油雾斑点来判断润滑是否正常
油雾器	1. 油杯内油量是否足够,润滑油是否变色、混浊,油杯底部是否沉积有灰尘和水 2. 滴油量是否适当
减压阀	1. 压力表读数是否在规定范围内 2. 调压阀盖或锁紧螺母是否锁紧 3. 有无漏气
过滤器	1. 储水杯中是否积存冷凝水 2. 滤芯是否应该清洗或更换 3. 冷凝水排放阀动作是否可靠
安全阀及压力继电器	1. 在调定压力下动作是否可靠 2. 校验合格后,是否有铅封或锁紧 3. 电线是否损伤,绝缘是否合格

拓展知识——液压基本回路

所谓液压基本回路就是由一些液压元件组成，用来完成某种特定功能的控制回路。在工程实际中，液压技术有着广泛的应用，而由于使用场合的不同，液压系统的组成形式也不同。但通常都由一些基本回路组成，所以熟悉和掌握基本回路的组成、原理和性能特点及其应用，是认识分析和设计液压系统的重要基础。

基本回路按照功能可分为压力控制回路、速度控制回路、方向控制回路和多缸动作控制回路。

1. 压力控制回路

压力控制回路是利用压力控制阀来控制系统整体或某一部分的工作压力，以满足液压执行元件对力或转矩的需求，或者达到合理利用功率、保证系统安全等目的。这类回路包括调压、减压、增压、保压、卸荷和平衡等多种回路。

（1）调压回路

调压回路的功用是使液压系统整体或部分的压力保持恒定或不超过某个数值。在定量泵系统中，液压泵的供油压力可以通过溢流阀来调节。在变量泵系统中，用安全阀来限定系统的最高压力，防止系统过载。

图4-121(a)为单级调压回路。溢流阀2与液压泵1并联，溢流阀限定了液压泵的最高压力，也就调定了系统的最高工作压力。当系统工作压力上升至溢流阀的调定压力时溢流阀开启溢流，便使系统压力基本维持在溢流阀的调定压力上；当系统压力低于溢流阀的调定压力时，溢流阀关闭，此时系统工作压力取决于系统的外负载。这里，溢流阀的调定压力必须大于执行元件的最大工作压力和管路上所有压力损失之和，作溢流阀使用时可大5%～10%；作安全阀使用时可大10%～20%。

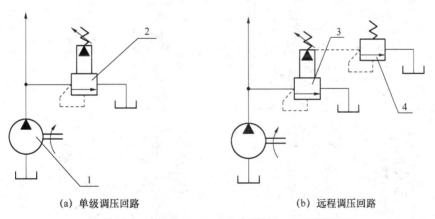

(a) 单级调压回路　　　　　　　　(b) 远程调压回路

1—液压泵；2—溢流阀；3—先导式溢流阀；4—远程调压阀

图4-121　调压回路

图4-121(b)为远程调压回路。在先导式溢流阀3的遥控口接一远程调压阀4（小流量的直动式溢流阀），即可实现远距离调压，远程调压阀4可以安装在操作方便的地方，远程调压阀4是与先导式溢流阀3中的先导阀并联，所以先导式溢流阀3的调定压力必须大于远程调压阀4

的调定压力,这样远程调压阀4才能起到调压作用。

(2) 减压回路

减压回路的功用是在单泵供油液压系统中,使某一部分油路的工作压力具有比系统压力低的稳定压力。如控制油路、辅助油路及润滑油路等,其工作压力常低于主油路的工作压力。

图4-122为常见的减压回路。在与主油路并联的支路上,串联减压阀2,使这条支路获得较低的稳定压力。主油路的工作压力由溢流阀1调定;支路压力由减压阀2调定,其调定压力至少应比溢流阀1的调定压力低0.5 MPa。当支路上的工作压力低于减压阀2的调定压力时,减压阀2不起减压作用,处于常开状态。回路中的单向阀3为防止主油路压力降低(低于减压阀2的调定压力)时油液倒流,起短时保压作用。由于减压回路有一定的功率损失,大流量回路不宜采用减压回路,而应采用辅助泵低压供油。

(3) 卸荷回路

卸荷回路的功用是指在液压泵驱动电动机不频繁启闭的情况下,使液压泵在功率输出接近于零的情况下运转,以减少功率损耗,降低系统发热,延长泵和电动机的寿命。

在液压系统工作中,有时执行元件短时间停止工作,不需要液压系统传递能量,或者执行元件在某段工作时间内保持一定的力,而运动速度极慢,甚至停止运动,在这种情况下,不需要液压泵输出油液,或只需要很小流量的液压油,于是液压泵1输出的压力油全部或绝大部分从溢流阀4流回油箱,造成能量的无谓消耗,引起油液发热,使油液加快变质,且影响液压系统的性能及泵的寿命。故需要采用卸荷回路,因为液压泵1的输出功率为其流量和压力的乘积,因此液压泵1的卸荷有流量卸荷和压力卸荷两种,前者主要是使用变量泵,使变量泵仅为补偿泄漏而以最小流量运转,此方法比较简单,但泵仍处在高压状态下运行,磨损比较严重;后者是使泵在接近零压下运转,如图4-123所示。

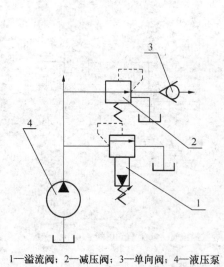
1—溢流阀;2—减压阀;3—单向阀;4—液压泵

图4-122 减压回路

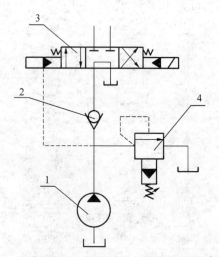
1—液压泵;2—单向阀;3—电磁阀;4—溢流阀

图4-123 卸荷回路

(4) 平衡回路

平衡回路的功用是防止立式缸或垂直部件因自重而下滑或下行超速。对于执行元件与垂直部件相连的结构,当垂直部件下行时,若执行元件的回油路无压力,运动部件会因自重产生自行下滑,甚至产生超速(超过液压泵供油流量所提供的执行元件的运动速度)运动。若在执行元件的回油路上设置一定的背压(即回油压力),即可防止运动部件的自行下滑和超速。这种回路因设置背压与运动部件的自重相平衡,故称平衡回路,因其限制了运动部件的超速运动,又称限速回路。如图4-124所示为采用单向顺序阀的平衡回路。

2. 速度控制回路

速度控制回路是研究液压系统的速度调节和变换问题,常用的速度控制回路有调速回路、快速回路、速度换接回路等。现以节流调速回路进行简单说明。

节流调速回路是由定量泵供油,用流量控制阀调节进入或流出执行元件的流量来实现调速。根据流量阀在回路中的位置,节流调速回路有三种形式。图4-125所示为进油路节流调速回路。

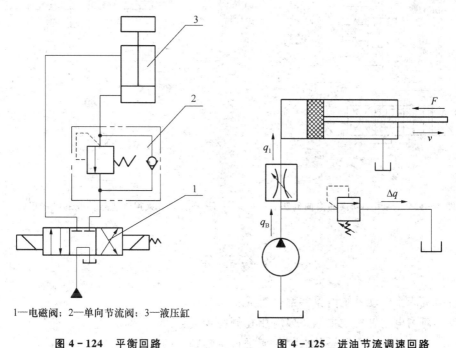

1—电磁阀；2—单向节流阀；3—液压缸

图4-124 平衡回路　　　　图4-125 进油节流调速回路

3. 方向控制回路

在液压系统中,控制执行元件的启动、停止及换向动作的回路,称方向控制回路。方向控制回路有换向回路和锁紧回路。

(1) 换向回路

运动部件的换向,一般可采用各种换向阀来实现。在容积调速的闭式回路中,也可以利用双向变量泵控制油流的方向来实现液压缸(或液压电动机)的换向。依靠重力或弹簧返回的单作用液压缸,可以采用三位四通换向阀进行换向,如图4-126所示。

(2) 锁紧回路

为了使工作部件能在任意位置上停留以及在停止工作时,防止在受力的情况下发生移动,可以采用锁紧回路。

图 4-127 为采用液控单向阀 1、2 的锁紧回路。在液压缸的进、回油路中都串接液控单向阀(又称液压锁),活塞可以在行程的任何位置锁紧。其锁紧精度只受液压缸内少量的内泄漏影响,因此,锁紧精度较高。

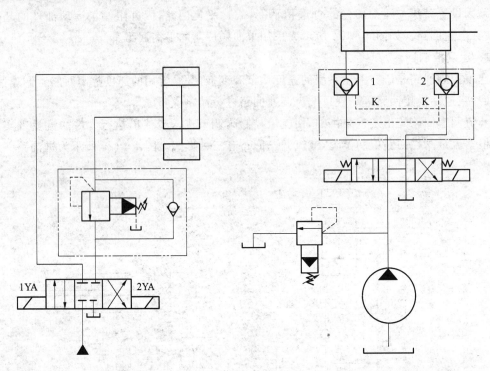

图 4-126　采用换向阀的换向回路　　　图 4-127　采用液控单向阀的锁紧回路

思考与练习

4-1　机床主传动系统由哪些部分组成?

4-2　何谓电主轴?电主轴一般应用在哪些场合?

4-3　主轴部件的作用是什么?如何进行主轴轴承的调整?

4-4　主轴发热原因有哪些?

4-5　刀具不能夹紧的原因有哪些?

4-6　数控机床主轴锥孔为何采用 7∶24 的锥度?刀柄拉紧为什么采用碟形弹簧拉紧?

4-7　数控锥柄刀具为什么有定位键槽?

4-8　数控机床主轴润滑方式有哪几种,有何特点?

4-9　对滚动导轨预紧的目的和方法是什么?

4-10　滚珠丝杠螺母副的工作原理是什么?

4-11　滚珠丝杠螺母副的支承形式有哪几种?它们分别适用于什么情况?

4-12　滚珠丝杠副滚珠循环方式分为哪两类?各自的特点是什么?

4-13　常用的滚珠丝杠副的轴向间隙调整方式有哪几种?各有何特点?

4-14　齿轮消除间隙的方法有哪些?各有何特点?

4-15　如何进行数控设备滚动导轨的预紧?
4-16　导轨维护有何特点?间隙调整的方法有哪些?
4-17　简述数控机床常用的换刀装置的结构形式。
4-18　简述立式加工中心无机械手换刀的主要动作过程。
4-19　加工中心刀库装刀、换刀过程中应注意什么?
4-20　车床上的回转刀架是如何实现换刀的?
4-21　数控机床刀库形式有哪几种?各应用于什么场合?
4-22　简述蓄能器的功用。
4-23　简述CK3225数控车床刀架液压传动部分的动作原理。
4-24　简述XCK716G型数控铣削加工中心气动系统的动作原理。

第5章 机电设备电气控制系统的故障诊断及维护

5.1 电气控制系统的故障诊断方法

学习目标

1. 正确使用万用表测量电路。
2. 正确识读机电设备电气控制系统的电路原理图。
3. 正确诊断一个简单电气控制电路的常见故障。
4. 熟练掌握电气控制系统的故障诊断方法。

工作任务

诊断一个简单电气控制电路常见故障。

● **相关实践与理论知识**

5.1.1 电路中的物理量

1. 电流

导体中的自由电子,在电场力的作用下做有规则的定向运动就形成了电流。电路中能量的传输和转换是靠电流来实现的。

(1) 电流的大小

为比较准确地衡量某一时刻电流的大小或强弱,我们引入了电流这个物理量,表示符号为"I"。其大小是沿着某一方向通过导体某一截面的电荷量 Δq 与通过时间 Δt 的比值。即:

$$I = \frac{\Delta q}{\Delta t} \tag{5-1}$$

为区别直流电流和变化的电流,直流电流用字母"I"表示,变化的电流用"i"表示。在国际单位制中,电流的基本单位是安培,简称"安",用字母"A"表示。

(2) 电流的方向

习惯上规定以正电荷的移动方向作为电流的方向,而实际上导体中的电流是由带负电的电子在导体中移动而形成的。所以,规定的电流方向与电子实际移动的方向恰恰相反。但这样规定并不影响对电流的分析和测量以及对电磁现象的解释。

(3) 电流的种类

导体中的电流不仅可具有大小的变化,而且可具有方向的变化。大小和方向都不随时间而变化的电流称为恒定直流电流,如图5-1(a)所示。方向始终不变、大小随时间而变化的电流称为脉动直流电流,如图5-1(b)所示。大小和方向均随时间变化的电流称为交流电流。工业上普遍应用的交流电流是按正弦函数规律变化的,称为正弦交流电流,如图5-1(c)所示。非正弦交流电流,如图5-1(d)所示。

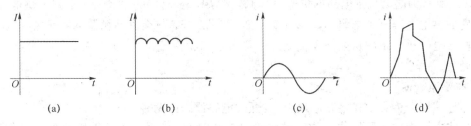

图 5-1 电流的种类

2. 电位和电压

(1) 电　位

电场力将单位正电荷从电路中某一点移到参考点(零电位点)所做的功,称为该点的电位。电路中不同位置的电位是不同的。其数值与参考点的选择紧密相关,所以,电位是一个相对的概念。通常在电力系统中以大地作为参考点,其电位定为零电位。

(2) 电　压

电压是指电场中任意两点之间的电位差。它实际上是电场力将单位正电荷从某一点移到另一点所做的功。电路中两点间的电压仅与该两点的位置有关,而与参考点的选择无关。电压用字母"U"或"u"表示。电压的基本单位是"伏特",简称"伏",用字母"V"表示。

3. 电动势

由其他形式的能量转换为电能所引起的电源正、负极之间的电位差,叫电动势。电动势是在电源力的作用下,将单位正电荷从电源的负极移至正极所做的功。它是用来衡量电源本身建立电场并维持电场能力的一个物理量。通常用字母"E"或"e"表示,单位也是"伏特",用字母"V"表示。

规定电压 U 的正方向是由高电位指向低电位的方向,即电位降低的方向。电动势的正方向是由电源负极指向正极的方向,即电位升高的方向,如图 5-2 所示。

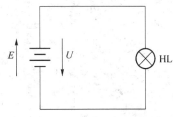

图 5-2 电源电压与电源电动势方向图

4. 电　阻

电流在导体中通过时受到的阻力称为电阻。电源内部对电荷移动产生的阻力称为内电阻,电源外部的导线及负载电阻称为外电阻。电阻常用字母"R"或"r"表示。其单位是欧姆,简称"欧",用字母"Ω"表示。

5.1.2 电气识图

电气图主要有系统原理图、电路原理图、安装接线图。

1. 系统原理图(方框图)

用较简单的符号或带有文字的方框,简单明了地表示电路系统的最基本结构和组成,直观表述电路中最基本的构成单元和主要特征及相互间关系。如

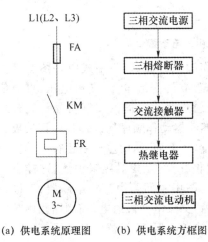

(a) 供电系统原理图　　(b) 供电系统方框图

图 5-3 电动机主电路

图 5-3(a)所示为电动机主电路的供电系统原理图,图 5-3(b)为电动机主电路的供电系统方框图。它的供电过程是由电源 L1、L2、L3→三相熔断器 FA→交流接触器 KM→热继电器 FR→三相交流电动机。图中从电源和负载都可看出是三相交流供电,所以在中间部分都简化为一相的画法。

2. 电路原理图

电路原理图分为集中式电路原理图、展开式电路原理图两种。

集中式电路图中各元器件等均以整体形式集中画出,说明元件的结构原理和工作原理。识读它时,需清楚地了解图中继电器的相关线圈、触点属于什么回路,在什么情况下动作,以及动作后各相关部分触点发生什么样的变化。如图 5-4 所示为电动机点动控制的集中式电路图,图中电路由三相熔断器、三极刀开关、热继电器、接触器、控制按钮和电动机组成,其中热继电器、接触器以一个整体出现。

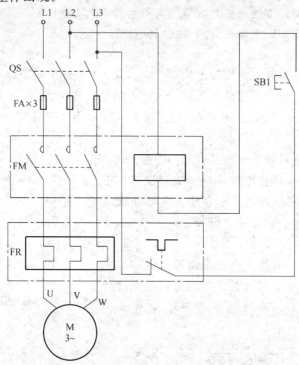

图 5-4 电动机点动控制的集中式电路图

展开式电路图在表明各元件、继电器动作原理、动作顺序方面,较集中式电路图有其独特的优点。展开式电路图按元件的线圈、触点划分为各自独立的交流电流、交流电压、直流信号等回路。凡属于同一元件或继电器的电流、电压线圈及触点采用相同的文字符号。展开式电路图中对每个独立回路,交流按 U、V、W 相序;直流按继电器动作顺序依次排列。识读展开式电路图时,对照每一回路右侧的文字说明,先交流后直流,由上而下,由左至右逐行识读。分析电路原理图时,应该将集中式电路图和展开式电路图互相补充、互相对照来识读,这样更易理解。如图 5-5 所示为电动机点动控制的展开式电路图,图中主回路由三相熔断器、三极刀开关、热继电器的发热元件和接触器的常开主触点控制三相交流电动机通电;控制回路由热继电器的常闭触点、控制按钮控制接触器的线圈通电。其中热继电器、接触器以其不同部分分别出现在主回路和控制回路中。

3. 安装接线图

安装接线图是以电路原理图为依据绘制而成，是现场安装调试与维修不可缺少的重要资料。安装图中各元件图形、位置及相互间连接关系与元件的实际形状、实际安装位置及实际连接关系相一致。图中连接关系采用相对标号法来表示。图5-6所示为某车间动力设备电气安装接线图，在图中标明了电源进线、按钮、位置开关、电动机、照明灯与机床电气安装板之间的连接关系；还标明了所用金属软管的直径、长度和导线根数、横截面积及颜色；同时也标明了它们与端子排之间对应的接线编号。

实际电气设备的安装和维修都是根据电路图进行的，很少使用实物接线图。国家颁布了统一的图形符号来规范电路图。

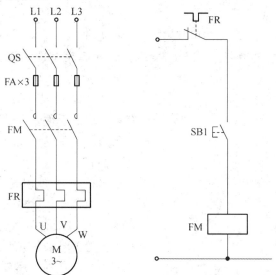

图5-5 电动机点动控制的展开式电路图

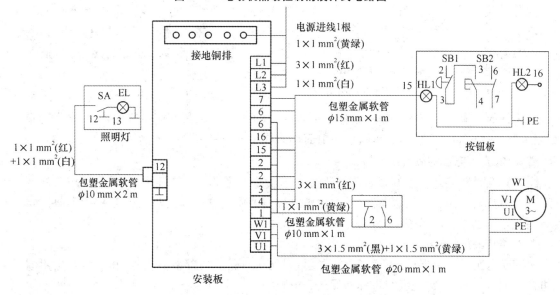

图5-6 某车间动力设备电气安装接线图

5.1.3 万用表的使用

万用表是一种多功能、多量程的仪表,是电工最常使用的仪表之一。万用表有指针式和数字式两个基本类型,二者的功能和使用方法大体相同,但测量原理、结构和线路却有很大差别,在性能上也各有特点。传统的万用表都是指针式的,数字式万用表是一种新型万用表。从目前的使用情况来看,还是以指针式居多,常用指针式万用表的外形如图 5-7 所示。

图 5-7 MF-47 型万用表外形图

1. 万用表的使用方法

学会使用万用表,首先要学会使用万用表上面的几个功能件,包括选择开关(又叫转换开关)、欧姆调零旋钮、插座和表笔,如图 5-8 为 MF-47 型万用表面板结构图。

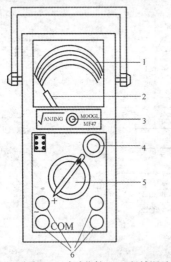

1—表盘；2—表头指针；3—机械调零旋钮；
4—欧姆调零旋钮；5—转换开关；6—表笔插孔

图 5-8 MF-47 型万用表面板结构图

① 选择开关是让万用表适应被测量对象的内容和大小的元件。在测量之前,必须根据被测量对象的内容和大小来调整选择开关。一般的万用表都有一个选择开关,但也有少数的万用表有两个选择开关,使用时这两个选择开关要配合调整。

② 万用表上有两个或两个以上的插孔,用来插万用表的测试表笔,它是万用表对外的连接端子。有两个插孔的万用表,在插孔旁边分别标有"+"和"-"的标记。使用时,红表笔插"+"端,黑表笔插"-"端。对于有两个以上插孔的万用表,其中一个标有"*"形符号,在使用中,该端永远接黑表笔,而红表笔应根据被测对象,插在相应的一个插孔上。

③ 表笔是指万用表的测试线端部的手握部分。手握的一端有一根中空的塑料杆,测试线从中间穿过。使用起来既方便,又安全。两根塑料杆的颜色分别是红色和黑色,这就是前面说的红表笔和黑表笔。

2. 电流和电压的测量

通过选择转换开关把万用表调整到测量电流的位置和相应的量程,这时的万用表就变成了一个电流表。用它来测量电流,其方法与电流表的使用方法是完全一样的。用同样的方法,万用表也可以作为电压表来使用。

3. 电阻的测量

由于电阻是无源器件,万用表无法显示,因此在万用表内部装有电池,作为测量电阻时的电源。测量电阻时,首先要把选择开关调到电阻挡位,下一步要作欧姆调零。

一般的万用表测量电阻都有五个挡位:$R\times 1$、$R\times 10$、$R\times 100$、$R\times 1\mathrm{k}$、$R\times 10\mathrm{k}$,代表了电阻挡的五个量程。如果测量时用的是 $R\times 100$ 挡,测量的读数是 25,则实测的电阻数值为

$25 \times 100 = 2500 \ \Omega$,其余可以依此类推。测量时,如果用同一挡(如 $R \times 100$ 挡)进行多次测量,则在第一次测量之前,进行一次欧姆调零就可以了;而如果在测量中改换挡位,如从 $R \times 100$ 挡换到 $R \times 10$ 挡,则在换挡后必须重新进行欧姆调零。总之,测量电阻时,每换一次挡位,就要进行一次欧姆调零。

在完成欧姆调零以后,即可对电阻进行测量了。如果是单个的电阻,只需用两支表笔端部的金属部分分别接触电阻的两端,万用表即可显示出电阻值。如果是线路中的电阻,则必须先断电,再把待测电阻拆下测量(切记即使断电也不可在电路中直接测量)。

4. 万用表使用的注意事项

由于万用表功能多,量程挡位也多,各种物理量的测量方法又不相同。因此在使用中,需要注意的事情也比较多。归纳起来,有下列几条。

① 在使用之前,首先对万用表进行外观检查。如表面各部位及表笔是否完好无损、表针摆动是否灵活、转换开关转动是否正常等。

② 要根据被测量的内容和大小,正确地调整选择开关和所用的插孔,这是保证不出事故和准确测量的先决条件。在任何情况下,黑表笔都应当插在标有"−"或者"*"的插孔。

③ 万用表在使用前,应根据具体情况决定是否需要进行机械调零。

④ 测量电压和电流时,应当事先了解被测量对象的大致数值,并据此选择稍大一些的量程。如果无法估计被测量的大小,则应选择相应量的最大量程,在实际测量中,根据情况逐挡减小量程,直至合适为止。而在测量电阻时,如果不知道被测对象电阻值的大小,也不必先用最大挡试测,可以直接用中间挡测量。

⑤ 调整选择开关,应在停止测量的情况下进行,不得在测量过程中去调整选择开关。

⑥ 读数时,要正确选择刻度线。万用表表头的刻度线比较多,测量什么内容、应当选择哪一条刻度线,是必须要搞清楚的。不同型号的万用表,刻度线的数目和排列都不一样,要注意分清楚。否则,读数将完全错误。

⑦ 测量时,表应当放平稳,不应当有一个支点悬空。一般的万用表都是水平放置,如果垂直使用,会影响测量的准确度。

⑧ 不允许用万用表的电阻挡去测量微安表(包括各种高灵敏电流表)的内电阻,也不允许用万用表的电压挡去测量标准电池(注意,不是普通电池)的电压。如果违背这一条规定,就会损坏被测元件。

⑨ 万用表在测量直流电压或电流时,电流总是从红表笔流入,从黑表笔流出。因此,在选用电阻挡时,万用表本身成了一个电源。红表笔就成了电源的负极,而黑表笔则变成电源的正极。这一点对于测量普通的线性电阻并无影响,但对于一些有极性的非线性电阻,如晶体二极管、三极管一类的元器件,就成了必须注意的事情了。

⑩ 在测量时人体不可接触万用表的带电部位,以免发生触电事故。不仅在测量电压和电流时是如此,即便在测量看起来不会有危险的电阻时,也应该养成这样一个良好的习惯。

最后,万用表在用完后,应当把转换开关放在交流电压最大挡或空挡。

5.1.4 电气控制系统故障诊断方法

1. 电气设备故障诊断技术的含义

电气设备故障诊断就是根据各测量值及其运算结果所提供的信息,结合关于设备的知识和经验,进行推理判断,找出设备故障的部位、类型及严重程度,从而进行维修。

2. 电气故障诊断的一般步骤

(1) 熟悉机电设备电气系统维修图

机电设备电气维修图包括机电设备电气原理图、电气箱(柜)内电器位置图、机电设备电气互连接线图及机电设备电器位置图。通过学习电气维修图，做到掌握机电设备电气系统原理的构成和特点，熟悉电路的动作要求和顺序，熟悉各个控制环节的电气控制原理，了解各种电器元件的技术性能。对于一些较复杂的机电设备，还应学习和掌握一些机电设备的机械结构、动作原理和操作方法。如果是液压控制设备，还应了解一些液压原理。这些都是有助于分析机电设备的故障原因的，而且更有助于迅速、灵活、准确地判断、分析和排除故障。

(2) 调查故障现象

同一类故障可能有不同的故障现象，不同类型故障可能有同种或者类似的故障现象，这种故障现象的同一性和多样性，给查找故障带来了一定的复杂性。但是，故障现象是检修电气故障的基本依据，是电气故障检修的起点，因而要对故障现象进行仔细观察、分析，找出故障现象中最主要的、最典型的方面，搞清故障发生的时间、地点、环境等。

(3) 分析故障主要原因，初步确定故障范围

分析的基础是电工电子基本理论，是对电气设备的构造、原理、性能的充分理解，是电工电子基本理论与故障实际的结合。

(4) 确定故障的部位

确定故障部位可理解成确定设备的故障点，如短路点、损坏的元器件等，也可理解成确定某些运行参数的变异，如电压波动、三相不平衡等。确定故障部位是在对故障现象进行周密的考察和细致分析的基础上进行的。

(5) 总结经验、摸清故障规律

每次排除故障后，应将机电设备的故障修复过程记录下来，总结经验，摸清并掌握机电设备电气电路故障规律。记录主要内容，包括设备名称、型号、编号、设备使用部门及操作者姓名、故障发生日期、故障现象、故障原因、故障元件、修复情况等。

3. 电气故障诊断的一般方法

电气故障的诊断，主要是理论联系实际，根据具体故障作具体分析，必须掌握以下常用的检修方法。

(1) 直观法

通过"问、看、听、摸、闻"来发现异常情况，从而找出故障电路和故障所在部位。

问：向现场操作人员了解故障发生前后的设备运行情况，如故障发生前是否过载、频繁启动和停止；故障发生时是否有异常声音、有无冒烟、冒火等现象。

看：仔细察看各种电器元件的外观变化情况，例如看它的触点是否被烧毁融化、氧化，熔断器熔体熔断指示器是否跳出，热继电器是否脱扣，导线和线圈是否烧焦，热继电器整定值是否合适；瞬时动作整定电流是否符合要求。

听：主要听有关电器在故障发生前后声音有否差异，如在电动机启动时，是否只"嗡嗡"声而不转，接触器线圈得电后是否噪声很大。

摸：故障发生后，断开电源，用手触摸或轻轻推拉导线及电器的某些部位，以察觉异常变化，如轻轻触摸电动机、变压器和电磁线圈表面，感觉温度是否过高；轻轻拉动导线，看连接是否松动；轻轻推动电器活动机构，看移动是否灵活。

闻：故障出现后，断开电源，将鼻子靠近电动机、变压器、继电器、接触器、绝缘导线等处，闻

闻是否有焦味,如有焦味,则表明电器绝缘层已被烧坏,主要原因可能是过载、短路或三相电流严重不平衡等故障所造成。

(2) 测量电压法

测量电压法是电气设备带电时,对检修电气设备故障进行诊断的一种方法。

测量电压法的检查方法有测量电压法有分阶测量法、分段测量法和点测法等。下面主要介绍分阶测量法和分段测量法。

1) 分阶测量法

以交流电压的分阶测量法为例,如图 5-9 所示。假设电路中所用电阻、导线、电源正常,当电路中的控制按钮 SB2 闭合时,把万用表调到 500 V 交流电压挡,使用任意一只表笔接到图中点 1 不动,另一只表笔依次接触 2、3、4 去测量电路中点 2 与点 1 之间的电压、点 3 与点 1 之间的电压、点 4 与点 1 之间的电压,电路正常时,点 2 与点 1 之间的电压等于 220 V,点 3

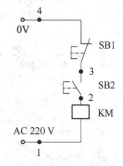

图 5-9 电动机点动控制电路

与点 1 之间的电压为 220 V,点 4 与点 1 之间的电压为 220 V,KM 应吸合。分阶测量法所测电压值及故障原因如表 5-1 所列。

表 5-1 分阶测量法所测电压值及故障原因

测试状态	U_{21}	U_{31}	U_{41}	故障原因
SB2 合上后 KM 不吸合	0 V	0 V	220 V	点 3 与点 4 之间断路,SB1 接触不良
		220 V	220 V	点 2 与点 3 之间断路,SB2 闭合时接触不良
	220 V	220 V	220 V	KM 存在故障

2) 分段测量法

触点闭合时各电器之间的导线,在通电时压降接近于零,而用电器、各类电阻、线圈通电时,其电压降等于或接近于外加电压。根据这一特点,采用分段测量法检查电路故障更为方便。

电压的分段测量法如图 5-9 所示。假设电路中所用电阻、导线、电源正常,当电路中的控制按钮 SB2 闭合时,把万用表调到 500 V 交流电压挡,使用黑表笔接到图中点 1,红表笔接触 2 去测量电路中点 2 与点 1 之间的电压、使用黑表笔接到图中点 2,红表笔接触 3 去测量电路中点 3 与点 2 之间的电压、使用黑表笔接到图中点 3,红表笔接触 4 去测量电路中点 4 与点 3 之间的电压,电路正常时,点 2 与点 1 之间的电压等于 220 V,点 3 与点 2 之间的电压为 0 V,点 4 与点 3 之间的电压为 0 V,KM 应吸合。分段测量法所测电压值及故障原因如表 5-2 所列。

表 5-2 分段测量法所测电压值及故障原因

测试状态	U_{21}	U_{32}	U_{43}	U_{14}	故障原因
SB2 合上后 KM 不吸合	0	0	220 V	220 V	点 3 与点 4 之间断路,SB1 接触不良
		220 V	0 V	220 V	点 2 与点 3 之间断路,SB2 闭合时接触不良
	220 V	0 V	0 V	220 V	KM 存在故障

(3) 测量电阻法

在检修电气设备时,常需测量电路的电阻值,测量电阻的技巧,叫做测量电阻法。测量电阻法的检查方法有分阶测量法和分段测量法。

1) 分阶测量法

电阻的分阶测量法如图 5-9 所示。检查时,先将电路电源关断,把万用表扳到合适的电阻挡位上,闭合控制按钮 SB2,测量点 2 与点 1 之间、3 与点 1 之间、4 与点 1 之间的电阻,正常时,点 2 与点 1 之间电阻与点 3 与点 1 之间电阻与 4 与点 1 之间电阻相等。具体测量电阻时分阶测量法所测电阻值及故障原因如表 5-3 所列。

表 5-3 分阶测量法所测电阻值及故障原因

测试状态	R_{21}	R_{31}	R_{41}	故障原因
SB2 合上	定值	∞	—	点 2 与点 3 之间断路,SB2 闭合时接触不良
	定值	定值	∞	点 3 与点 4 之间断路,SB1 接触不良
	∞	—	—	KM 存在故障

2) 分段测量法

电阻的分段测量法如图 5-9 所示。检查时,先将电路电源关断,把万用表扳到合适的电阻挡位上,闭合控制按钮 SB2,测量点 2 与点 1 之间、点 3 与点 1 之间、点 4 与点 3 之间的电阻,正常时,点 2 与点 1 之间电阻为定值、点 3 与点 2 之间电阻为 0、点 4 与点 3 之间电阻为 0。相邻点之间电阻值不符合正常值,则存在故障。

(4) 对比法、置换元件法、逐步开路(或接入)法

1) 对比法

在检查机电设备的电气故障时,总要进行各种方法的测量和检查,把已得到的数据与图样资料及平时记录的正常参数相比较来判断故障。对无资料又无平时记录的电器,可与同型号的完好电器相比较,来分析检查故障,这种检查方法叫对比法。

对比法在检查故障时经常使用,如比较继电器、接触器的线圈电阻、弹簧压力、动作时间、工作时发出的声音等,都可以检查出电器的工作是否正常。

电路中的电器元件具有同样控制性质或多个元件共同控制同一设备时,可以利用其他相似的或同一电源的元件动作情况来判断故障。例如,异步电动机正反转控制电路,若正转接触器 KM1 不吸合,可操纵反转,看接触器 KM2 是否吸合,如吸合,则证明 KM1 电路本身有故障;再如,反转接触器吸合时,电动机两相运转,可操作电动机正转,若电动机运转正常,说明 KM2 主触点或连接导线有一相接触不良或断路。

2) 置换元件法

某些电器的故障原因不易确定或检查时间过长时,为了保证机电设备的利用率,可置换同一型号性能良好的元器件试验,以证实故障是否由此电器引起。

运用置换元件检查法应注意:当把原电器拆下后,要认真检查是否已经损坏,只有肯定是由于该电器本身因素才造成损坏时,才能换上新电器,以免新换元件再次损坏。

3) 逐步开路(接入)法

多支路并联且控制较复杂的电路短路或接地时,一般有明显的外部表现,如冒烟、有火花等。对于电动机内部或带有护罩的电器短路、接地时,除熔断器熔断外,不易发现其他外部现象,这种情况可采用逐步开路(接入)法检查。

逐步开路法:遇到难以检查的短路或接地故障,可重新更换熔体,把多支路并联电路,一路一路逐步或重点地从电路中断开,然后通电试验。若熔断器不再熔断,故障就在这条断开的支路上。然后,再将这条支路分成几段,逐段地接入电路。当接入某段后熔断器又熔断,故障就

在这段电路所包含的电器及元件上。这种方法简单,但容易把损坏不严重的电器元件彻底烧毁。为了不发生这种情况,可采用逐步接入法。

逐步接入法:电路中出现短路或接地故障时,换上新的熔体,逐步或重点地将各支路一条一条地接入电源。当接到某支路时熔断器又熔断,说明该支路短路或接地。然后,再将这条支路分成几段,一段一段地接入电源,更换熔断器重新试验。当接到某段时熔断器又熔断,故障就在这段电路所包含的电器及元件上。这种检查方法称为逐步接入法。

(5) 强迫闭合法

在排除机电设备电气故障时,经过直观检查后没有找到故障点,而手中又没有适当的仪表进行测量,可用一绝缘棒将有关继电器、接触器、电磁铁等用外力强行按下,使其常开触点或衔铁闭合,然后观察机电设备电气部分或机械部分出现的各种现象,如电动机从不转到转动,机电设备相应的机械部分从不动到正常运行。利用这些外部现象的变化来判断故障点,这种方法叫做强迫闭合法。

拓展知识——部分常用电气图形符号和文字符号

电气图中,代表电动机、各种电器元件的图形符号和文字符号应按照我国已颁布实施的有关国家标准绘制。表 5-4 给出了部分常用电气图形符号和文字符号。

表 5-4 部分常用电气图形符号和文字符号的新旧对照表

名称		新标准		旧标准		名称		新标准		旧标准	
		图形符号	文字符号	图形符号	文字符号			图形符号	文字符号	图形符号	文字符号
一般三极电源开关低压			QS		K	接触器	线圈		KM		C
断路器			QF		UZ		主触头				
							常开辅助触头				
位置开关	常开触头		SQ		XK		常闭辅助触头				
	常闭触头					速度继电器	常开触头		KS		SDJ
	复合触头						常闭触头				
熔断器			FA		RD	时间继电器	线圈		KT		SJ
控制按钮	启动		SB		QA		常开延时闭合触头				
	停止				TA		常闭延时打开触头				
	复合				AN		常闭延时闭合触头				

续表 5-4

名称		新标准		旧标准		名称	新标准		旧标准	
		图形符号	文字符号	图形符号	文字符号		图形符号	文字符号	图形符号	文字符号
时间继电器	常开延时打开触头		KT		SJ	桥式整流装置		VC		ZL
						照时灯		EL		ZD
						信号灯		HL		XD
热继电器	热元件		FR		RJ	电阻器		R		R
						接插器		X		CZ
	常闭触头					电磁铁		YA		DT
继电器	中间继电器线圈		KA		ZJ	电磁吸盘		YH		DX
	欠电压继电器线圈		KV		QYJ	串励直流电动机		M		ZD
						并励直流电动机				
	过电流继电器线圈		KI		GLJ	他励直流电动机				
						复励直流电动机				
	常开触头		相应继电器符号		相应继电器符号	直流发电动机	G	G	E	ZF
	常闭触头					三相鼠笼式异步电动机		M		D
	欠电流继电器线圈		KI		QLJ	制动电磁铁		YB		DT
						电磁离合器		YC		CH
电位器			RP		W	万能转换开关		SA		HK

5.2 电源维护及故障诊断

学习目标

1. 熟练阐述机床的电源装置的组成。
2. 正确地分析 FANUC 0i 系列 CNC 系统及伺服驱动的电源配置。
3. 根据报警信号诊断电源故障。
4. 掌握通过电气原理图诊断电源故障。

5. 掌握负载对地短路故障诊断。

工作任务

根据配置 FANUC 0i MC 数控系统的 XK714G 型数控铣床电气原理图进行电源故障诊断和负载对地短路故障诊断。

相关实践与理论知识

5.2.1 电源的认识

能够把其他形式的能转换成电能的装置称为电源,电源分为直流电源和交流电源。

1. 直流电源

所提供的电压或者电流方向不随时间的变化而变化的电源称为直流电源。一般用的直流电源是指所提供的电压或者电流大小和方向都不随时间的变化而变化的电源,常用的直流电源有干电池和直流稳压电源。

2. 交流电源

交流电是方向和大小都随时间呈现周期性变化的电流、电压、电动势,简称为交流。常用的交流电是随时间按正弦曲线而变化的,这种交流电称为正弦交流电。能够提供交流电的电源称为交流电源。

（1）单相交流电

单相交流电一般由单相发电动机产生,图 5-10 为单相交流电动势的波形图,可以观察到电动势的大小和方向都是随时间按正弦曲线变化的。也就是说,对应横坐标 ωt 上任一时刻都在曲线上对应一个数值。

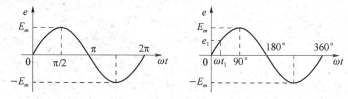

图 5-10 正弦交流电的波形图

描述正弦交流电的基本物理量如下:

① 瞬时值　正弦交流电在变化过程中,任一瞬时 t 所对应的交流量的数值,称为交流电的瞬时值。用小写字母 e、i、u 表示,如图 5-10 所示的 e_1。

瞬时值的函数表达式为

$$e = E_m \sin(\omega t + \varphi) \tag{5-2}$$

② 最大值　正弦交流电变化一个周期中出现的最大瞬时值,称为最大值(也称极大值、峰值、振幅值),分别用字母 E_m、U_m、I_m 表示。

③ 周期　正弦交流电完成一个循环所需要的时间称为周期,用字母"T"表示,单位为秒(s)。

④ 频率　正弦交流电在单位时间(1 s)内变化的周期数,称为交流电的频率,用字母 f 表示,单位为 s,另作赫兹,用"Hz"表示。

一般 50 Hz、60 Hz 的交流电称为工频交流电。频率和周期的关系为

$$f=\frac{1}{T}, \quad T=\frac{1}{f} \tag{5-3}$$

⑤ 角频率 交流电每秒时间内所变化的弧度数(指电角度)称为角频率,用字母 ω 表示,单位是 rad/s。

交流电在一个周期中变化的电角度为 2π 弧度。因此,角频率和频率及周期的关系为

$$\omega=2\pi f=\frac{2\pi}{T} \tag{5-4}$$

在我国供电系统中交流电的频率 $f=50$ Hz,周期 $T=0.02$ s,角频率 $\omega=2\pi f=314$ rad/s。

⑥ 相位 交流电动势某一瞬间所对应的(从零上升开始计)已经变化过的电角度($\omega t+\varphi$)叫该瞬间的相位(或相角)。它反映了该瞬间交流电动势的大小、方向、增大还是减小状态的物理量。

⑦ 初相位 交流电动势在开始研究它的时刻(常确定为 $t=0$)所具有的电角度,称为初相位(或初相角),用字母 φ 表示,如图 5-11 所示。

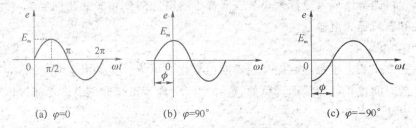

图 5-11 不同初相位的正弦电动势

(2) 三相交流电

三相交流电一般由三相发电动机产生,其原理可由图 5-12 说明。发电动机定子上有 U_1-U_2、V_1-V_2、W_1-W_2 三组绕组,每组绕组称为一相,各相绕组匝数相等、结构一样,对称地排放在定子铁芯内侧的线槽里。在转子上有一对磁极的情况下,三组绕组在排放位置上互差 120°。转子转动时 U_1-U_2、V_1-V_2、W_1-W_2 绕组中分别产生同样的正弦感应电动势。但当 N 极正对哪一相绕组时,该相感应电动势产生最大值。显然,V 相比 U 相滞后 120°,W 相比 V 相滞后 120°,U 相比 W 相滞后 120°,三相电动势随时间变化的曲线如图 5-13 所示。这种幅值大小相等、频率相同,但在相位上互差 120°的电动势称为对称三相电动势。同样,最大值相等、频率相同,相位相差 120°的三相电压和电流分别称为对称三相电压和对称三相电流。

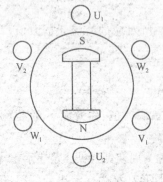

图 5-12 三相发电动机原理图

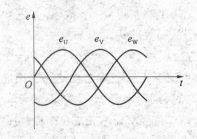

图 5-13 三相交流电波形

5.2.2 数控机床电源维护及故障诊断

数控机床的电源装置通常由电源变压器、机床控制变压器、断路器、熔断器和开关电源等组成。通过电源配置提供给机床各种电源,以满足不同负载的要求。电网的电压波动,负载对地短路均会影响到电源的正常供给。

1. 数控机床电源配置

数控机床从供电线路上取得电源后,在电气控制柜中进行再分配,根据不同的负载性质和要求,提供不同容量的交、直流电压。图 5-14 为 FANUC 0i MC 电源配置示意图。

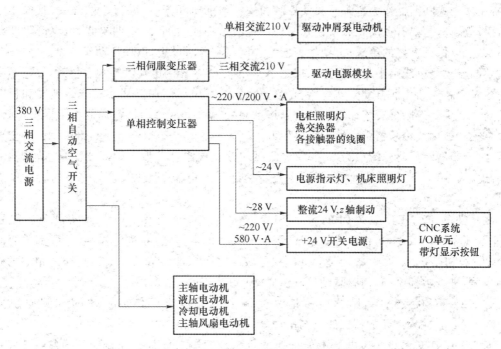

图 5-14 FANUC 0i MC 电源配置示意图

动力电网的三相交流 380 V,50 Hz 电源经三相低压自动空气开关(三相低压断路器)引入,分别转换成三相伺服变压器电源、单相控制变压器电源、主轴电动机电源、液压电动机电源、冷却电动机电源、主轴风扇电动机电源。

三相伺服变压器将三相交流 380 V 变换为三相交流 210 V,一方面驱动电源模块,另一方面利用其中一相驱动冲屑泵电动机。

单相控制变压器是将单相交流 380 V 电源变换为单相交流 220 V/200 V·A 电源、单相交流 24 V 电源、单相交流 28 V 电源、单相交流 220 V/580 V·A 电源。

单相交流 220 V/200 V·A 电源为电柜照明灯、热交换器和各接触器的线圈供电。

单相交流 24 V 电源为电源指示灯、机床照明灯供电。

单相交流 28 V 电源整流成 24 V 直流电源为 z 轴制动供电。

单相交流 220 V/580 V·A 电源经开关电源变成直流 24 V 电源为 CNC 系统、I/O 单元、带灯显示按钮供电。

I/O 单元电源一方面用于中间继电器的线圈电压,另一方面用于接近开关电源和各类按钮及行程开关的对地电压。由于各个负载共用一个+24 V电源,因此一个负载对地短路而引起另一负载的短路是电源最容易发生的故障。

2. 数控机床常见电源故障诊断

系统控制电源不能正常接通,这是数控机床维修过程中经常遇到的故障之一,维修时必须从电源回路上入手。

当机床出现电源故障时,首先要查看熔断器、断路器等保护装置是否熔断或跳闸,找出故障的原因,如短路,过载等。断路器相当于刀开关、熔断器、热继电器和欠电压继电器的组合,是一种既有手动开关作用又能自动进行欠电压、失电压、过载和短路保护的电器。在机床线路中,常用塑壳式断路器作为电源开关及控制和保护电动机频繁启动、停止的开关,其操作方式多为手动操作,主要有扳动式和按钮式两种。每经过一段时间,如定期检修时,应清除断路器上的灰尘,以保证良好的绝缘;定期检查电流整定值和延时设定,以保证动作可靠。

熔断器在配电线路中作为短路保护之用,当通过熔断器的电流大于规定值时,以它本身产生的热量使熔体熔化而自动分断电路,在数控机床的配电线路中常用螺旋式熔断器和扳动式熔断器。螺旋式熔断器有熔体熔断的信号指示装置,熔体熔断后,带色标的指示器弹出,便于发现更换。板动式熔断器中的熔丝可应用万用表来检验其是否熔断(注意:带电测量一定要用电压挡,熔断器完好时两端应为0 V;断电测量应该选电阻挡并取下熔断器测量,熔断器完好时两端应为0 Ω。)在更换熔丝时,要注意查看熔断器的电流等级,以避免线路的误动作或过电流。

在早期的FANUC系统(如FS6、FS11、FS0等)中,系统及I/O单元的电源一般采用FANUC电源A、B、B_2,这种形式的系统,为了对系统的电源通/断进行控制,一般都需要配套FANUC公司生产的"输入单元"模块(模块号:A14C-0061-B101-B104),通过相应的外部控制信号,进行数控系统、伺服驱动的电源通、断控制。

在FANUC 0系统中,则比较多地采用输入单元与电源集成一体的电源控制模块FANUC AI,其输入单元的控制线路与电源电路均安装于同一模块中。

对于FANUC系统出现电源不能接通的故障,在维修过程中,如能完整地掌握FANUC输入单元的工作原理与性能,对数控机床的维修,特别是解决系统、伺服电源通/断回路的故障有很大的帮助。

(1) 根据报警信号诊断电源故障

故障现象:某配套FANUCOMC的立式加工中心,在外部突然断电后再开机时,出现系统电源无法正常接通的故障,经检查,发现PIL(绿)与ALM(红)两只指示灯同时亮。

分析过程:该机床采用了输入单元集成式FANUC AI电源单元(见图5-15)。

AI电源单元是FANUC公司生产的输入单元与电源集成一体的电源控制单元,它既具有普通FANUC系统电源单元(如:FANUC电源单元A、B、B_2)的功能,又具有FANUC输入单元的系统电源通/断控制功能。这种模块体积小,使用方便,可靠性好,因此在数控机床上使用较多。

FANUC AI电源单元的输入/输出连接如下:

CP1:AC200 V(220 V/230 V/240 V)电源输入。

CP2:与系统电源ON/OFF同步的AC200 V(220 V/230 V/240 V)电源输出。

CP3:电源单元的控制信号输入,包括:系统电源ON/OFF开关触点输入(ON、OFF、

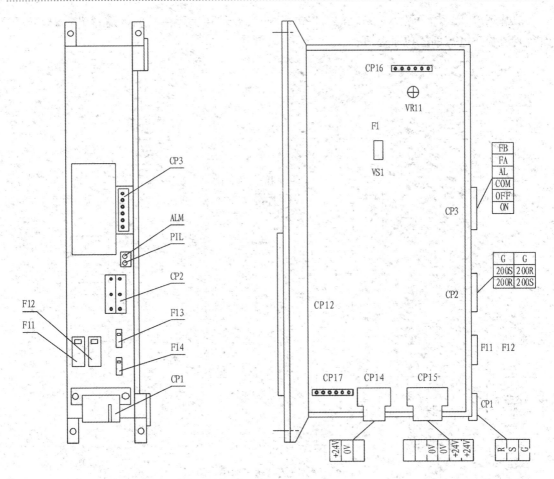

图 5-15 FANUC AI 电源单元

COM);外部报警信号触点输入(AL、OFF);电源单元报警输出(FA、FB)。

CP12:向主板提供的+5 V、+15 V、-15 V、+24 V 电源输出。

CP15:向 CRT 提供的 24 V 电源输出。

模块正面有 PIL(绿)与 ALM(红)两只指示灯,指示灯状态的含义如下。

PIL(绿):电源指示灯,当外部 AC 电源加入,且内部输入单元的 DC24 V 辅助控制电源电压正常时,指示灯亮。

ALM(红):报警指示灯,灯亮时表明电源单元内部存在故障或外部报警信号(AL、QFF)触点闭合。

故障处理:因为经检查,发现 PIL(绿)灯亮,证明内部输入单元的辅助 DC24 V 正常,引起故障的原因是来自系统内部的 24 V、15 V、5 V 电源模块报警或外部报警信号 E.ALM 接通,逐一检查外部报警信号 E.ALM 的接通条件,最终确认故障是由于液压电动机过载引起的,排除液压电动机故障后,机床恢复正常。

(2)通过电气原理图诊断故障

当机床运行中停电或无法启动,从电源方面来看,故障原因多为电源指标没有达到而进行的自我保护。

故障现象:配备 FANUC7 系统的数控机床,在运行过程中产生丢电故障。图 5-16 为该系统直流稳压电源的监控原理图。

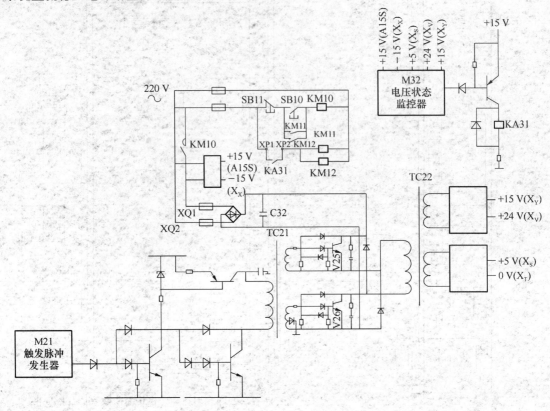

图 5-16 FANUC7 系统直流电源监控

故障分析及处理:按电源启动按钮 SB10,交流接触器 KM10 吸合后,常开触点 KM11、KM12 闭合自保,整机启动供电。接触器 KM11、KM12 通电的条件是:电源盘上的继电器 KA31 通电,使并接在 XP2、XP3 端子上的常开触点 KA31 闭合后,才能使主触点 KM10 吸合自保。从图中看出,开关电源进电端 XQ1、XQ2 是通过主接触器 KM10 常开触点闭合后,接到交流 220 V 电源上的。继电器 KA31 受电压状态监控器 M32 控制,当电源板上输出直流电压+15 V、-15 V、+5 V 及+24 V 均正常时,KA31 继电器吸合正常,一旦有任何一项电压不正常时,KA31 继电器即释放,使主接触器 KM10 丢电释放,从而引起丢电故障。要消除该故障,就要查找引起直流电压不正常的原因:① 输出端 A15S 的+15 V、X_X 的-15 V、X_Y 的+15 V、X_V 的+24 V 及 X_S 的+5 V 直流电压是否正常;② 电容器 C32 两端电压是否为 310 V,以说明供电电源是否正常;③ 用示波器检查脉冲发生器 M21 是否有 20 kHz 触发脉冲输出;④ 在变压器 T21R 一次线圈上能否测到波形;⑤ 开关管 V25、V26 能否正常工作。

(3) 负载对地短路的故障诊断

由于各个负载共用一个+24 V 电源,因此一个负载对地短路而引起另一负载的短路是电源最容易发生的故障。

故障现象:一台配备 SINUMERIK 810 系统的数控机床,当按下 CNC 启动按钮时,系统开始自检,在显示器上出现基本画面时,数控系统马上失电。

故障分析处理：这种现象与 CNC 系统＋24 V 直流电压有关，当＋24 V 直流电压下降到一定数值时，CNC 系统采取保护措施，自动切断系统电源；由稳压电源输出的＋24 V 直流电压除了供 CNC 系统外，还作为限位开关的外部电源、中间继电器线圈及伺服电动机中电磁制动器线圈的驱动电源，因此它们中的任何一个短路，均可使其他元件失电。

在不通电的情况下，经测量确认 CNC 系统的电源模块、中间继电器线圈无短路、漏电现象逐个断开 x、y 和 z 轴各两个限位开关共同的电源线时，CNC 系统供电正常，测量限位开关，确认没有对地短路现象。为进一步确认故障，将 6 个开关逐个接到电源上，处于工作状态。其中 x 轴和 y 轴的限位开关接上电源后，CNC 上电正常。但 z 轴的 2 个限位开关接到电源后，出现：① 主轴箱没有到达＋z 和－z 方向的限位位置时，CNC 系统就供不上电；② 当主轴箱到达＋z 或－z 限位位置并压上其中一个限位开关时，系统就能供上电。

本例机床 z 轴伺服电动机配有电磁制动器，如图 5-17 所示。电磁制动器具有得电松开，失电制动的特性。

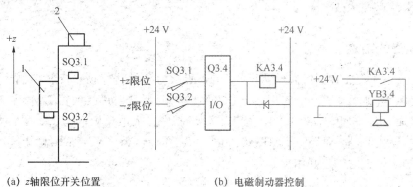

(a) z 轴限位开关位置　　　　(b) 电磁制动器控制

1—主轴箱；2—带电磁制动器的 z 轴伺服轴电动机

图 5-17　z 轴伺服轴电动机电磁制动器的控制

分析 z 轴的伺服条件，在正常运行的情况下，＋z 或－z 限位开关均未压上，PLC 的 I/O 模块输出 Q3.4 为"1"，中间继电器 KA3.4 线圈得电，KA3.4 触点闭合，电磁制动器 YB3.4 线圈得电，抱闸松开，z 轴伺服电动机驱动。当碰到＋z 或－z 其中一个限位开关时，Q3.4 为"0"，KA3.4 线圈失电，KA3.4 触点释放，电磁制动器 YB3.4 线圈失电，z 轴伺服电动机制动。现 z 轴两个限位开关未压上，YB3.4 线圈应得电，但 CNC 失电，而其中一个限位开关压上时，YB3.4 线圈应失电，但 CNC 上电正常，分析和故障现象相吻合。很显然，电磁制动器 YB3.4 线圈＋24 V 短路，从而引起 CNC 系统的失电，经测量 YB3.4 线圈对地电阻后，证实判断的正确性。

5.3　电动机正反转控制线路故障诊断与维修

学习目标

1. 熟练地陈述电动机正反转控制线路的元器件的名称、功能。
2. 正确地分析电动机正反转控制线路的工作原理。
3. 正确地测量机床电动机正反转控制线路及元器件。

4. 具有机床电动机正反转控制线路维修能力。
5. 熟练地诊断并排除电动机正反转控制线路的常见故障。

工作任务

在生产过程中,往往要求机械运动部件能进行正反两方向的运动。如机床工作台的往返运动、传动主轴的正反转动以及起重设备的升降运动等,都要求电动机能正反运转。图5-13为通过用两个接触器来实现电动机正反转控制线路,本节以它为例说明机床电动机正反转线路故障诊断与维修。

具体工作任务是排除以下两种情况的故障:
1. 电动机不能正常运转;
2. 电动机只有一个方向的运转。

相关实践与理论知识

5.3.1 电路的结构

接触器连锁正反转控制线路结构:图5-18所示为接触器连锁正反转控制线路。图中采用了两个接触器,即电动机正转时用接触器KM1控制,反转时用接触器KM2控制。当KM1的主触点接通时,三相电源L1、L2、L3按U、V、W相序接入电动机;当KM2主触点接通时,三相电源上L1、L2、L3按W、V、U相序接入电动机。因此,当KM1和KM2接触器分别工作时,电动机的旋转方向就正好相反。

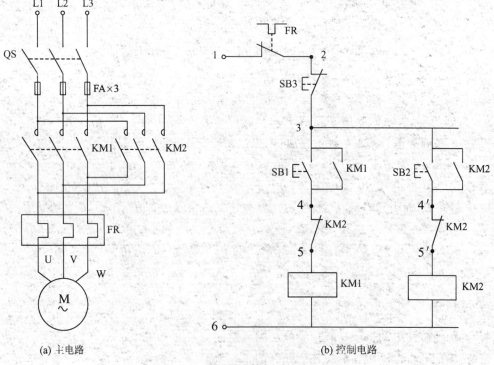

图5-18 接触器连锁正反转控制线路

但是,必须注意线路中正反转控制接触器是不允许同时通电的,否则它们的主触点将同时闭合,造成 L1、L3 两相电源短路。因此在这种控制线路中,正转接触器 KM1 的线圈电路中串联了一个反转接触器 KM2 的常闭触点,反转接触器 KM2 的线圈电路中串联了一个正转接触器 KM1 的常闭触点。这样,每一接触器线圈电路是否能被接通,将取决于另一接触器是否处于释放状态。例如,当 KM1 线圈已经接通电源,它的常闭触点将会断开,切断了 KM2 的线圈电路,实现两个接触器之间的电气连锁,确保电源不会短路。这两对常闭触点通常可称为连锁触点或互锁触点。

5.3.2 电路中所用基本元器件

1. 刀开关

刀开关是一种手动控制电器,主要用作不频繁地接通和分断容量不大的低压供电路线路,以及作为电源隔离开关,也可以用来直接启动小容量的三相异步电动机,刀开关的电气文字符号为 QS。图 5-19 为三相开启式负荷开关外形图和电路符号。

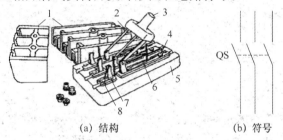

(a) 结构   (b) 符号

1—胶盖;2—闸刀;3—瓷质柄;4—出线座;5—瓷底座;6—熔丝;7—夹座;8—进线座

图 5-19 三相开启式负荷开关

2. 控制按钮

按钮开关是一种短时接通或断开小电流电路的手动控制电器,主要用途是在控制电路叫发出指令,以远距离控制电磁启动器、接触器、继电器等电器线圈电流的接通或断开,再由上述低压电器控制主电路。因为按钮开关触头的工作电流较小,一般不超 5 A,因此不能直接控制主回路的通断。按钮开关的结构和在电路中的符号见图 5-20。它的工作原理是:按下按钮时,常开触点变为闭合、常闭触点变为断开;松开按钮时,常开触点恢复为断开、常闭触点恢复为闭合。

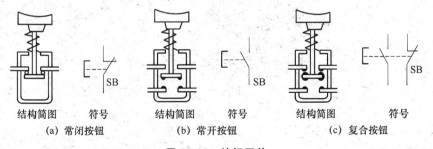

(a) 常闭按钮   (b) 常开按钮   (c) 复合按钮

图 5-20 按钮开关

3. 接触器

接触器是一种利用电磁、液压和气动原理,通过控制回路的通断,来控制主电路通断的控制电器。其常用交流接触器外形、结构和在电路中的符号如图 5-21 所示。它的工作原理是:

线圈通电时,常开触点变为闭合、常闭触点变为断开;线圈断电时,常开触点恢复为断开、常闭触点恢复为闭合。

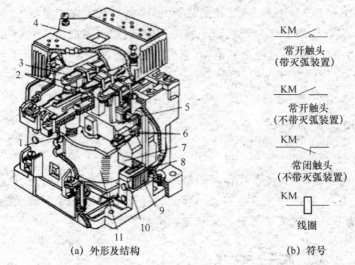

(a) 外形及结构　　　　(b) 符号

1—灭弧罩；2—触头压弹簧片；3—主触头；4—反作用弹簧；5—辅助常闭触头；
6—辅助常开闭触头；7—动铁芯；8—缓冲弹簧；9—静铁芯；10—短路环；11—线圈

图 5-21　交流接触器

4. 热继电器

热继电器是一种依靠发热元件在通过电流时所产生的热量而动作的自动控制电器。它结构简单、体积小、价格低、保护特性好,常与接触器配合使用,主要用于电动机的过载、断相及其他电气设备发热状态的控制,有些型号的热继电器还具有断相及电流不平衡的保护。常用热继电器外形、结构和在电路中的符号如图 5-22 所示。它的工作原理是:正常情况下,金属片和触头都保持平常状态,当负载电流超过其整定电流的 1.2 倍时,常开触点变为闭合、常闭触点变为断开;按下复位按钮时,常开触点恢复为断开、常闭触点恢复为闭合。

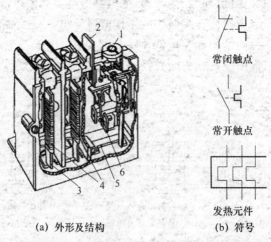

(a) 外形及结构　　　　(b) 符号

1—复位按钮；2—电源调节装置；3—双金属片；4—电阻丝；5—动作机构；6—常开触头

图 5-22　JR16 热继电器

5.3.3 电路的工作原理

如图 5-18 所示,合上电源开关 QS,按下正转启动按钮 SB1,此时 KM2 线圈的辅助常闭触点没有动作,因此 KM1 线圈通电,并进行自保,其辅助常闭触点断开,起到互锁作用。同时,KM1 主触点接通主电路,输入电源的相序为 L1、L2、L3,使电动机正转。要使电动机反转时,先按下停止按钮 SB3,使接触器 KM1 线圈失电,相应的主触点断开,电动机停转;辅助常闭触点复位,为反转做准备。然后再按下反转启动按钮 SB2,KM2 线圈得电,触点的相应动作,同样起自锁、互锁和接通主电路作用,输入电源的相序变成了 L3、L2、L1,使电动机实现反转。

5.3.4 常见故障诊断

1. 电动机不能启动

(1) 故障原因分析

这种故障原因一般是主回路没有电压、主回路中闸刀开关 QS 断开;控制回路中控制按钮 SB1、SB2、SB3 接触不良;回路中存在短路、断路、电动机堵转等造成的。

(2) 故障原因确定

1) 检查主电路

用万用表测量 L1、L2、L3 每两点之间电压是否为 380 V,若不是,则主电路电源存在故障。

断电检查 QS 闭合和断开时两端电阻应为 0 Ω、∞ Ω,若不是,则闸刀开关存在故障。

合上 QS,图中 U、V、W 每两点之间电压正常时为 380 V,但电动机仍不转动,则电动机存在故障。

2) 检查控制电路:以按下正转按钮 SB1 后电动机仍不转动为例。反转检查方法相似。具体故障分析如表 5-5 所列。

表 5-5 电动机不能启动时控制电路故障分析

测试状态	U_{56}	U_{46}	U_{36}	U_{26}	U_{16}	故障原因
QS 合上	0 V	0 V	0 V	0 V	0 V	控制回路电源存在故障
	0 V	0 V	0 V	0 V	220 V	热继电器存在故障
	0 V	0 V	0 V	220 V	220 V	SB3 常闭触点接触不良
	0 V	0 V	220 V	220 V	220 V	SB1 常开触点接触不良
	0 V	220 V	220 V	220 V	220 V	KM2 辅助常闭触点接触不良
	220 V	220 V	220 V	220 V	220 V	KM1 常开主触点吸合不良或 KM1 线圈断路

2. 电动机能启动,但电动机只有一个方向的运转

(1) 故障原因分析

一般来说,这种情况是由于控制电动机正反转的接触器的常开主触点连接一样,没有调换相线连接、控制回路中正转或者反转的控制线路存在故障。

(2) 故障原因确定

① 检查主电路中两个接触器的主触点连接。

② 按照上述检查控制电路方法对控制电路进行检查。

5.3.5 接触器常见故障及维护

接触器常见故障及维护方法如表 5-6 所列。

表 5-6 接触器常见故障及维护方法

故障现象	故障原因	维护方法
接触器线圈通电后不吸合或吸合不紧	接触器线圈断线或烧坏,电磁铁不能产生电磁吸力	应修理或更换线圈
	电源电压过低,电磁吸力不足以克服弹簧的反作用力	应调整电源电压至额定值
	控制电路电源接错,线圈额定电压低于控制电源的额定电压	应改接正确电压的电源
	机械机构或动触点卡阻	应调整触点与灭弧罩的位置,取出异物,消除卡阻现象
接触器线圈断电后铁芯不能释放	新装的接触器可能由于铁芯端面上涂的油脂粘连,长期在油污的环境中使用的接触器的触点端面上油污过多	应清除端面上的油脂或油污
	接触器主触点熔焊	应更换主触点或接触器
	反力弹簧的弹力消失或减弱	应更换反力弹簧
	铁芯端面间隙过小、铁芯存在剩磁,这时接触器会延时释放	应用挫刀将铁芯接触面稍微磨去一些,使间隙在 0.1~0.3 mm
	接触器水平或倾斜安装	应垂直安装,倾斜度不超过 5°
接触器主触点灼伤或熔焊	启动或可逆运行频繁	应更换合适的接触器或选择额定电流较大的接触器
	环境温度过高	应降低环境温度,或更换额定电流驳大的接触器
	触点弹簧压力不足	应调整触点弹簧压力
	控制回路电压过低,电磁吸力小,触点接触面过小	应调整电源电压至额定值
	触点表面有油污或有突起的金属颗粒	应清理
	接触端长期过负荷	主触的额定电流应不小于所控负载的最大工作电流
	负载侧有短路故障,短路保护又没有及时动作	排除短路故障使短路保护可靠动作
接触器线圈过热	电源电压过高或过低	应使控制电源电压与接触器线圈额定电压一致(保持在 85%~110%)
	启动停止过于频繁,线圈频繁地受到大电流的冲击	应更换更适于频繁操作的接触器
	铁轭被卡住	应消除卡阻
	铁芯表面不平,有杂物	应清除杂物或更换铁芯
	环境潮湿、温度过高或有腐蚀性气体	应改善工作环境,防潮、防腐、降温或更换特殊场所使用的接触器
接触器运行时噪声过大	电源电压过高或过低	应使控制电源电压保持在接触器线圈额定值附近
	铁芯短路环断裂,铁芯振动	应更换铁芯
	弹簧振动	适当调整弹簧压力

5.3.6 热继电器的常见故障及维护

热继电器的常见故障及维护方法如表 5-7 所列。

表 5-7　热继电器的常见故障及维护方法

故障现象	故障原因	维护方法
热元件损坏	当热继电器动作频率太高，或负载侧发生短路时，因电流过大而使热元件烧断	应先切断电源，检查电路，排除短路故障，再重新选择合适的继电器，更换热继电器后应重新调整整定电流值
热继电器误动作	整定值偏小，以致未过载就动作	合理调整整定值，调整时只能调整调节旋钮，决不能弯折双金属片
热继电器误动作	电动机启动时间过长，使热继电器在启动过程中可能动作	应调换适合于长时间工作性质的热继电器
热继电器误动作	操作频率太高，使热继电器经常受启动电流冲击	热继电器动作脱扣后，不要立即手动复位，应待双金属片冷却复位后再使常闭触点复位
热继电器误动作	使用场合有强烈的冲击及振动，使热继电器动作机构松动而脱扣	按手动复位按钮时，不要用力过猛，以免损坏操作机构
热继电器不动作	由于热元件烧断或脱焊，或电流整定值偏大，以致过载时间很长	进行针对性处理。对于使用时间较长的热继电器，应定期检查其动作是否可靠

拓展知识——三相交流异步电动机常见故障及维护

1. 三相交流异步电动机的结构

三相异步电动机的结构主要由定子（静止部分）和转子（转动部分）两个基本部分组成。定子与转子之间有一个很小的间隙称为气隙。鼠笼式异步电动机的结构如图 5-23 所示。

（1）定　子

定子由机座（外壳）、定子铁芯和定子绕组等部分组成。机座由铸铁或铸钢铸成，用来支承定子铁芯和固定整个电动机，在机座两端，还有用螺栓固定在机座上的端盖，用来固定转轴。

定子铁芯是电动机磁路的一部分。为了减少涡流和磁滞损耗，通常用 0.5 mm 的硅钢片叠成圆筒，在硅钢片两面涂以绝缘漆作为片间绝缘。在定子铁芯内圆沿轴向均匀地分布着许多形状相同的槽，如图 5-24 所示，用来嵌放定子绕组。

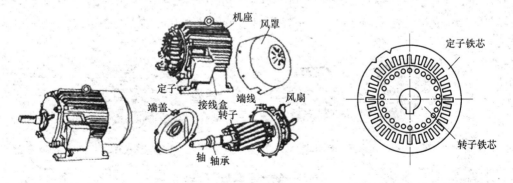

图 5-23　三相鼠笼式异步电动机的基本结构图　　　　图 5-24　定子和转子铁芯

定子绕组是定子的电路部分，小型异步电动机的定子绕组一般采用高强度漆包圆铝线或圆铜线绕成线圈，它可经槽口分散地嵌入线槽内。每个线圈有两个有效边，分别放在两个槽内，线圈之间按一定规律连接成三组对称的定子绕组，称为三相定子绕组。工作时接三相交流电源。三相绕组的六个首末端分别引到机座接线盒内的接线柱上,每相绕组的首末端用符号 U_1、U_2、V_1、V_2、W_1、W_2 标记,如果 U_1、V_1、W_1 分别为三相绕组的首端(始端),则 U_2、V_2、W_2 为三相绕组的末端(尾端)。

定子绕组根据电源电压和电动机铭牌上标明的额定电压可以连接成星形(Y)和三角形(△)。图 5-25 是定子绕组的星形连接和三角形连接图及接线盒中接线柱的连接图。

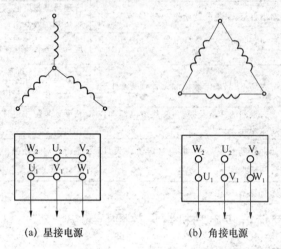

图 5-25 定子绕组的星形和三角形连接图

(2) 转 子

转子由转轴、转子铁芯、转子绕组和风扇组成。转轴用来固定转子铁芯和传递功率。转子铁芯是磁路的一部分,也是用 0.5 mm 相互绝缘的硅钢片叠压成圆柱体,并紧固在转轴上。在转子铁芯外表面有均匀分布的槽,用来放置转子绕组。鼠笼式转子一般采用斜槽,以便削弱电磁噪声和改善启动性能。

转子绕组按结构不同分为鼠笼式和绕线式两种,鼠笼式绕组是由嵌放在转子铁芯槽内的导电条(铜条或铸铝)和两端的导电端环组成。若去掉铁芯,转子绕组外形就像一个鼠笼,故称鼠笼式转子,如图 5-26(a)所示。目前中小型鼠笼式电动机一般采用铸铝绕组,这种转子是将熔化的铝液直接浇铸在转子槽内,并将两端的短路环和风扇浇铸在一起,如图 5-26(b)所示。

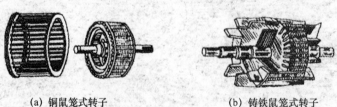

图 5-26 鼠笼式转子图

绕线式电动机的转子绕组和定子绕组一样,是采用绝缘导体绕制而成,在转子铁芯槽内嵌放对称的三相绕组,三相转子均连接成星形,在转轴上装有三个滑环,滑环与滑环之间、滑环与转轴之间都互相绝缘,三相绕组分别接到三个滑环上,靠滑环与电刷的滑动接触,再与外电路的三相可变电阻器相接,以便改善电动机的启动和调速性能,如图 5-27 所示。

(a) 绕线式转子

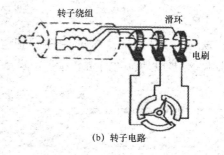
(b) 转子电路

图 5-27 绕线式转子及其电路图

2. 三相异步电动机的工作原理

当三相定子绕组通三相交流电流时,便在空气隙中产生旋转磁场,设某瞬间绕组中电流建立的合成磁场用一对旋转磁场 N 和 S 的磁极来代表,其转速为同步转速,转向为顺时针方向。

在旋转磁场的作用下,转子绕组的导体则相对于旋转磁场逆时针方向旋转,受旋转磁场的磁力线切割而产生感应电动势,根据右手定则来确定该感应电动势的方向(注意:用右手定则时,应假定磁场不动,导体以相反的方向切割磁力线。)。于是得出:在 N 极下的转子导体中感应的电动势方向是垂直于纸面向外,而在 S 极下的转子导体中感应的电动势方向是垂直于纸面向里,如图 5-28 所示;图 5-28 中所标的电动势方向也就是感应电流的方向。

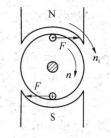

图 5-28 异步电动机的转动原理图

在磁场中的通电导体将受到电磁力的作用,带有感应电流的转子导体在旋转磁场中也将受到电磁力的作用,电磁力的方向按照左手定则来判断,如图 5-27 所示。转子绕组各导体所受的电磁力,对于转轴来说形成了电磁转矩 T,转子便以一定的转速沿着旋转磁场的方向转动起来。显然,转子的转动方向与旋转磁场的方向一致。

综上所述,异步电动机的转动原理就是从电源取得电能给定子绕组,建立旋转磁场,在旋转磁场的作用下,通过电磁感应把电能传递给转子,转子绕组中感应出电动势和电流,转子电流同旋转磁场相互作用产生电磁转矩,使电动机旋转起来。

3. 三相异步电动机的铭牌

制造厂按国标而规定的电动机在正常工作条件下的运行状态称为异步电动机的额定运行状态,表示电动机额定运行情况的各种数据如电压、电流、功率、转速等,称为电动机的额定值,额定值一般标记在电动机的铭牌或产品说明书中。现以 Y200L-4 型电动机的铭牌为例进行说明,其铭牌如表 5-8 所列。

表 5-8 三相异步电动机铭牌

三相异步电动机		
型号 Y200L-4	电压 380 V	接法 △
功率 30 kW	电流 56.8 A	温升 80 ℃
转速 1 470 r/min	定额 连续	功率因数 0.87
频率 50 Hz	绝缘等级 B	出厂年月
XX 电动机厂		

(1) 型　号

根据用途和工作环境条件不同,制造厂把电动机制成各种系列,每种系列用各种型号表示,以供选用。异步电动机的产品名称代号及其汉字意义如表5-9所列。

表5-9　三相异步电动机铭牌

产品名称	新代号	汉字意义	老代号
异步电动机	Y	异步	J,JQ
绕线型异步电动机	YR	异步、绕线型	JR
防爆型异步电动机	YB	异步、防爆型	JB,JBS
高启动转矩异步电动机	YQ	异步、高启动转矩	JQ,JQO

小型Y、Y-L系列鼠笼式异步电动机是取代JO系列的新产品。Y系列定子绕组为铜线、Y-L系列为铝线。电动机功率是0.55~90 kW。同样功率的电动机,Y系列比JO系列体积小,重量轻,效率高,噪声低,启动转矩大,性能好,外观美,功率等级和安装尺寸及防护等级符合国际标准,目前国产YX系列电动机是节能效果最好的一种。

(2) 功　率

铭牌上所标的功率值是指电动机在额定工作时轴上输出的机械功率。它说明这台电动机正常使用所做功的能力。在选用电动机时,要使电动机的功率与所拖动的机械功率相匹配。

(3) 电　压

铭牌上的电压是指电动机的额定电压,它表示在电动机定子绕组对应某种连接时应加的线电压值。

(4) 电　流

铭牌上的电流是指电动机的额定电流,它表示电动机在额定电压下,转轴上输出额定功率时,定子绕组的线电流值。

电动机的额定功率 P 与额定电压 U 和额定电流 I 之间有如下关系:

$$P=\sqrt{3}\eta UI\cos\varphi \qquad (5-5)$$

式中:$\cos\varphi$ 为电动机的功率因数,η 为电动机的效率。

(5) 转　速

电动机在额定运行情况下的转速称为电动机的额定转速,铭牌上所标的转速就是指的额定转速。

(6) 温升及绝缘等级

温升是指电动机在长期运行时所允许的最高温度与周围环境的温度之差。我国规定环境温度取40℃,电动机的允许温升与电动机所采用的绝缘材料的耐热性能有关,常用绝缘材料的等级和最高允许温度如表5-10所列。

表5-10　绝缘等级与温升的关系

绝缘等级	A	E	B	F	H
绝缘材料最高允许温度/℃	105	120	13	155	180
电动机的允许温升/℃	60	75	80	100	125

(7) 定额(或工作方式)

铭牌上的定额(或工作方式)是指电动机的运行方式。根据发热条件可分为三种基本方式:连续、短时和断续。

连续:指允许在额定运行情况下长期连续工作。

短时:指每次只允许在规定时间内额定运行、待冷却一定时间后再启动工作,其温升达不到稳定值。

断续:指允许以间歇方式重复短时工作,它的发热既达不到稳定值,又冷却不到周围的环境温度。

(8) 功率因数

铭牌上给定的功率因数指电动机在额定运行情况下的额定功率因数。电动机的功率因数不是一个常数,它是随电动机所带负载的大小而变动的。一般电动机在额定负载运行时的功率因数为 0.7~0.9,轻载和空载时更低,空载时只有 0.2~0.3。

由于异步电动机的功率因数比较低,应力求避免在轻载或空载的情况下长期运行。对较大容量的电动机应采取一定措施,使其处于接近满载情况下工作和采取并联电容器来提高线路的功率因数。

4. 三相交流异步电动机常见故障及维护

(1) 电动机不启动,也无"嗡嗡"声

这种情况一般属电路故障,可用万用表检查电动机接线柱的电压。若无电压或只有一相电压,则可从电源至电动机接线柱端逐级检查,即检查电源是否停电以及开关、接触器的主触点是否接触不良,然后检修电源、开关和触点。

若接线柱端有三相电压,但电动机不能启动,则表明两相绕组断路,应拆开电动机外壳,检修电动机绕组。

(2) 电动机有"嗡嗡"声,但不能启动

若电动机接线柱上的三相电压不正常,则表明主电路故障,可按以下方法处理。

① 电源电压过低,电动机转矩过小,电动机不能启动,应调整电源电压至额定值。

② 电源容量不足,应采用降压启动或增大电源容量。

③ 主电路触点接触不良,可用万用表检查主电路各触点和接线的接触情况,消除故障点。

若电动机接线柱上的三相电压正常,则表明电动机本体发生故障或外部机械严重卡阻。此时可拆除联轴器上的连接螺钉或皮带轮上的皮带,分别盘车或转动拖动机械的转轴。分以下三种情况进行处理。

若盘车时容易转动,则一般是电气故障,应检查定子绕组是否短路、断路或接线错误,转子绕组是否断条。

若盘车时紧得转不动,则说明是机械故障,应检查转子是否卡死,轴承是否损坏。

若拆掉工作机械后,电动机能启动,应检查电源电压是否过低,负载是否过重,工作机械有无卡阻,转子有无断条,定子绕组是否短路、断路或接线错误。

(3) 电动机温升过高

① 电源电压过高　若电压短时过高,应待电压恢复正常后,再重新启动;若电压长期高出

额定值 10%,应向供电部门反映,调整电源电压至额定值。

② 电源电压过低　若电压短时过低,应减少电动机所带负载,或待电压恢复正常后再启动;若电压长期低于额定值 5%,应检查导线是否过长或过细,防止因导线压降增大而使电动机接线柱的电压降低;若导线正常,应调整电源电压,使其在额定值附近。

③ 电动机单相运行　导致转速降低,电流增大,温升大幅度增加,严重时可能烧坏电动机,应依次检查主电路熔断器内装熔体是否熔断,电源开关、接触器的主触点是否接触不良,绕组是否断线。查出故障原因后,予以修理或更换。

④ 三相电压不对称　这不但会使电动机的启动转矩、最大转矩明显减小,电动机启动、运转缓慢,电压偏高的一相电流增大,使该相绕组过热,还会由于三相电流的不平衡而产生制动转矩,铁芯损耗增加。当三相电压的不对称度超过 8% 时,会产生严重的过热,应停机后向有关部门反映解决。

⑤ 定子绕组短路或接地　应查出电动机定子绕组短路或接地处,予以修复或更换绕组。

⑥ 电动机负载过大　应查明负载过大原因,若实际负载过多,则应减少负载至额定值;若生产机械或传动装置卡阻,则应消除机械卡阻现象。

⑦ 定子绕组外部接线错误　应按照电动机铭牌接线。

⑧ 多支路并联的定子绕组有个别支路断线。应查出断线处,并处理绝缘。

⑨ 点动或正、反转操作过于频繁　应减少点动或正、反转操作,增加点动或正、反转操作的间隔时间,也可更换适合点动要求的电动机。

⑩ 环境温度过高,通风道阻塞或风扇故障　应加强通风散热,降低环境温度(如注意防晒),清除风道污垢,移开影响通风的物品,改善散热条件或更换风扇。

(4) 轴承过热

① 轴承损坏,应更换同型号的轴承。

② 轴承内的润滑脂过多或过少,应使润滑脂占整个轴承容积的 $1/2\sim2/3$。

③ 润滑脂或润滑油不合格,应更换合格的新油。

④ 传动带过紧或联轴器装配不良,应适当调整。

⑤ 转轴弯曲,应校正转轴。

⑥ 端盖或轴承安装不当,配合过松或过紧,应重新安装。

(5) 电动机负载转速过低

① 电源电压过低或电压不平衡,应待电压恢复正常后再使用。

② 负载轻微卡阻,转轴转动不灵活,应检查传动机构。

③ 负载过重,应减轻负载。

④ 接线错误,应按照电动机铭牌接线。

⑤ 定子绕组匝间短路,应查出短路绕组并予以修理或更换绕组。

⑥ 定子绕组内部断线或一相接反,应查出断线或接反的绕组,并予以修理或更换。

⑦ 笼型转子断条,应修理或更换转子。

⑧ 绕线式转子一相断路,应查出断路处并予以修复。

(6) 电动机空载时振动过大

电动机空载时振动,说明是电动机本身振动,可切断电源,判断是电气故障还是机械故障。若切断电源后,电动机惯性运行时不振动,则说明是电气故障。

主电路故障,使电动机缺相运行,应检查三相电源、主电路的各触点以及连接导线。电动机绕组断线或转子断裂,应查出故障点并予以修理或更换。

若切断电源后电动机仍然振动,则一般是机械故障。转轴弯曲,转子不平衡,应校正转轴或更换转子。电动机基础共振,应增强基础。

(7) 电动机负载时有不正常的振动和响声

负载不平衡或振动,应重新安装或调整。传动装置安装不合理。对于联轴器传动轴,转子轴与工作机械轴的中心不在一条直线上,应以机器或泵为基准,加垫或减垫,调整联轴器,使之轴间平衡;对于齿轮传动的,齿轮啮合不良,应重新安装调整;对于皮带传动的,两轴不平衡,皮带过紧或接头不平滑,应调整、修理或更换传动带,并使两轴尽量平衡。

(8) 电动机空载电流不平衡

三相电压不平衡,应查明原因并消除故障。绕组头尾端接错,应查出头尾端并改正。绕组匝间断路、短路或接地,应检查并予以修复。重绕时绕组匝数分配不均或部分绕组接反,应查出并予以修复。

(9) 三相空载电流平衡但大于正常值

电源电厌偏高,应调整电压至额定值附近。"Y"形接法错接成"△"形,应按照电动机铭牌要求接线。修理质量不合格。例如,为取下烧坏的绕组而用火烧定子,便铁芯退磁,空载电流过大,应改进修理工艺;重绕定子时线圈匝数不足。应按原匝数重绕或降低容量使用。电动机装配不当,应检查装配质量。气隙不均或过大,应调整气隙。

(10) 启动时熔断器的熔体熔断或断路器跳闸

熔体选配过小,应更换合适的熔体。断路器选择不合适,应更换合适的断路器。定子绕组短路或接地,应查出短路或接地处,加以绝缘或重绕绕组。绕组接线错误,例如,误将"Y"形接法的电动机误接成"△"形,应改正接线;误将定子三相绕组的头尾端接反,应分清三相绕组的头尾端,重新接线。负载过重,若实际负载过重,则应减少负载或更换较大容量的电动机;若工作机械卡阻,应检修工作机械。

(11) 电动机绝缘电阻降低或绝缘损坏

测量电动机绝缘电阻,若绝缘电阻大于 2 MΩ,则可安全使用;若绝缘电阻低于 0.5 MΩ,则表示电动机绝缘损坏。引出线绝缘损坏,应将引出线套上绝缘管或用绝缘胶布包扎。接线板上有油污或炭化、击穿,应清洗或更换接线板。绕组上灰尘、油污过多,应清除灰尘、油污后进行干燥、浸漆处理。电动机长期过载,绝缘老化,应查出故障部位,根据绝缘老化程度,浸漆或更换绝缘。绕组绝缘损坏,应查出损坏处,若在铁芯两端,则应垫上绝缘纸、涂上绝缘漆并烘干;若损坏处在槽内,应进行局部修理或重绕。

5.4 数控机床输入/输出的故障诊断

学习目标

1. 熟练认识数控机床输入/输出元件。

2. 正确分析数控机床输入/输出元件作用。
3. 正确进行各输入/输出元件故障诊断。

工作任务

学会机床各输入/输出元件故障诊断。

相关实践与理论知识

5.4.1 可编程逻辑控制器

1969年第一台可编程逻辑控制器(programmable logic controller,PLC)在美国DEC公司诞生,当初仅用于逻辑控制,现在发展到了运动控制和过程控制领域,因此可编程逻辑控制器(PLC)改称为可编程控制器(programmable controller,PC),由于个人计算机也简称PC,为了避免混淆,可编程控制器仍被称为PLC。

1. 可编程逻辑控制器的构成

可编程控制器一般由中央处理单元(CPU)、存储器(ROM/RAM)、输入/输出单元(I/O单元)、编程器、电源等主要部件组成,如图5-29所示。

(1) 中央处理器(CPU)

CPU是可编程控制器的核心,它按系统程序赋予的功能指挥可编程控制器有条不紊地进行工作,其主要任务是:

① 接收、存储用户程序和数据,并通过显示器显示出程序的内容和存储地址;

② 检查、校验用户程序,对输入的用户程序进行检查,发现语法错误立即报警,并停止输入;在程序运行过程中若发现错误,则立即报警或停止程序的执行;

③ 接收、调用现场信息,将接收到现场输入的数据保存起来,在需要数据的时候将其调出,并送到需要该数据的地方;

④ 执行用户程序,PLC进入运行状态后,CPU根据用户程序存放的先后顺序,逐条读取、解释并执行程序,完成用户程序中规定的各种操作,并将程序执行的结果送至输出端口,以驱动可编程控制器的外部负载;

⑤ 故障诊断,诊断电源、可编程控制器内部电路的故障,根据故障或错误的类型,通过显示器显示出相应的信息,以提示用户及时排除故障或纠正错误。

不同型号可编程控制器的CPU芯片是不同的,有的采用通用CPU芯片,如8031、8051、8086、80826等,也有采用厂家自行设计的专用CPU芯片(如西门子公司的S7-200系列可编程控制器均采用其自行研制的专用芯片),CPU芯片的性能关系到可编程控制器处理控制信号的能力与速度,CPU位数越高,系统处理的信息量越大,运算速度也越快。

(2) 存储器

可编程控制器的存储器可以分为系统程序存储器、用户程序存储器及工作数据存储器三种。

1) 系统程序存储器

系统程序存储器用来存放由可编程控制器生产厂家编写的系统程序,并固化在ROM内,用户不能直接更改。它使可编程控制器具有基本的智能。能够完成可编程控制器设计者规定的各项工作。系统程序质量的好坏,很大程度上决定了PLC的性能,其内容主要包括三部分:

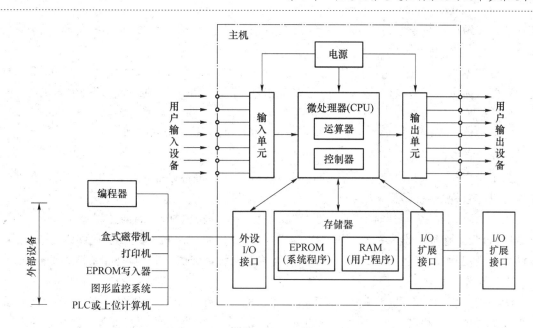

图 5-29 可编程控制器基本结构框图

第一部分为系统管理程序,它主要控制可编程控制器的运行,使整个可编程控制器按部就班地工作;第二部分为用户指令解释程序,通过用户指令解释程序,将可编程控制器的编程语言变为机器语言指令,再由 CPU 执行这些指令;第三部分为标准程序模块与系统调用程序,它包括许多不同功能的子程序及其调用管理程序,如完成输入、输出及特殊运算的子程序,可编程控制器的具体工作都是由这部分程序来完成的,这部分程序的多少决定了可编程控制器性能的强弱。

2)用户程序存储器

根据控制要求而编制的应用程序称为用户程序。用户程序存储器用来存放用户针对具体控制任务,用规定的可编程控制器编程语言编写的各种用户程序。用户程序存储器根据所选用的存储器单元类型的不同,可以是 RAM(有用锂电池进行掉电保护)、EPROM 或 EEPROM 存储器,其内容可以由用户任意修改或增删。目前较先进的可编程控制器采用可随时读写的快闪存储器作为用户程序存储器。快闪存储器不需后备电池,掉电时数据也不会丢失。

3)工作数据存储器

工作数据存储器用来存储工作数据,即用户程序中使用的 ON/OFF 状态、数值数据等。

在工作数据区中开辟有元件映像寄存器和数据表。其中元件映像寄存器用来存储开关量/输出状态以及定时器、计数器、辅助继电器等内部器件的 ON/OFF 状态。数据表用来存放各种数据,它存储用户程序执行时的某些可变参数值及 A/D 转换得到的数字量和数学运算的结果。在可编程控制器断电时能保持数据的存储器区称数据保持区。

用户程序存储器和用户存储器容量的大小,关系到用户程序容量的大小和内部器件的多少,是反映 PLC 性能的重要指标之一。

(3)输入/输出接口

输入/输出(I/O)接口是 PLC 与外界连接的接口,它的作用是将 I/O 设备与 PLC 进行连接,使 PLC 与现场设备构成控制系统,以便从现场通过输入设备(元件)得到信息(输入),或将经过处理后的控制命令通过输出设备（元件）送到现场（输出），从而实现自动控制的目的。

(4) 电源

小型整体式可编程控制器内部有一个开关式稳压电源。电源一方面可为 CPU 板、I/O 板及扩展单元提供工作电源(5 VDC)，另一方面可为外部输入元件提供 24 VDC(200 mA)。

(5) 扩展接口

扩展接口用于将扩展单元与基本单元相连，使 PLC 的配置更加灵活。

(6) 通信接口

为了实现"人－机"或"机－机"之间的对话，PLC 配有多种通信接口。PLC 通过这些通信接口可以与监视器，打印机，其他的 PLC 或计算机相连。

当 PLC 与打印机相连时，可将过程信息、系统参数等输出打印；当与监视器（CRT）相连时，可将过程图像显示出来；当与其他 PLC 相连时，可以组成多机系统或连成网络，实现更大规模的控制；当与计算机相连时，可以组成多级控制系统，实现控制与管理相结合的综合系统。

(7) 智能 I/O 接口

为了满足更加复杂的控制功能的需要，PLC 配有多种智能 I/O 接口。例如，满足位置调节需要的位置闭环控制模板，对高速脉冲进行计数和处理的高速计数模板等。这类智能模板都有其自身的处理器系统。

(8) 编程器

它的作用是供用户进行程序的编制，编辑，调试和监视。

编程器有简易型和智能型两类。简易型的编程器只能联机编程，且往往需要将梯形图转化为机器语言助记符（指令表）后，才能输入；它一般由简易键盘和发光二极管或其他显示器件组成。智能型的编程器又称图形编程器，它可以联机，也可以脱机编程，具有 LCD 或 CRT 图形显示功能，可以直接输入梯形图和通过屏幕对话。

也可以利用微机作为编程器，这时微机应配有相应的编程软件包，若要直接与可编程控制器通信，还要配有相应的通信电缆。

(9) 其他部件

PLC 还可配有盒式磁带机、EPROM 写入器、存储器卡等其他外部设备。

2. 可编程逻辑控制器的工作原理

可编程逻辑控制器的工作原理为循环扫描原理。

早期的可编程逻辑控制器是为了替代继电器控制电路而研制的，用于顺序控制。所谓顺序控制就是在各种输入信号作用下，按照预先规定的顺序，使各个执行器自动地顺序动作，且在动作过程中还应具有记忆和约束功能，以满足工艺要求。

PLC 是采用 CPU 的工业用控制器，与普通计算机有相似之处，属于串行工作方式，但如果采用普通计算机所使用的等待命令工作方式或查询工作方式，都满足不了原并行逻辑控制电路的要求，为此，PLC 采用了与普通计算机工作方式差别较大的"循环扫描"工作方式。

所谓扫描，就是 CPU 从第一条指令开始执行程序，直到最后一条（结束指令）。扫描过程分为 3 个阶段，即输入采样、用户程序执行和输出刷新 3 个阶段，这 3 个阶段称为一个扫描周期。普通继电器的动作时间大于 100 ms，一般 PLC 的一个扫描周期小于 100 ms，目前欧姆龙公司的 CJ1 系列，执行 30 000 步程序的扫描周期时间仅为 1~2 ms。

对于继电器控制电路，根据工艺要求，操作人员可能随时进行操作，因此，PLC 只扫描一个周期是无法满足要求的,必须周而复始地进行扫描,这就是循环扫描。在扫描时间小于继电器动作时间的情况下,继电器硬逻辑电路并行工作方式和 PLC 的串行工作方式的处理结果是相同的。循环扫描示意图如图 5-30 所示。

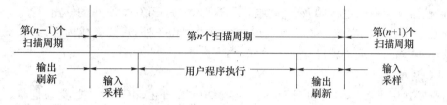

图 5-30 PLC 循环扫描示意图

(1) 输入采样(刷新)阶段

在第 n 个扫描周期,首先进行的是读入现场信号即输入采样阶段,PLC 依次读入所有输入状态和数据,并将它们存入输入映像寄存器区(存储器输入暂存区)中相应的单元内。输入采样结束后,如果输入状态和数据发生变化,PLC 不再响应,输入映像寄存器区中相应单元的状态和数据保持不变,要等到第 $(n+1)$ 个扫描周期才能读入。

(2) 用户程序执行阶段

生产 PLC 的各个厂家,针对广大电气技术人员和电工熟悉继电器控制电路(电器控制梯形图)的特点,开发出简单易学的编程语言即 PLC 梯形图,两种梯形图相对应,都具有形象和直观的特点,以电动机正反转控制为例,图 5-31 是电器控制梯形图,图 5-32 是 PLC 的梯形图,两种梯形图都是由两个梯级组成,每个线圈组成 1 个梯级。

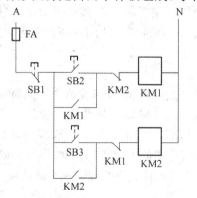

图 5-31 电动机电器控制梯形图

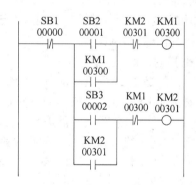

图 5-32 电动机 PLC 控制梯形图

在用户程序执行阶段,CPU 将指令逐条调出并执行,其过程是从梯形图的第 1 个梯级开始自上而下依次扫描用户程序,在每一个梯级,又总是按先左后右、先上后下的顺序扫描用户程序。梯形图指令是与梯形图上的条件相适应的指令,每个指令需要一行助记符代码,程序以助记符形式存储在存储器中。在执行指令时,从输入映像寄存器或输出映像寄存器中读取状态和数据,并依照指令进行逻辑运算和算术运算,运算的结果存入输出映像寄存器区中相应的单元。在这一阶段,除了输入映像寄存器的内容保持不变外,其他映像寄存器的内容会随着程序的执行而变化,排在上面的梯形图指令的执行结果会对排在下面的凡是用到状态或数据的梯形图起作用。

(3) 输出刷新阶段

输出刷新阶段亦称写输出阶段，CPU 将输出映像寄存器的状态和数据传送到输出锁存器，再经输出电路的隔离和功率放大，转换成适合于被控制装置接收的电压或电流或脉冲信号，驱动接触器、电磁铁、电磁阀及各种执行器，这时，才是 PLC 的真正的输出。

PLC 在一个扫描周期内除了完成上述 3 个阶段的任务外，还要完成内部诊断、通信、公共处理以及输入/输出服务等辅助任务。

3. PLC 功能

在工业发达国家，PLC 已经广泛应用于冶金、矿业、石化、电力、机械、交通运输、环保和娱乐等各行业，并且随着 PLC 的性能价格比的不断提高，PLC 逐步取代专用计算机占领的领域。使 PLC 的应用范围日益扩大。目前，PLC 的功能大致可以分为以下 5 个方面。

(1) 顺序控制

顺序控制是 PLC 应用最广泛的领域，它取代了传统的继电器顺序控制，常应用于单台电动机控制、多机群控制和自动生产线控制。例如，机床电气控制，冲压、铸造机械控制，包装、印刷机械控制，电镀生产线，啤酒、饮料灌装生产线，汽车装配生产线，电视机、冰箱、洗衣机生产线和电梯控制等。

(2) 运动控制

运动控制是 PLC 用于直线运动或圆周运动的控制，目前，许多 PLC 制造商已提供了拖动步进电动机或伺服电动机的单轴或多轴位置控制模块。在多数情况下，PLC 能把描述目标位置的数据送给模块，控制模块移动一轴或数轴到达目标位置，当每个轴移动时，位置控制模块能保持适当的速度和加速度，确保运动的平滑性。位置控制模块装置具有体积小、价格低、速度快、操作方便等优点，而被广泛地应用于各种机电设备中，如金属切削机床、金属成形设备、装配设备、机器人和电梯等。

(3) 过程控制

过程控制是指 PLC 对温度、压力、流量、速度、转速、电压或电流等连续变化的模拟量实现闭环控制。如 PLC 通过模拟量 I/O 模块，实现模拟量（ANALOG）和数字量（DIGITAL）之间的 A/D、D/A 转换，并对模拟量进行闭环 PID 控制。目前，大、中型 PLC 一般都具有 PID 闭环控制功能，这一功能可以用 PID 子程序完成，也可以用专用的智能 PID 模块代替。PLC 的模拟量 PID 控制功能已被广泛地应用于塑料挤压成形机、加热炉、热处理炉和锅炉等过程控制。

(4) 数据处理

目前 PLC 已具备各类数字运算（包括矩阵运算、函数运算和逻辑运算等）、数据传递、转换、排序、查表和位操作等功能，可以按要求完成数据的采集、分析和处理，并将这些数据与存储在存储器中的参数值进行比较，或通过通信设备传送到别的智能装置，或将它们打印和制表。数据处理一般用于大、中型自动控制系统，例如柔性制造系统、过程控制系统和机器人的控制系统。

(5) 通信网络

PLC 通信网络包括与 PC 之间的通信、PLC 与其他智能化控制设备之间的通信等。PLC 和计算机均具有 RS-232 接口，可用双绞线、同轴电缆或光缆实现互联网，达到信息的交换，构成"集中管理、分散控制"的分布式控制系统。目前，PLC 与 PLC 之间的网络通信是各厂家专用的，尚缺乏通用性。关于 PLC 与计算机之间的网络通信，有一些 PLC 厂家在考虑采用工业标准总线和逐步向标准通信协议（MAP）靠拢。

当然,并不是所有的 PLC 均具备上述全部应用领域的功能,有些小型 PLC 只具备上述部分应用领域的功能。

5.4.2 PLC 输入/输出元件

1. 输入元件

PLC 输入元件既有按钮、选择开关、行程开关、继电器触点、接近开关、光电开关、数字拨码开关等开关量输入元件,还有电位器、测速发电动机和各种变送器等模拟量输入元件。

输入回路的连接如图 5-33 所示。输入回路的实现是将 COM 通过输入元件(如按钮、转换开关、行程开关、继电器的触点、传感器等)连接到对应的输入点上,再通过输入点 X 将信息送到 PLC 内部。一旦某个输入元件状态发生变化,对应输入继电器 X 的状态也就随之变化,PLC 在输入采样阶段即可获取这些信息。

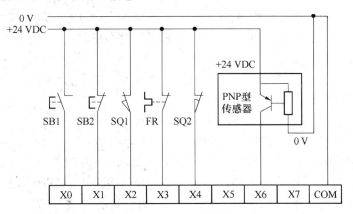

图 5-33 输入回路的连接

注意:如果 PLC 的输入模块采用的是直流电源,则选用 PNP 型传感器还是 NPN 型传感器要根据 PLC 输入模块是源型还是漏型而定。如果 PLC 的输入模块为 Sink 型(漏型),则要求 COM 端接"-",因此必须选用 NPN 型传感器;如果 PLC 的输入模块为 Source 型(源型),则要求 COM 端接"+",因此必须选用 PNP 型传感器。

2. 输出元件

PLC 输出元件有接触器、电磁阀、指示灯、调节阀(模拟量)、调速装置(模拟量)等。

输出回路就是 PLC 的负载驱动回路,输出回路的连接如图 5-34 所示。通过输出点,将负载和负载电源连接成一个回路,这样负载就由 PLC 输出点的 ON/OFF 进行控制,输出点动作负载得到驱动。负载电源的规格应根据负载的需要和输出点的技术规格进行选择。

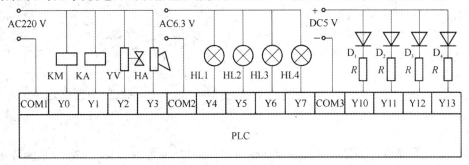

图 5-34 输出回路的连接

5.4.3 数控机床输入输出(I/O)控制的故障诊断

1. 数控机床 PLC 的功能

在数控机床中,除了对各坐标轴的位置进行连续控制外,还需要对诸如主轴正、反转启动和停止、刀库及换刀机械手控制、工件夹紧松开、工作台交换、气液压、冷却和润滑等辅助动作进行顺序控制。顺序控制的信息主要是 I/O 控制,如控制开关、行程开关、压力开关和温度开关等输入元件,继电器、接触器和电磁阀等输出元件;同时还包括主轴驱动和进给伺服驱动的使能控制和机床报警处理等。现代数控机床均采用可编程逻辑控制器(Programmable Logic Controller,PLC)或可编程机床控制器(Programmable Machine Controller,PMC)或可编程控制器(Programmable Controller,PC)来完成上述功能,在数控机床上,PLC、PC、PMC 具有完全相同的含义。

数控机床 PLC 的形式有两种:一是采用单独的 CPU 完成 PLC 功能,即配有专门的 PLC,PLC 在 CNC 外部,称为外装型 PLC;二是采用数控系统与 PLC 合用一个 CPU 的方法,PLC 在 CNC 内部,称为内装型 PLC。

(1) PLC 与外部信息的交换 PLC、CNC 和机床三者之间的信息交换。

1) 机床至 PLC

机床侧的开关量信号通过 I/O 单元接口输入至 PLC 中,除极少数信号外,绝大多数信号的含义及所占用 PLC 的地址均可由 PLC 程序设计者自行定义。

2) PLC 至机床

PLC 控制机床的信号通过 PLC 的开关量输出接口送到机床侧,所有开关量输出信号的含义及所占用 PLC 的地址均可由 PLC 程序设计者自行定义。

3) CNC 至 PLC

CNC 送至 PLC 的信息可由 CNC 直接送入 PLC 的寄存器中,所有 CNC 送至 PLC 的信号含义和地址(开关量地址或寄存器地址)均由 CNC 厂家确定,PLC 编程者只可使用,不可改变和增删。

4) PLC 至 CNC

PLC 送至 CNC 的信息也由开关量信号或寄存器完成,所有 PLC 送至 CNC 的信号地址与含义由 CNC 厂家确定,PLC 编程者只可使用,不可改变和增删。

(2) 数控机床 PLC 的功能特点

1) 机床操作面板控制

将机床操作面板上的控制信号直接送入 PLC,以控制数控系统的运行。

2) 机床外部开关输入信号控制

将机床侧的开关信号送入 PLC,经逻辑运算后,输出给控制对象。

3) 输出信号控制

PLC 输出的信号经强电柜中的继电器、接触器,通过机床侧的液压或气动电磁阀,对刀库、机械手和回转工作台等装置进行控制,另外还对冷却泵电动机、润滑泵电动机及电磁制动器等进行控制。

4) 伺服控制

控制主轴和伺服进给驱动装置的使能信号,以满足伺服驱动的条件,通过驱动装置,驱动主轴电动机、伺服进给电动机和刀库电动机等。

5)报警处理控制

PLC收集强电柜、机床侧和伺服驱动装置的故障信号,将报警标志区中的相应报警标志位置位,数控系统便显示报警号及报警文本以方便故障诊断。

6)软盘驱动装置控制

有些数控机床用计算机软盘取代了传统的光电阅读机。通过控制软盘驱动装置,实现与数控系统进行零件程序、机床参数、零点偏置和刀具补偿等数据的传输。

7)转换控制

有些加工中心的主轴可以立/卧转换,当进行立/卧转换时,PLC完成下述工作:切换主轴控制接触器、在线自动修改有关机床数据位、切换伺服系统进给模块、切换用于坐标控制的各种开关等。

2. 数控机床PLC输入/输出元件

数控机床内装式PLC输入输出元件及连接方式如图5-35所示。

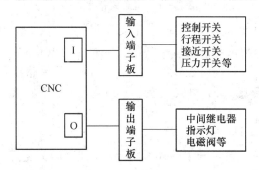

图5-35 内装式PLC输入输出元件及连接方式

(1)控制按钮

在数控机床的操作面板上,控制按钮是最基本的输入元件。常见的控制按钮有:

① 用于主轴、冷却、润滑及换刀等控制的按钮,这些按钮往往内装有信号灯,一般绿色用于启动,红色用于停止;

② 用于程序保护,钥匙插入方可旋转操作的旋钮式可锁按钮;

③ 用于紧急停止,装有突出蘑菇形钮帽的红色紧停按钮;

④ 在数控车床中,用于控制卡盘夹紧、放松,尾架顶尖前进、后退的脚踏按钮等。

控制按钮的相关知识详见5.3节。

(2)行程开关

行程开关也是最基本的输入元件。行程开关又称限位开关,它将机械位移直动式、滚动式和微动式。

图5-36(a)为直动式行程开关结构简图,其动作过程与控制按钮类似,只是用运动部件上的撞块来碰撞行程开关的推杆,触点的分合速度取决于撞块移动的速度。这类行程开关在机床上主要用于坐标轴的限位、减速或执行机构如液压缸、汽缸活塞的行程控制。图5-36(b)为直动式行程开关推杆三种形式的外形图,图5-36(c)为行程开关的电气符号。

(3)接近开关

接近开关是常用的输入元件,它是一种在一定的距离(几毫米至十几毫米)内检测物体有无的传感器。它给出的是高电平或低电平的开关信号,有的还具有较大的负载能力,可直接驱

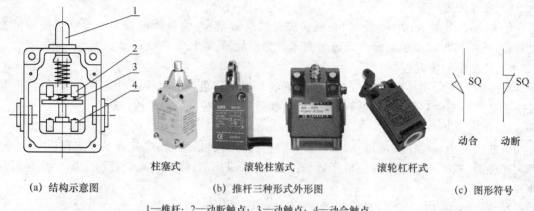

(a) 结构示意图　　(b) 推杆三种形式外形图　　(c) 图形符号

1—椎杆；2—动断触点；3—动触点；4—动合触点

图 5-36　直动式行程开关

动继电器工作。具有灵敏度高、频率响应快、重复定位精度高、工作稳定可靠及使用寿命长等优点。许多接近开关将检测头与测量转换电路及信号处理电路做在一个壳体内，壳体上多带有螺纹，以便安装和调整距离，同时在外部有指示灯，以指示传感器的通断状态。常用的接近开关有电感式、电容式、磁感式、光电式及霍尔式等，重点学习电感式接近开关和光电式接近开关。

1) 电感式接近开关

如图 5-37(a) 为电感式接近开关的外形图，图 5-37(b) 为电感式接近开关位置检测示意图，图 5-37(c) 为接近开关图形符号。

电感式接近开关内部大多由一个高频振荡器和一个整形放大器组成。振荡器振荡后，在开关的感应面上产生交变磁场，当金属物体接近感应面时，金属体产生涡流，吸收了振荡器的能量，使振荡减弱以致停振。振荡和停振两种不同的状态，由整形放大器转换成开关信号，从而达到检测位置的目的。在数控机床中，电感式接近开关常用于刀库、机械手及工作台的位置检测。判断电感式接近开关好坏最简单的方法，就是用一块金属片去接近该开关，如果开关无输出，就可判断出该开关已坏，外部电源短路。在实际位置控制中，如果感应块和开关之间的间隙变大后，就会使接近开关的灵敏度下降甚至无信号输出，因此间隙的调整和检查在日常维护中是很重要的。

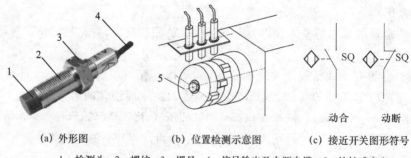

(a) 外形图　　(b) 位置检测示意图　　(c) 接近开关图形符号

1—检测头；2—螺纹；3—螺母；4—信号输出及电源电缆；5—轮轴感应盘

图 5-37　电感式接近开关

2) 光电式接近开关

图 5-38 所示的光电式接近开关是一种遮断型的光电开关,又称光电断续器。当被测物 4 从发射器 1 和接收器 3 中间槽通过时,红外光束 2 被遮断,接收器接收不到红外线,而产生一个电脉冲信号。有些遮断型的光电式接近开关,其发射器和接收器做成二个独立的器件,如图 5-38(b)所示。这种开关除了方形外观外,还有圆柱形的螺纹安装形式。图 5-38(c)为反射型光电开关。当被测物 4 通过光电开关时,发射器 1 发射的红外光 2 通过被测物上的黑白标记反射到接收器 3,从而产生一个电脉冲信号。

在数控机床中,光电式接近开关常用于刀架的刀位检测和柔性制造系统中物料传送的位置控制等。

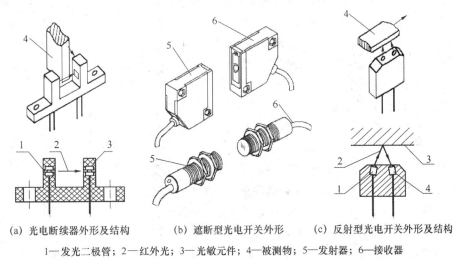

(a) 光电断续器外形及结构　　(b) 遮断型光电开关外形　　(c) 反射型光电开关外形及结构

1—发光二极管;2—红外光;3—光敏元件;4—被测物;5—发射器;6—接收器

图 5-38　光电式接近开关

(4) 接触器

接触器是最常用的输出元件,在机床的电气控制中,接触器用来控制如油泵电动机、冷却泵电动机、润滑泵等电动机的频繁启停及驱动装置的电源接通和切断等。

(5) 继电器

继电器是常用的输出元件,继电器是一种根据外界输入的信号来控制电路中电流"通"与"断"的自动切换电器。它主要用来反映各种控制信号,其触点通常接在控制电路中。继电器和接触器在结构和动作原理上大致相同,但前者在结构上体积小,动作灵敏,没有灭弧装置,触点的种类和数量也较多。

中间继电器实质上是一种电压继电器,主要在电路中起信号传递与转换作用。由于中间继电器触头多,可实现多路控制,将小功率的控制信号转换为各方的触点动作,以扩充其他电器的控制作用,在数控机床中常采用线圈电压为直流+24 V 的中间继电器。图 5-39 为中间继电器结构示意图。

在数控机床中,还有各类指示灯、液压和气动系统中的电磁阀、伺服电动机的电磁制动器等 PLC 输出开关量的控制。

内装式 PLC 的输入输出采用直流+24 V 电源,由于受到输出容量的限制,直流开关输出

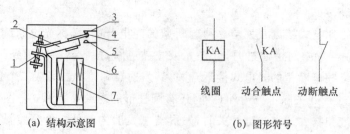

(a) 结构示意图　　　　(b) 图形符号

1—弹簧；2—衔铁；3—动断触点；4—动触点；5—动合触点；6—线圈；7—铁芯

图 5-39　中间继电器

量信号一般用于机床强电箱中的中间继电器线圈和指示灯等,每个+24 V 中间继电器的典型驱动电流为数十毫安。在开关量输出电路中,当被控制的对象是电磁阀、电磁离合器等交流负载,或是直流负载,工作电压或电流超过 PLC 输出信号的最大允许值时,应首先驱动+24 V 中间继电器,然后用其触点控制强电线路中的接触器。同时应注意,中间继电器线圈上要并联续流二极管,以便当线圈断电时,为电流提供放电回路,否则极易损坏驱动电路。图 5-40 所示为内装式 PLC 的输出控制。

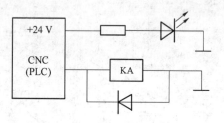

图 5-40　内装式 PLC 的输出控制

有些外装式的 PLC 由于本身具有电源模块,输出容量较大,可以是交流 220 V,也可以是大容量的直流+24 V,因此,可直接带动接触器或电磁阀线圈。

在电气控制柜中,各电气元件及与元器件端子相连接的导线均有编号,编号的名称与线路图上的标注相对应。因此,作为维修人员：①要熟悉电气线路图；②熟悉各元器件在控制柜中的位置及连线的走线等。这样,当出现输入/输出元件故障时,就能有的放矢,提高故障诊断的正确性和效率。

3. 数控机床 PLC 控制的故障诊断

(1) PLC 故障的表现形式

当数控机床出现有关 PLC 方面的故障时,一般有三种表现形式：

① 故障可通过 CNC 报警直接找到故障的原因。

② 故障虽有 CNC 故障显示,但不能反映故障的真正原因。

③ 故障没有任何提示。对于后两种情况,可以利用数控系统的自诊断功能,根据 PLC 的梯形图和输入输出状态信息来分析和判断故障的原因,这种方法是解决数控机床外围故障的基本方法。

(2) 数控机床 PLC 故障诊断的方法

不同生产厂家和不同型号的数控机床所应用的 PLC 不同,但其工作原理是一致的,因此其故障诊断方法大体一样。

1) 根据报警号诊断故障

现代数控系统具有丰富的自诊断功能,能在 CRT 上显示故障报警信息,为用户提供各种机床状态信息,充分利用 CNC 系统提供的这些状态信息,就能迅速准确地查明和排除故障。

2) 根据动作顺序诊断故障

数控机床上刀具及托盘等装置的自动交换动作都是按照一定的顺序来完成的,因此,观察机械装置的运动过程,比较正常和故障时的情况,就可发现疑点,诊断出故障的原因。

3) 根据控制对象的工作原理诊断故障

数控机床的 PLC 程序是按照控制对象的工作原理来设计的,通过对控制对象工作原理的分析,结合 PLC 的 I/O 状态是故障诊断很有效的方法。

4) 根据 PLC 的 I/O 状态诊断故障

在数控机床中,输入输出信号的传递,一般都要通过 PLC 的 I/O 接口来实现,因此,许多故障都会在 PLC 的 I/O 接口这个通道上反映出来。数控机床的这种特点为故障诊断提供了方便,只要不是数控系统硬件故障,可以不必查看梯形图和有关电路图,直接通过查询 PLC 的 I/O 接口状态,找出故障原因。这里的关键是要熟悉有关控制对象的 PLC 的 I/O 接口的通常状态和故障状态,或者将数控机床的输入/输出状态列表,通过比较正常状态和故障状态,就能迅速诊断出故障部位。

5) 通过 PLC 梯形图诊断故障

根据 PLC 的梯形图来分析和诊断故障是解决数控机床外围故障的基本方法。用这种方法诊断机床故障首先应该搞清机床的工作原理、动作顺序和联锁关系,然后利用 CNC 系统的自诊断功能或通过机外编程器,根据 PLC 梯形图查看相关的输入/输出及标志位的状态,从而确认故障的原因。

6) 动态跟踪梯形图诊断故障

有些 PLC 发生故障时,查看输入输出及标志状态均为正常,此时必须通过 PLC 动态跟踪,实时观察输入输出及标志状态的瞬间变化,根据 PLC 的动作原理做出诊断。

综上所述,PLC 故障诊断的关键是:

① 要了解数控机床各组成部分检测开关的安装位置,如加工中心的刀库、机械手和回转工作台,数控车床的旋转刀架和尾架,机床的气、液压系统中的限位开关、接近开关和压力开关等,弄清检测开关作为 PLC 输入信号的标志;

② 了解执行机构的动作顺序,如液压缸、汽缸的电磁换向阀等,弄清对应的 PLC 输出信号标志;

③ 了解各种条件标志,如启动、停止、限位、夹紧和放松等标志信号;

④ 借助必要的诊断功能,必要时用编程器跟踪梯形图的动态变化,搞清故障的原因,根据机床的工作原理做出诊断。

因此,作为用户来讲,要注意资料的保存,作好故障现象及诊断的记录,为以后的故障诊断提供数据,提高故障诊断的效率。当然,故障诊断的方法不是单一的,有时要用几种方法综合诊断,以得到正确的诊断结果。

拓展知识

1. PLC 输入输出电路

为适应控制的需要,PLC 的 I/O 具有不同的类别。其输入分直流输入和交流输入两种形式,如图 5-41 和图 5-42 所示;输出分继电器输出、可控硅输出和晶体管输出三种形式,继电器输出和可控硅输出适用于大电流输出场合,如图 5-43 所示;晶体管输出、可控硅输出适用于快速、频繁动作的场合。相同驱动能力,继电器输出形式价格较低。为提高 PLC 抗干扰能力,其输入、输出接口电路均采用了隔离措施。

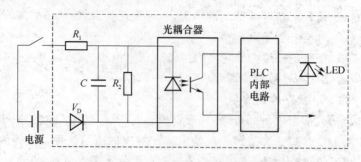

图 5-41 直流输入及隔离电路

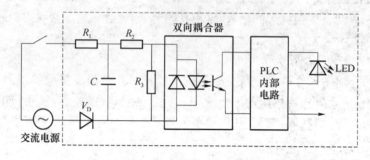

图 5-42 交流输入及隔离电路

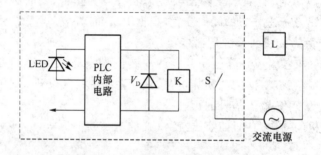

图 5-43 继电器输出及隔离电路

2. PLC 常见故障与维修

(1) 维护概述

一般各种型号的 PLC 均设计成长期不间断的工作制。但是,偶然有的地方也需要对动作进行修改,迅速找到这个场所并修改它们是很重要的。修改发生在 PLC 以外的动作需要许多时间。

(2) 查找故障的设备

PLC 的指示灯及机内设备有益于对 PLC 整个控制系统查找故障。编程器是主要的诊断工具。它能方便地插到 PLC 上面。在编程器上可以观察整个控制系统的状态,当查找 PLC 为核心的控制系统的故障时,作为一个习惯,应带一个编程器。

(3) 基本的查找故障顺序

提出问题,并根据发现的合理动作逐个否定。一步一步地更换 PLC 中的各种模块,直到故障全部排除。所有主要的修正动作能通过更换模块来完成。除了一把螺丝刀和一个万用电表外,并不需要特殊的工具。

① PWR(电源)灯亮否？如果不亮,在采用交流电源的框架的电压输入端(98-162 VAC 或 195-252 VAC)检查电源电压,对于需要直流电压的框架,测量+24 VDC 和 0 VDC 端之间的直流电压,如果不是合适的 AC 或 DC 电源,则问题发生在 PLC 之外。

如 AC 或 DC 电源电压正常,但 PWR 灯不亮,检查保险丝,或更换 CPU 框架。

② PWR(电源)灯亮否？如果亮,检查显示出错的代码,对照出错代码表的代码定义,并做相应的修正。

③ RUN(运行)灯亮否？如果不亮,检查编程器是不是处于 PRG 或 LOAD 位置,或者是不是程序出错。如 RUN 灯不亮,而编程器并没插上,或者编程器处于 RUN 方式,且没有显示出错的代码,则需要更换 CPU 模块。

④ BATT(电池)灯亮否？如果亮,则需要更换锂电池。由于 BATT 灯只是报警信号,即使电池电压过低,程序也可能尚没改变。更换电池以后,检查程序或让 PLC 试运行。如果程序已有错,在完成系统编程初始化后,将录在磁带上的程序重新装入 PLC。

⑤ 在多框架系统中,如果 CPU 是工作的,可用 RUN 继电器来检查其他几个电源的工作。如果 RUN 继电器未闭合(高阻态),按上面讲的第一步检查 AC 或 DC 电源如 AC 或 DC 电源正常而继电器是断开的,则需要更换框架。

(4) 一般查找故障步骤

查找故障的好的基础是感觉和经验。首先,插上编程器,并将开关打到 RUN 位置,然后按下列步骤进行。

① 如果 PLC 停止在某些输出被激励的地方,一般是处于中间状态,则查找引起下一步操作发生的信号(输入、定时器、线圈、鼓轮控制器等)。编程器会显示那个信号的 ON/OFF 状态。

② 如果是输入信号,将编程器显示的状态与输入模块的 LED 指示作比较,结果不一致,则更换输入模块。如发现在扩展框架上有多个模块要更换,那么,更换模块之前,应先检查 I/O 扩展电缆和它的连接情况。

③ 如果输入状态与输入模块的 LED 指示一致,就要比较一下发光二极管与输入装置(按钮、限位开关等)的状态。如两者不同,测量一下输入模块,如发现有问题,需要更换 I/O 装置、现场接线或电源,否则,要更换输入模块。

④ 如信号是线圈,没有输出或输出与线圈的状态不同,就得用编程器检查输出的驱动逻辑,并检查程序清单。检查应按从右到左进行,找出第一个不接通的触点,如没有通的那个是输入,就按第②和第③步检查该输入点,如是线圈,就按第④步和第⑤步检查。要确认使主控继电器不影响逻辑操作。

⑤ 如果信号是定时器,而且停在小于 999.9 的非零值上,则需更换 CPU 模块。

⑥ 如果该信号控制一个计数器,首先检查控制复位的逻辑。然后是计数器信号,按上述第②步到第⑤步进行。

(5) 组件的更换

下面是更换 SR-211PC 系统的步骤。

1) 更换框架

切断 AC 电源,如装有编程器,则拔掉编程器。

从框架右端的接线端板上,拔下塑料盖板,拆去电源接线。

拔掉所有的 I/O 模块。如果原先在安装时有多个工作回路的话,不要搞乱 I/O 的接线,并记下每个模块在框架中的位置,以便重新插上时不至于搞错。

如果 CPU 框架,拔除 CPU 组件和填充模块,将它放在安全的地方,以便以后重新安装。

卸去底部的两个固定框架的螺丝,松开上部两个螺丝,但不用拆掉。

将框架向上推移一下,然后把框架向下拉出来放在旁边。

将新的框架从顶部螺丝上套进去。

装上底部螺丝,将四个螺丝都拧紧。

插入 I/O 模块,注意位置要与拆下时一致。如果模块插错位置,将会引起控制系统危险的或错误的操作,但不会损坏模块。

插入卸下的 CPU 和填充模块。

在框架右边的接线端上重新接好电源接线,再盖上电源接线端的塑料盖。

检查一下电源接线是否正确,然后再接通电源。

仔细地检查整个控制系统的工作,确保所有的 I/O 模块位置正确,程序没有变化。

2) CPU 模块的更换

切断电源,如插有编程器的话,把编程器拔掉。

向中间挤压 CPU 模块面板的上下紧固扣,使它们脱出卡口。

把模块从槽中垂直拔出。

如果 CPU 上装有 EPROM 存储器,把 EPROM 拔下,装在新的 CPU 上。

首先将印刷线路板对准底部导槽。将新的 CPU 模块插入底部导槽。

轻微的晃动 CPU 模块,使 CPU 模块对准顶部导槽。

把 CPU 模块插进框架,直到二个弹性锁扣扣进卡口。

重新插上编程器,并通电。

在对系统编程初始化后,把程序重新装入,检查一下整个系统的操作。

3) I/O 模块的更换

切断框架和 I/O 系统的电源。

卸下 I/O 模块接线端上塑料盖,拆下有故障模块的现场接线。

拆去 I/O 接线端的现场接线或卸下可拆卸式接线插座,这要视模块的类型而定。给每根线贴上标签或记下安装连线的标记,以便于将来重新连接。

向中间挤压 I/O 模块的上下弹性锁扣,使它们脱出卡口。

垂直向上拔出 I/O 模块。

5.5 数控系统的故障诊断及维护

学习目标

1. 能熟练操作数控系统。
2. 能正确识读数控系统的报警信息。
3. 具有常见数控系统的故障诊断和分析能力。
4. 具有基本数控系统维护、维修的能力。

工作任务

本节任务是需要在数控系统出现非正常运行情况下,能够根据不同类型的数控系统,判断分析数控系统的故障情况与报警信息,准确地诊断故障,找到排出故障的方法,及时进行维修和维护操作。

相关实践与理论知识

5.5.1 数控系统简介

数字控制(numerical control,NC)简称数控,是指利用数字化的代码构成的程序对控制对象的工作过程实现自动控制的一种方法。数字控制系统(Numerical Control System)简称数控系统,是指利用数字控制技术实现的自动控制系统。早期是由硬件电路构成的称为硬件数控(Hard NC),20世纪70年代以后,硬件电路元件逐步由专用的计算机代替称为计算机数控系统。

计算机数控(Computerized Numerical Control,CNC)系统是用计算机控制加工功能,实现数值控制的系统。CNC系统根据计算机存储器中存储的控制程序,执行部分或全部数值控制功能,并配有接口电路和伺服驱动装置的专用计算机系统。

数控系统的特点包括以下5个方面:① 柔性强;② 高可靠性;③ 容易实现多功能复杂的程序控制;④ 具有强的网络通信功能;⑤ 具有自诊功能。

数控系统是所有数控设备的核心。数控系统的主要控制对象是坐标轴的位移(包括移动速度、方向、位置等),其控制信息主要来源于数控加工或运动控制程序。因此,作为数控系统的最基本组成应包括程序的输入/输出装置、数控装置、伺服驱动这三部分。

5.5.2 FANUC 系统面板操作

在数控系统故障诊断过程中只有熟悉了解系统的操作,才能正确诊断出故障问题并加以排除。因此,对于数控系统的各种操作必须掌握,下面是针对常用数控系统操作的介绍。

FANUC0i数控系统操作界面如图5-44所示。它由CRT显示器、MDI键盘、机床控制面板三部分组成。下面对各组成部分做以详细介绍。

CRT 显示器是人机对话的窗口。可以显示车床的各种参数和状态,如相关坐标、程序、刀具补偿量的数值、自诊断的结果、报警信号等。在 CRT 显示器的下方有软键操作区,共有 7 个软键,用于各种 CRT 画面的选择。

MDI 键盘包括字母键、数字键及功能键等,可以进行程序、参数、机床指令的输入及系统功能的选择。

(1) MDI 键盘

MDI 键盘如图 5-45 所示。

图 5-44 FANUC0i 数控系统操作面板

图 5-45 MDI 键盘

1) 数字/字母键

数字/字母键用于输入数据到输入区域,系统自动判别取字母还是取数字。

2) 编辑键

ALTER 替换键,用输入的数据替代光标所在的数据。

DELETE 删除键,删除光标所在位置的数据,也可用于删除一条或全部数控程序。

INSERT 插入建,把输入域中的数据插入到当前光标之后的位置。

CAN 取消键,用于删除最后一个输入的字符或符号。

EOB 换行键,结束一行程序的输入并且换行。

SHIFT 上挡键,有些键上有两个字符,当输入右下角的字符时,需先按换挡键,再按字符键。

3) 页面切换键

按这些键用于切换各种功能显示画面。

PROG 按此键进入数控程序显示与编辑页面。

POS 按此键进入坐标位置显示页面。

OFFSET SETTING 按此键进入参数设定页面。

[SYSTEM] 按此键进入系统参数设定页面,这些参数仅供维修人员使用,通常情况下禁止修改,以免出现设备故障。

[CUSTOM GRAPH] 按此键进入图形参数设置页面,显示切削路径模拟图形。

[HELP] 帮助键,显示帮助信息。

[MESSAGE] 报警键,显示报警信息。

4) 输入键

[INPUT] 把输入域内的数据输入到参数页面或输入一个外部的数控程序。

5) 复位键

[RESET] 使 CNC 复位,编辑时返回程序头,加工时停止运动,消除报警信息。

(2) 机床控制面板

机床控制面板如图 5-46 所示。

图 5-46 机床控制面板

[○] 打开系统电源按钮。

[◎] 关闭系统电源按钮。

[●] 急停按钮,按下急停按钮,机床立即停止移动,所有的输出,如主轴的旋转、冷却液等都会关闭。

[●] 进给倍率调整按钮,调整数控程序自动运行时的进给速度(0%～120%)。

[●] 主轴倍率调整按钮,调整数控程序自动运行时的主轴速度(50%～120%)。

[●] 钥匙开关,指针指 1 时可更改程序;指针指"0"时不可更改程序。

1) 模式选择按钮

[◇] EDIT(编辑)模式,用于输入和编辑数控程序。

[●] MDI(手动数据输入)模式,一般用于单段或简单的程序运行操作。

▶ AUTO(自动运行)模式,用于程序自动运行。

〰 JOG(手动)模式,手动连续移动工作台或者刀具。

◎ 手轮操作方式选择键,手轮方式移动工作台或者刀具。

✦ 机床回参考点方式选择键,机床回参考点。

〰 增量方式选择键,手动增量移动工作台或者刀具。

2) 手动移动控制按钮

在手轮模式下,按 X、Y、Z、C 键,选择各进给轴方向移动。

快速移动按钮,按下此键,再按移动方向键,机床将快速移动。

↑↓ 在 JOG 模式下,x 轴方向快速移动按钮。

←→ 在 JOG 模式下,z 轴方向快速移动按钮。

X1 X10 X100 手轮进给倍率和快速移动倍率选择按钮。

3) 程序运行控制按钮

DNC 方式选择键。 〰 空运行功能,按下此键,其上指示灯亮,即可进入此功能,再一次按下此键其上指示灯灭,取消该功能。

程序测试功能,按下此键,其上指示灯亮,即可进入此功能;再一次按下此键其指示灯灭,取消该功能。

按下此键此时其上指示灯光亮,程序进行单段运行;再一次按下该键其上指示灯灭,取消该功能;为了安全起见在换刀过程中不允许单段运行。

当按下此键时,其上指示灯亮,程序中有跳段标记"/"的程序将被跳过;再一次按下该键,其上指示灯灭,取消该功能。

当按下此键时,其上指示灯亮,此时若运行到 M01 程序段即可使程序停止;再按一下该键,其上指示灯灭,取消该功能。

循环启动键。 循环停止键。 程序停止键。 程序再开按键。

4) 机床控制按钮

在 JOG 方式下主轴停止时按下此键可进行主轴手动松刀;按下此键,刀具松开到位,其上指示灯亮,表示刀具松开;其上灯灭,表示刀具夹紧(用于单主轴)。

　　　　在 JOG 方式下主轴停止时按下此键可进行主轴手动紧刀；按下该键，刀具紧开到位，其上指示灯亮，表示刀具夹紧；其上灯灭，表示刀具松开（用于单主轴）。

　　　　等 x、y、z 任一个轴的任一个方向超硬极限时刻灯亮；在 JOG 方式下，按此键待准备不足消除后再按下超程轴的相反方向键退出极限即可解除超程。

　　　　冷却液按钮，用于控制冷却泵的启动/停止。

　　　　轴禁止功能，按下此键，其上指示灯亮各轴将禁止运动；再一次按下此键其上指示灯灭，取消该功能。

　　　　排削机启、停按键。　　清理主轴孔。

　　　　工作灯启动关闭转换键，在任何方式下，按下该键该灯亮工作灯启动；再按下该键该灯灭工作灯关闭。

　　5）机床主轴手动控制按钮

　　　　在 JOG 方式下，处于夹刀状态时压下此键主轴正转启动（必须具有 S 值）。

　　　　在 JOG 方式下，主轴停止键。

　　　　在 JOG 方式下，处于夹刀状态时压下此键主轴反转启动（必须具有 S 值）。

5.5.3　数控系统的维护及保养

　　数控系统是数控机床电气控制系统的核心。每台机床数控系统在运行一定时间后，某些元器件难免出现损坏或者故障。为了尽可能地延长元器件的使用寿命，防止各种故障，特别是恶性事故的发生，就必须对数控系统进行日常的维护与保养。主要包括数控系统的使用检查和数控系统的日常维护。

　　1. 数控系统的使用检查

　　为了避免数控系统在使用过程中发生一些不必要的故障，数控机床的操作人员在操作在使用数控系统以前，应当仔细阅读有关操作说明书，要详细了解所用数控系统的性能，要熟练掌握数控系统和机床操作面板上各个按键、按钮和开关的作用以及使用注意事项。一般说来，数控系统在通电前后要进行检查。

　　（1）数控系统在通电前的检查

　　为了确保数控系统正常工作，当数控机床在第一次安装调试或者是在机床搬运后第一次通电运行之前，可以按照下述顺序检查数控系统。

　　① 确认交流电源的规格是否符合 CNC 装置的要求，主要检查交流电源的电压、频率和容量。

　　② 认真检查 CNC 装置与外界之间的全部连接电缆是否按随机提供的连接技术手册的规定，正确而可靠地连接。数控系统的连接是指针对数控装置及其配套的进给和主轴伺服驱动

单元而进行的,主要包括外部电缆的连接和数控系统电源的连接。在连接前要认真检查数控系统装置与 MDI/CRT 单元、位置显示单元、纸带阅读机、电源单元、各印刷电路板和伺服单元等,如发现问题应及时采取措施或更换。同时要注意检查连接中的连接件和各个印刷线路板是否紧固,是否插入到位,各个插头有无松动,紧固螺钉是否拧紧,因为由于不良而引起的故障最为常见。

③ 确认 CNC 装置内的各种印刷线路板上的硬件设定是否符合 CNC 装置的要求。这些硬件设定包括各种短路棒设定和可调电位器。

④ 认真检查数控机床的保护接地线。数控机床要有良好的地线,以保证设备、人身安全和减少电气干扰,伺服单元、伺服变压器和强电柜之间都要连接保护接地线。

只有经过上述各项检查,确认无误后,CNC 装置才能投入通电运行。

(2) 数控系统在通电后的检查

数控系统通电后的检查包括以下几个方面。

① 首先要检查数控装置中各个风扇是否正常运转,否则会影响到数控装置的散热问题。

② 确认各个印刷线路或模块上的直流电源是否正常,是否在允许的波动范围之内。

③ 进一步确认 CNC 装置的各种参数。包括系统参数、PLC 参数、伺服装置的数字设定等,这些参数应符合随机所带的说明书要求。

④ 当数控装置与机床联机通电时,应在接通电源的同时,做好按压紧急停止按钮的准备,以备出现紧急情况时随时切断电源。

⑤ 在手动状态下,低速进给移动各个轴,并且注意观察机床移动方向和坐标值显示是否正确。

⑥ 进行几次返回机床基准点的动作,这是用来检查数控机床是否有返回基准点的功能,以及每次返回基准点的位置是否完全一致。

⑦ CNC 系统的功能测试。按照数控机床数控系统的使用说明书,用手动或者编制数控程序的方法来测试 CNC 系统应具备的功能。例如:快速点定位、直线插补、圆弧插补、刀径补偿、刀长补偿、固定循环、用户宏程序等功能以及 M、S、T 辅助机能。

只有通过上述各项检查,确认无误后,CNC 装置才能正式运行。

2. 数控装置的日常维护与保养

CNC 系统的日常维护主要包括以下几方面。

(1) 严格制订并且执行 CNC 系统的日常维护的规章制度

根据不同数控机床的性能特点,严格制订其 CNC 系统的日常维护的规章制度,并且在使用和操作中要严格执行。

(2) 应尽量少开数控柜门和强电柜的门

在机械加工车间的空气中往往含有油雾、尘埃,它们一旦落入数控系统的印刷线路板或者电气元件上,则易引起元器件的绝缘电阻下降,甚至导致线路板或者电气元件的损坏。所以,在工作中应尽量少开数控柜门和强电柜的门。

(3) 定时清理数控装置的散热通风系统,以防止数控装置过热

散热通风系统是防止数控装置过热的重要装置。为此,应每天检查数控柜上各个冷却风

扇运转是否正常,每半年或者一季度检查一次风道过滤器是否有堵塞现象,如果有则应及时清理。

(4) 注意 CNC 系统的输入/输出装置的定期维护

例如 CNC 系统的输入装置中磁头的清洗。

(5) 定期检查和更换直流电动机电刷

在 20 世纪 80 年代生产的数控机床,大多数采用直流伺服电动机,这就存在电刷的磨损问题,为此对于直流伺服电动机需要定期检查和更换直流电动机电刷。

(6) 经常监视 CNC 装置用的电网电压

CNC 系统对工作电网电压有严格的要求。例如 FANUC 公司生产的 CNC 系统,允许电网电压在额定值的 85%～110% 的范围内波动,否则会造成 CNC 系统不能正常工作,甚至会引起 CNC 系统内部电子元件的损坏。为此要经常检测电网电压,并控制在定额值的 −15%～+10% 内。

(7) 存储器用电池的定期检查和更换

通常,CNC 系统中部分 CMOS 存储器中的存储内容在断电时靠电池供电保持。一般采用锂电池或者可充电的镍镉电池。当电池电压下降到一定值时,就会造成数据丢失,因此要定期检查电池电压。当电池电压下降到限定值或者出现电池电压报警时,就要及时更换电池。更换电池时一般要在 CNC 系统通电状态下进行,这才不会造成存储参数丢失。一旦数据丢失,在调换电池后,可重新参数输入。

(8) CNC 系统长期不用时的维护

当数控机床长期闲置不用时,也要定期对 CNC 系统进行维护保养。在机床未通电时,用备份电池给芯片供电,保持数据不变。机床上电池在电压过低时,通常会在显示屏幕上给出报警提示。在长期不使用时,要经常通电检查是否有报警提示,并及时更换备份电池。经常通电可以防止电器元件受潮或印制板受潮短路或断路等长期不用的机床,每周至少通电两次以上。

此外,对于采用直流伺服电动机的数控机床,如果闲置半年以上不用,则应将电动机的电刷取出来,以避免由于化学腐蚀作用而导致换向器表面的腐蚀,确保换向性能。

(9) 备用印刷线路板的维护

对于已购置的备用印刷线路板应定期装到 CNC 装置上通电运行一段时间,以防损坏。

(10) CNC 发生故障时的处理

一旦 CNC 系统发生故障,操作人员应采取急停措施,停止系统运行,并且保护好现场。并且协助维修人员做好维修前期的准备工作。

3. 数控系统故障诊断的一般方法

数控系统的故障诊断有故障检测、故障判断及隔离和故障定位三个阶段。第一阶段的故障检测就是对数控系统进行测试,判断是否存在故障;第二阶段是判定故障性质,并分离出故障的部件或模块;第三阶段是将故障定位到可以更换的模块或印制线路板,以缩短修理时间。为了及时发现系统出现的故障,快速确定故障所在部位并能及时排除,要求:

① 故障检测应简便,不需要复杂的操作和指示。

② 故障诊断所需的仪器设备应尽可能少且简单实用。

③ 故障诊断所需的时间应尽可能短。为此,可以采用以下的诊断方法。

(1) 直观法

利用感觉器官,注意发生故障时的各种现象,如故障时有无火花、亮光产生,有无异常响声,何处异常发热及是否有焦煳味等。仔细观察可能发生故障的每块印制线路板的表面状况,有无烧毁和损伤痕迹,以进一步缩小检查范围,这是一种最基本、最常用的方法。

(2) CNC 系统的自诊断功能

依靠 CNC 系统快速处理数据的能力,对出错部位进行多路、快速的信号采集和处理,然后由诊断程序进行逻辑分析判断,以确定系统是否存在故障,及时对故障进行定位。

现代数控系统自诊断功能可分为两类。一类为"开机自诊断",它是指从每次通电开始至进入正常的运行准备状态为止,系统内部的诊断程序自动执行对 CPU、存储器、总线和 I/O 单元等模块、印制线路板、CRT 单元、阅读机及软盘驱动器等外围设备进行运行前的功能测试,确认系统的主要硬件是否可以正常工作。

例 5.1 配置 FANUC10TE 数控系统的机床,开机后 CRT 显示。

FS10TE 1399B

ROMTEST:END

RAM TEST

CRT 显示表明 ROM 测试通过,RAM 测试未通过。这需要从 RAM 本身参数是否丢失、外部电池失效或接触不良等方面进行检查。

另一类是故障信息提示。当机床运行中发生故障时,在 CRT 上会显示编号和内容。根据提示,查阅有关维修手册,确认引起故障的原因及排除方法。但要注意的是,有些故障根据故障内容提示和查阅手册可直接确认故障原因;而有些故障的真正原因与故障内容提示不相符,或一个故障显示有多个故障原因,这就要求维修人员必须找出它们之间的内在联系,间接地确认故障原因。

一般来说,数控机床诊断功能提示的故障信息越丰富,越能给故障诊断带来方便。

(3) 数据和状态检查

CNC 系统的自诊断不但能在 CRT 上显示故障报警信息,而且能以多页的"诊断地址"和"诊断数据"的形式提供机床参数和状态信息,常见的有以下几个方面。

1) 接口检查

数控系统与机床之间的输入输出接口信号包括 CNC 与 PLC、PLC 与机床之间接口输入输出信号。数控系统的输入输出接口诊断能将所有开关量信号的状态显示在 CRT 上,用"1"或"0"表示信号的有无,利用状态显示可以检查数控系统是否已将信号输出到机床侧,机床侧的开关量等信号是否已输入到数控系统,从而可将故障定位在机床侧,或是在数控系统侧。

2) 参数检查

数控机床的机床数据是经过一系列试验和调整而获得的重要参数,是机床正常运行的保证。这些数据包括增益、加速度、轮廓监控允差、反向间隙补偿值和丝杠螺距补偿值等。当受到外部干扰时,会使数据丢失或发生混乱,机床不能正常工作。

(4) 报警指示灯显示故障

现代数控机床的数控系统内部,除了上述的自诊断功能和状态显示等"软件"报警外,还有许多"硬件"报警指示灯,它们分布在电源、伺服驱动和输入输出等装置上,根据这些报警灯的指示可判断故障的原因。

(5) 备板置换法

利用备用的电路板来替换有故障疑点的模板,是一种快速而简便的判断故障原因的方法,常用于 CNC 系统的功能模块,如 CRT 模块、存储器模块等。

例 5.2 有一数控系统开机后 CRT 无显示,采用如图 5-47 所示的故障检查步骤,即可判断 CRT 模块是否有故障。

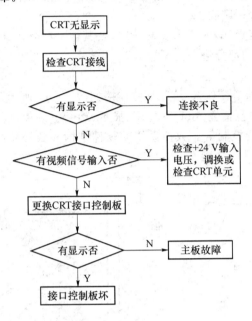

图 5-47 故障检查步骤

需要注意的是,备板置换前,应检查有关电路,以免由于短路而造成好板损坏,同时,还应检查试验板上的选择开关和跨接线是否与原模板一致,有些模板还要注意板上电位器的调整。置换存储器板后,应根据系统的要求,对存储器进行初始化操作,否则系统仍不能正常工作。

(6) 交换法

在数控机床中,常有功能相同的模块或单元,将相同模块或单元互相交换,观察故障转移的情况,就能快速确定故障的部位。这种方法常用于伺服进给驱动装置的故障检查,也可用于两台相同数控系统间相同模块的互换。

(7) 敲击法

数控系统由各种电路板组成,每块电路板上会有很多焊点,任何虚焊或接触不良都可能出现故障。若用绝缘物轻轻敲打不良疑点的电路板、接插件或元器件时,若故障出现,则故障很可能就在敲击的部位。

(8) 测量比较法

为检测方便,模块或单元上设有检测端子,利用万用表、示波器等仪器仪表,并通过这些端子检测到电平或波形,将正常值与故障时的值相比较,可以分析出故障的原因及故障的所在位置。

对上述故障诊断方法有时要几种方法同时应用,进行故障综合分析,快速诊断出故障的部位,从而排除故障。

5.5.4 数控系统常见故障

数控设备的外部故障可以分为软件故障和外部硬件损坏引起的硬故障。软件故障是指由于操作、调整处理不当引起的,这类故障多发生在设备使用前期或设备使用人员调整时期。

外部硬件操作引起的故障是数控修理中的常见故障。一般都是由于检测开关、液压系统、气动系统、电气执行元件、机械装置出现问题引起的。这类故障有些可以通过报警信息查找故障原因。对一般的数控系统来讲都有故障诊断功能或信息报警。维修人员可利用这些信息手段缩小诊断范围。而有些故障虽有报警信息显示,但并不能反映故障的真实原因,这时需根据报警信息和故障现象来分析解决。

本章内容只对数控装置,输入输出设备,PLC 及其他一些辅助装置常见故障进行分析,对于伺服、主轴部分在以后的部分进行介绍。

1. CNC 单元故障

CNC 单元是系统的核心。CNC 单元硬件连接如图 5-48 所示。系统软件有管理软件和控制软件组成。管理软件包括输入、I/O 处理、显示、诊断等。控制软件包括译码、刀具补偿、速度处理、插补计算、位置控制等。数控系统的软件结构和数控系统的硬件结构两者相互配合,共同完成数控系统的具体功能。

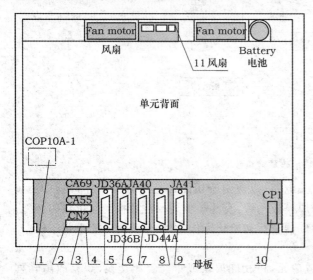
(a) 系统单元接口平面图

(b) 系统单元接口实体图

1—伺服放大器接口;2—伺服检查板接口;3—MDI 接口;4—速度控制单元接口;5—RS-232C 串口;6—RS-232C 串口;7—模拟输出/高速 DI 接口;8—I/O Link 接口;9—串行主轴/位置编码器接口;10—DC24V-输入接口;11—连接插头单元

图 5-48 FANUC Oi 系统单元连接

CNC 系统软件故障(见表 5-11)一般由软件中文件的变化或丢失而形成的,机床软件一般存储与 RAM 中软件故障可能形成的原因如下:

① 误操作引起　在调试用户程序或者修改参数时,操作者删除或更改软件内容,会造成软件故障。

② 供电电池电压不足　RAM 供电的电池或电池电路短路或断路、接触不良等都会造成 RAM 得不到维持电压,从而使系统丢失软件及参数。

③ 干扰信号引起　电源的波动或干扰脉冲会串入数控系统总线,引起时序错误或数控装置停止运行。

④ 软件死循环　运行比较复杂程序或进行大量计算时,会造成系统死循环引起系统中

断，造成软件故障。

⑤ 系统内存不足或软件的溢出引起　在系统进行大量计算时或者是误操作，引起系统的内存不足，从而引起系统的死机。

⑥ 软件的溢出引起　调试程序时，调试者修改参数不合理或进行了大量错误的操作，引起了软件的溢出。

表 5-11　CNC 单元故障分析与维修

故障现象	故障原因	排除方法
不能进入系统，运行系统时，系统界面无显示	1. 可能是系统文件被病毒破坏或丢失，可能是计算机被病毒破坏，也可能是系统软件中有文件损坏了或丢失了 2. 电子盘或硬盘物理损坏 3. 系统 CMOS 设置不对	1. 重新安装数控系统 2. 电子盘或硬盘在频繁的读写中有可能损坏，这时应该修复或更换电子盘或硬盘 3. 更改计算机的 CMOS
运行或操作中出现死机或重新启动	1. 参数设置不当 2. 同时运行了系统以外的其他内存驻留程序 3. 正从软盘或网络调用较大的程序 4. 从已损坏的软盘上调用程序 5. 系统文件被破坏	1. 正确设置系统参数 2.3.4. 停止正在运行或调用的程序 5. 检查软件系统清除病毒
系统出现乱码	1. 参数设置不合理 2. 系统内存不足或操作不当	1. 正确设置系统参数 2. 对系统文件进行整理，删除系统产生的垃圾
操作键盘不能输入或部分不能输入	1. 控制键盘芯片出现问题 2. 系统文件被破坏 3. 主板电路或连接电缆出现问题 4. CPU 出现故障	1. 更换控制芯片 2. 重新安装数控系统 3. 修复或更换 4. 更换 CPU
I/O 单元出现故障	1. I/O 控制板电源没有接通或电压不稳 2. 电流电磁阀、抱闸连接续流二极管损坏	1. 检查线路改善电源 2. 更换续流二极管
数据输入输出接口(RS-232)不能够正常工作	1. 系统的外部输入输出设备的设定错误或硬件出现了故障 2. 参数设置的错误(通信时需要将外部设备的参数与数控系统的参数相匹配，如波特率、停止位等必须设成一致才能够正常通信，外部通信端口必须与硬件相对应) 3. 通信电缆出现问题	1. 对设备重新设定，对损坏的硬件进行更换 2. 按照系统的要求正确的设置参数 3. 对通信电缆进行重新焊接或更换
系统网连接不正常	1. 系统参数设置或文件配置不正确 2. 通信电缆出现问题 3. 通信网口硬件故障	1. 按照系统的要求正确的设置参数 2. 对通信电缆进行重新焊接或更换 3. 对损坏的硬件进行更换

2. 参数设定错误引起的故障

数控机床在出厂前，已将所用的系统参数进行了调试优化，但有的数控系统还有一部分参数需要到用户那里去调试，如果参数设置不对或者没有调试好，就有可能引起各种各样的故障现象，直接影响到机床的正常工作和性能的充分发挥。在数控维修的过程中，有时也利用参数来调试机床的某些功能，而且有些参数需要根据机床的运动状态来进行调整。

(1) 数控系统参数丢失

1) 数控系统的后备电池失效

后备电池的失效将导致全部参数的丢失,机床长时间停用最容易出现后备电池失效的现象,机床长时间停用时应定期为机床通电,使机床空运行一段时间,这样不但有利于后备电池的使用时间延长和及时发现后备电池是否无效,更重要的是可以延长整个数控系统包括机械部分的使用寿命。

2) 操作者的误操作使参数丢失或者受到破坏

这种现象在初次接触数控机床的操作者中经常遇到,由于误操作,有的将全部参数进行清除,有的将个别参数被更改,有的将系统中处理参数的一些文件不小心进行了删除,从而造成了系统参数的丢失。

3) 机床的突然停电

机床在 DNC 方式下加工工件或者在进行数据传输时系统突然断电。

(2) 参数设定错误引起的部分故障现象

① 系统不能正常启动;

② 不能正常运行;

③ 机床运行时经常报跟踪误差;

④ 机床轴运动方向或回零方向反;

⑤ 运行程序不正常;

⑥ 螺纹加工不能够进行;

⑦ 系统显示不正常;

⑧ 死机。参数是整个数控系统中很重要的一部分,如果参数出现差错可以引起各种各样的问题,所以在维修调试的时候一定要注意检查参数,首先排除是因为参数的设置而引起的故障,再从别的位置查找问题的根源。

3. 急停报警类故障

数控装置操作面板和手持单元上,均设有急停按钮,用于当数控系统或数控机床出现紧急情况,需要使数控机床立即停止运动或切断动力装置(如伺服驱动器等)的主电源;当数控系统出现自动报警信息后,须按下急停按钮。待查看报警信息并排除故障后,再松开急停按钮,使系统复位并恢复正常。该急停按钮及相关电路所控制的中间继电器(KA)的一个常开触点应该接入数控装置的开关量输入接口,以便为系统提供复位信号。

急停回路是为了保证机床的安全运行而设计的,所以整个系统的各个部分出现故障均有可能引起急停,其常见故障现象如表 5-12 所列。

表 5-12 急停报警类故障

故障现象	故障原因	排除方法
机床一直处于急停状态,不能复位	1. 电气方面的原因 2. 系统参数设置错误,使系统信号不能正常输入输出或复位条件不能满足引起的急停故障 3. PLC 软件未向系统发送复位信息 4. PLC 程序编写错误 5. 防护门没有关紧	1. 检查急停回路,排除线路原因 2. 按系统要求正确的设置参数检查 3. 根据电气原理图和系统自检报警功能,判断什么条件未满足并进行排除 4. 重新调试 PLC 5. 关紧防护门

续表 5-12

故障现象	故障原因	排除方法
数控系统在自动运行的过程中,报跟踪误差过大引起的急停故障	1. 负载过大或者夹具夹偏造成的摩擦力或阻力过大,从而造成加在伺服电动机的扭矩过大,使电动机造成了丢步形成了跟踪误差过大 2. 编码器的反馈出现问题,如编码器的电缆出现了松动 3. 伺服驱动器报警或损坏 4. 进给伺服驱动系统强电电压不稳或者是电源缺相引起 5. 打开急停系统在复位的过程中,带抱闸的电动机由于打开抱闸时间过早,引起电动机的实际位置发生了变动,产生了跟踪误差过大的报警	1. 减小负载,改变切削条件或装夹条件 2. 检查编码器的接线是否正确,接口是否松动或者用示波器检查编码其所反馈回来的脉冲是否正常 3. 对伺服驱动器进行更换或维修 4. 改善供电电压 5. 适当延后抱闸电动机打开抱闸的时间,当伺服电动机完全准备好以后再打开抱闸
伺服单元报警引起的急停	伺服单元报警或者出现故障(如过载、过流、欠压、反馈断线等),PLC检测到后使整个系统处在急停状态	找出引起伺服驱动器报警的原因,将伺服部分的故障排除,令系统重新复位
主轴单元报警引起的急停	1. 主轴空开跳闸 2. 负载过大 3. 主轴过压、过流或干扰 4. 主轴单元报警或主轴驱动器出错	1. 减小负载或增大空开的限定电流 2. 改变切削参数,减小负载 3. 清除主轴单元或驱动器的报警

例如,一台立式加工中心采用国外进口控制系统,机床在自动方式下执行到 x 轴快速移动时就出现伺服单元报警。此报警是速度控制 OFF 和 x 轴伺服驱动异常。

故障分析:

由于此故障出现后能通过重新启动后消除,但每执行到 x 轴快速移动时就报警。经查该伺服电动机电源线插头因电弧爬行而引起相间短路,经修整后此故障排除。

4. 参考点、编码器类故障

当数控机床回参考点出现故障时,先检查原点减速挡块是否松动,减速开关固定是否牢靠或者被损坏。用百分表或激光干涉仪进行测量,确定机械相对位置是否漂移;检查减速挡块的长度,安装的位置是否合理;检查回原点的起始位置、原点位置和减速开关的位置三者之间的关系;确定回原点的模式是否正确;确定回原点所采用的反馈元器件的类型;检查有关回原点的参数设置是否正确;确认系统是全闭环还是半闭环的控制;用示波器检查是否是脉冲编码器或光栅尺的零点脉冲出现了问题;检查 PLC 的回零信号的输入点是否正确。回参考点常见故障如表 5-13 所列。

例如,一台普通的数控铣床,开机回零,x 轴正常,y 轴回零不成功。

故障分析:机床轴回零时有减速过程,说明减速信号已经到达系统,证明减速开关极其相关电气没有问题,问题可能出在了编码器上,用示波器测量编码器的波形,但是零脉冲正常,可以确定时编码器没有出现问题,问题可能出现在接收零脉冲反馈信号的线路板上。

解决办法:更换线路板;有的系统可能每个轴的检测线路板是分开的,可以将 x 和 y 轴的板子进行互换,确认问题的所在,然后更换板子;有的系统可能把检测的板子与 NC 板集成于一块,则可以直接更换整个板子。

表 5-13 回参考点常见故障分析及维修

故障现象	故障原因		排除方法
机床回原点后原点漂移或参考点发生整螺距偏移	参考点发生单个螺距偏移	1. 减速开关与减速撞块安装不合理,使减速信号与零脉冲信号相隔距离过近 2. 机械安装不到位	1. 调整减速开关或撞块的位置,使机床轴开始减速的位置大概处在一个栅距或一个螺距的中间位置 2. 调整机械部分
	参考点发生多个螺距偏移	1. 参考点减速信号不良 2. 减速挡块固定不良,引起寻找零脉冲的初始点发生了漂移 3. 零脉冲不良引起	1. 检查减速信号是否有效,接触是否良好 2. 重新固定减速挡块 3. 对码盘进行清洗
系统开机回不了参考点、回参考点不到位		1. 系统参数设置错误 2. 零脉冲不良引起回零时找不到零脉冲 3. 减速开关损坏或者短路 4. 数控系统控制检测放大的线路板出错	1. 重新设置系统参数 2. 清洗或更换编码器 3. 维修或更换 4. 更换线路板
找不到零点或回参考点时超程		1. 回参考点位置调整不当,减速挡块距离限位开关行程过短 2. 零脉冲不良,回零时找不到零脉冲 3. 减速开关损坏或者短路 4. 数控系统控制检测放大的线路板出错	1. 调整减速挡块的位置 2. 清洗或更换编码器 3. 维修或更换 4. 更换线路板
回参考点的位置随机性变化		1. 干扰 2. 编码器的供电电压过低 3. 电动机与丝杠的联轴节松动 4. 电动机扭矩过低或由于伺服调节不良,引起跟踪误差过大 5. 零脉冲不良引起的故障	1. 找到并消除干扰 2. 改善供电电源 3. 紧固联轴节 4. 调节伺服参数,改变其运动特性 5. 清洗或更换编码器

5. 系统显示类故障

数控系统不能正常显示的原因很多,当系统的软件出错,在多数情况下会导致系统显示的混乱、不正常或无法显示。当电源出现故障、系统主板出现故障是都有可能导致系统的不正常显示。显示系统本身的故障是造成系统显示不正常的主要原因,因此,系统在不能正常显示的时候,首先要分清造成系统不能正常显示的主要原因,不能简单地认为系统不能正常显示就是显示系统的故障,数控系统显示的不正常,可以分为完全无显示和显示不正常两种情况。当系统电源、系统的其他部分工作正常时,系统无显示的原因,在大多数的情况下是由于硬件原因引起,而显示混乱或显示不正常,一般来说是由于系统软件引起的。当然,系统不同,引起的原因也不同,要根据实际情况进行分析研究。关于系统显示类常见的几种故障现象,如表5-14所列。

6. 数控加工类故障

误差故障的现象较多,在各种设备上出现时的表现不一。如数控车床在直径方向出现时大时小的现象较多。在加工中心上垂直轴出现误差的情况较多,常见的是尺寸向下逐渐增大,但也有尺寸向上增大的现象;在水平轴上也经常会有一些较小误差的故障出现,有些经常变化,时好时坏使零件的尺寸难以控制。造成数控机床中误差故障但又无报警的情况,数控机床中的无报警故障大都是一些较难处理的故障。在这些故障中,以机械原因引起的较多,其次是一些综合因素引起的故障,对这些故障的修理一般具有一定的难度,特别是对故障的现象判断尤其重要。在数控机床的修理中,对这方面故障的判断经验只有在实践中进行摸索,不断总结,不断提高,以适应现代工业中新型设备维修的需要。

表 5-14 系统显示类常见的几种故障现象

故障现象	故障原因	排除方法
运行或操作中出现死机或重新启动	1. 参数设置错误或参数设置不当 2. 同时运行了系统以外的其他内存驻留程序正从软盘或网络调用较大的程序或者从已损坏的软盘上调用程序 3. 系统文件受到破坏或者感染了病毒 4. 电源功率不够 5. 系统元器件受到损害	1. 正确设置参数 2. 停止部分正在运行或调用的程序 3. 用杀毒软件检查软件系统清除病毒或者重新安装系统软件进行修复 4. 确认电源的负载能力是否符合系统要求
系统上电后花屏或乱码	1. 系统文件被破坏 2. 系统内存不足 3. 外部干扰	1. 修复系统文件或重装系统 2. 对系统进行整理,删除一些不必要的垃圾文件 3. 增加防干扰措施
系统上电后,NC电源指示灯亮但是屏幕无显示或黑屏	1. 显示模块损坏 2. 显示模块电源不良或没有接通 3. 显示屏由于电压过高被烧坏 4. 系统显示屏亮度调节调节过暗	1. 更换显示模块 2. 对电源进行修复 3. 更换显示屏 4. 对亮度重新进行调整
主轴有转速但CRT速度无显示	1. 主轴编码器损坏 2. 主轴编码器电缆脱落或断线 3. 系统参数设置不对,编码器反馈的接口不对或者没有选择主轴控制的有关功能	1. 更换主轴编码器 2. 重新焊接电缆 3. 正确设置系统参数
主轴实际转速与所发指令不符	1. 主轴编码器每转脉冲数设置错误 2. 检查PLC程序中主轴速度和D/A输出部分的程序 3. 速度控制信号电缆连接错误	1. 正确设置主轴编码器的每转脉冲数 2. 改写PLC程序,重新调试 3. 重新焊接电缆
系统上电后,屏幕显示暗淡但是可以正常操作,系统运行正常	1. 系统显示屏亮度调节调节过暗 2. 显示控制板出现故障	1. 对亮度进行重新调整 2. 更换显示器或显示器的灯管 3. 更换显示控制板
主轴转动时显示屏上没有主轴转速显示或是主轴转动但进给轴不动	1. 主轴位置编码器与主轴连接的齿形传送带断裂 2. 主轴位置编码器连接电缆断线 3. 主轴位置编码器连接插头接触不良 4. 主轴位置编码器损坏	1. 更换传送带 2. 找出断线点,重新焊接或更换电缆 3. 重新将连接插头插紧 4. 更换主轴位置编码器

加工类故障主要有几种情况,如表 5-15 所列。

表 5-15 数控加工类故障

故障现象	故障原因		排除方法
加工尺寸或精度误差过大	系统方面	1. 机床的数控系统较简单,在系统中对误差没有设置检测,因此在机床出现故障时不能有报警显示 2. 机床中出现的误差情况不在设计时预测的范围内,因此当出现误差时检测不到;由于大多数的数控机床使用的是半闭环系统,因此不能检测到机床的实际位置 3. 机床的电气系统中回零不当,回零点不能保证一致,该种故障出现的误差一般较小	1. 提高机械精度,尽量减小误差发生的可能性 2. 适当减小允差范围,调整参数,提高加工精度 3. 调整减速开关或适当减小回零速度
两轴联动铣削圆周时圆度超差		1. 圆的轴向变形,其原因是由于机床的机械未调整好而造成轴的定位精度不好,或者是机床的丝杠间隙补偿不当,从而导致每当机床在过象限时,就产生圆度误差 2. 产生斜椭圆误差时,一般是由各轴的位置偏差过大造成,可以通过调整各轴的增益来改善各轴的运动性能	1. 调整机械安装,减小机床的机械误差 2. 调整各轴的伺服驱动器,改善各轴的运动性能,调整机械安装,消除反向间隙
两轴联动铣削圆周时圆弧上有突起现象		1. 圆弧切削在特定的角度(0°、90°、180°、270°)过象限时,由于电动机需要反转,由于机械的摩擦力、反向间隙等原因造成速度无法连续,造成圆弧上有突起现象	调整机械安装,减小机床的反向间隙误差
车床加工时,G02、G03加工轨迹不是圆或报圆弧数据错误		1. 参数设置错误,如加工平面选择不对 2. x 轴编程时半径编程输入的是直径值,直径编程时输入的是半径值	1. 正确设置参数 2. 改正所编的程序或者更改参数
自动运行时报程序指令错		1. 程序中有非法地址字 2. 固定循环参数设置错误	1. 改正所编的程序 2. 正确编写固定循环
机床加工工件时,噪声过大		1. 棒料的不直度过大,使机床加工时产生过大的噪声 2. 机床使用过久,丝杠的间隙过大 3. 运动轴轴承座润滑不良,轴承磨损或已经损坏 4. 工装夹具、刀具或切削参数选择不当 5. 伺服电动机,主轴电动机的轴承润滑不良或损坏	1. 对棒料进行校直处理 2. 修磨滚珠丝杆的螺母调整垫片,重调间隙 3. 加长效润滑脂,更换已损坏的轴承 4. 改善工装夹具,并根据工件重新选择刀具或切削参数 5. 加润滑脂、更换已经损坏的轴承

5.6 数控机床伺服系统的故障诊断

学习目标

1. 掌握数控机床主轴驱动系统结构。
2. 掌握数控机床进给伺服驱动系统结构。
3. 具有数控机床主轴驱动系统故障诊断分析能力。
4. 具有数控机床进给伺服驱动系统故障诊断分析能力。
5. 掌握数控机床伺服系统的故障常见维修方法。

工作任务

根据机床主轴驱动系统,进给伺服驱动系统的故障情况与报警信息,准确地诊断故障,找到排出故障的方法,及时进行维修和维护操作。

相关实践与理论知识

5.6.1 主轴驱动系统

1. 主轴驱动系统概述

主轴驱动系统也叫主传动系统,是在系统中完成主运动的动力装置部分。主轴驱动系统通过该传动机构转变成主轴上安装的刀具或工件的切削力矩和切削速度,配合进给运动,加工出理想的零件。主轴运动的精度对零件的加工精度有较大的影响。数控机床对主轴驱动系统的要求包括以下几个方面。

(1) 调速范围宽并实现无级调速

为保证加工时选用合适的切削用量,以获得最佳的生产率、加工精度和表面质量实现无级调速。

(2) 恒功率范围要宽

主轴在全速范围内均能提供切削所需功率,并尽可能在全速范围内提供主轴电动机的最大功率。由于主轴电动机与驱动装置的限制,主轴在低速段均为恒转矩输出。为满足数控机床低速、强力切削的需要,常采用分级无级变速的方法(即在低速段采用机械减速装置),以扩大输出转矩。

(3) 具有4象限驱动能力

要求主轴在正、反向转动时均可进行自动加、减速控制,并且加、减速时间要短。目前一般伺服主轴可以在1 s内从静止加速到6 000 r/min。

(4) 具有位置控制能力

即进给功能(C轴功能)和定向功能(准停功能),以满足加工中心自动换刀、刚性攻丝、螺纹切削以及车削中心的某些加工工艺的需要。

(5) 主轴驱动系统的优点

具有较高的精度与刚度,传动平稳和噪声低等优点。数控机床加工精度的提高与主轴系统的精度密切相关。

(6) 良好的抗振性和热稳定性

数控机床加工时,可能由于持续切削、加工余量不均匀、运动部件不平衡以及切削过程中的自振等原因引起冲击力和交变力,使主轴产生振动,影响加工精度和表面粗糙度,严重时甚至可能损坏刀具和主轴系统中的零件,使其无法工作。主轴系统的发热使其中的零部件产生热变形,降低传动效率,影响零部件之间的相对位置精度和运动精度,从而造成加工误差。因此,主轴组件要有较高的固有频率,较好的动平衡,且要保持合适的配合间隙,并要进行循环润滑。

2. 常用的主轴驱动系统介绍

(1) FANUC公司主轴驱动系统

从20世纪80年代开始,该公司已使用了交流主轴驱动系统,直流驱动系统已被交流驱动系统所取代。目前三个系列交流主轴电动机为:S系列电动机,额定输出功率范围1.5~37 kW;H系列电动机,额定输出功率范围1.5~22 kW;P系列电动机,额定输出功率范围

3.7~37 kW。

(2) SIEMENS(西门子)公司主轴驱动系统

SIEMENS 公司生产的直流主轴电动机有 1GG5、1GF5、1GL5 和 1GH5 四个系列，与这四个系列电动机配套的 6RA24、6RA27 系列驱动装置采用晶闸管控制。

20 世纪 80 年代初期，该公司又推出了 1PH5 和 1PH6 两个系列的交流主轴电动机，功率范围为 3~100 kW。驱动装置为 6SC650 系列交流主轴驱动装置或 6SC611A(SIMODRIVE 611A)主轴驱动模块，主回路采用晶体管 SPWM 变频器控制的方式，具有能量再生制动功能。

3. FANUC 主轴驱动系统

FANUC 公司主要采用交流主轴驱动系统。FANUC 交流主轴驱动系统采用微处理器控制技术，进行矢量计算，从而实现最佳控制；主回路采用晶体管 PWM 逆变器，使电动机电流非常接近正弦波形；具有主轴定向控制、数字和模拟输入接口等功能。FANUC 主轴驱动系统电缆连接原理，如图 5-49 所示。

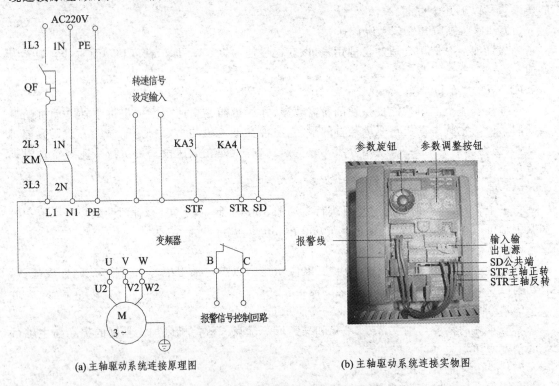

(a) 主轴驱动系统连接原理图　　(b) 主轴驱动系统连接实物图

图 5-49　PWM 驱动装置控制原理

5.6.2　进给伺服系统

1. 进给驱动系统概述

进给驱动系统的性能在一定程度上决定了数控系统的性能，决定了数控机床的挡次，因此，在数控技术发展的历程中，进给驱动系统的研制和发展总是放在首要的位置。数控机床的进给驱动系统是一种位置随动与定位系统，它的作用是快速、准确地执行由数控系统发出的运动命令，精确地控制机床进给传动链的坐标运动。

(1) 数控机床对进给驱动系统的要求

1) 调速范围要宽

调速范围 r_n 是指进给电动机提供的最低转速 n_{min} 和最高转速 n_{max} 之比,即:$r_n = n_{min}/n_{max}$。在各种数控机床中,由于加工用刀具、被加工材料、主轴转速以及零件加工工艺要求的不同,为保证在任何情况下都能得到最佳切削条件,就要求进给驱动系统必须具有足够宽的无级调速范围(通常大于 1∶10 000)。

2) 定位精度要高

使用数控机床主要是为了保证加工质量的稳定性、一致性,减少废品率;解决复杂曲面零件的加工问题;解决复杂零件的加工精度问题和缩短制造周期等。数控机床要求进给驱动系统具有较好的静态特性和较高的刚度,从而达到较高的定位精度,以保证机床具有较小的定位误差与重复定位误差(目前进给伺服系统的分辨率可达 1 μm 或 0.1 μm,甚至 0.01 μm);同时进给驱动系统还要具有较好的动态性能,以保证机床具有较高的轮廓跟随精度。

3) 快速响应,无超调

为了提高生产率和保证加工质量,除了要求有较高的定位精度外,还要求有良好的快速响应特性,即要求跟踪指令信号的响应要快。一方面,在启、制动时,要求加、减加速度足够大,以缩短进给系统的过渡过程时间,减小轮廓过渡误差。一般电动机的速度从零变到最高转速,或从最高转速降至零的时间在 200 ms 以内,甚至小于几十毫秒。要求进给系统要快速响应,但又不能超调,否则将形成过切,影响加工质量;另一方面,当负载突变时,要求速度的恢复时间也要短,且不能有振荡,这样才能得到光滑的加工表面。

4) 低速大转矩,过载能力强

数控机床要求进给驱动系统有非常宽的调速范围,例如在加工曲线和曲面时,拐角位置某轴的速度会逐渐降至零。这就要求进给驱动系统在低速时保持恒力矩输出,无爬行现象,并且具有长时间内较强的过载能力,和频繁的启动、反转、制动能力。

5) 可靠性高

数控机床,特别是自动生产线上的设备要求具有长时间连续稳定工作的能力,同时数控机床的维护、维修也较复杂,因此,要求数控机床的进给驱动系统可靠性高、工作稳定性好,具有较强的温度、湿度、振动等环境适应能力,具有很强的抗干扰的能力。

(2) 进给驱动系统的基本形式

进给驱动系统分为开环和闭环控制两种控制方式,根据控制方式,可把进给驱动系统分为步进驱动系统和进给伺服驱动系统。开环控制与闭环控制的主要区别为是否采用了位置和速度检测反馈元件组成了反馈系统。闭环控制一般采用伺服电动机作为驱动元件,根据位置检测元件所处在数控机床不同的位置,它可以分为半闭环、全闭环和混合闭环三种。

1) 开环数控系统

无位置反馈装置的控制方式就称为开环控制,采用开环控制作为进给驱动系统,则称开环数控系统。一般使用步进驱动系统(包括电液脉冲电动机)作为伺服执行元件,所以也叫步进驱动系统。

2) 半闭环数控系统

半闭环位置检测方式一般将位置检测元件安装在电动机的轴上(通常已由电动机生产厂家安装好),用以精确控制电动机的角度,然后通过滚珠丝杠等传动机构,将角度转换成工作台的直线位移,如果滚珠丝杠的精度足够高,间隙小,精度要求一般可以得到满足。

3) 全闭环数控系统

全闭环方式直接从机床的移动部件上获取位置的实际移动值,因此其检测精度不受机械传动精度的影响。

(3) 交流伺服系统的组成

交流伺服系统主要由下列几个部分构成。

① 交流伺服电动机。它可分为永磁交流同步伺服电动机、永磁无刷直流伺服电动机、感应伺服电动机及磁阻式伺服电动机。

② PWM 功率逆变器。它可分为功率晶体管逆变器、功率场效应管逆变器、IGBT 逆变器（包括智能型 IGBT 逆变器模块）等。

③ 微处理器控制器及逻辑门阵列。它可分为单片机、DSP 数字信号处理器、DSP+CPU、多功能 DSP（如 TMS320F240）。

④ 位置传感器（含速度）。它可分为旋转变压器、磁性编码器、光电编码器。

⑤ 电源及能耗制动电路。

⑥ 键盘及显示电路。

⑦ 接口电路。它包括模拟电压、数字 I/O 及串口通信电路。

⑧ 故障检测，保护电路。

2. FANUC 交流进给伺服系统

FANUC 交流进给伺服系统由晶体管 PWN 控制的交流驱动单元和永磁式三相交流同步电动机组成。其伺服系统电缆连接原理如图 5-50 所示。

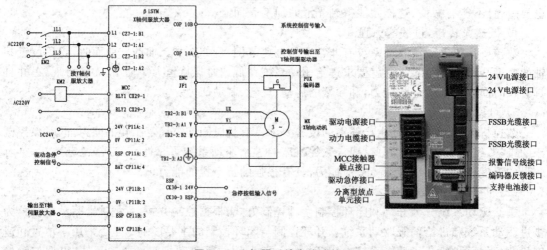

图 5-50 伺服系统电缆连接图

5.6.3 主轴驱动系统的故障诊断与维修

1. 直流主轴驱动系统常见故障

尽管直流主轴驱动系统在目前已应用不多，逐步为交流主轴驱动系统取代，但现有系统的维修还有不少，在此也总结它的故障特点：

① 主轴速度不正常或不稳定；

② 电动机速度达不到定值；

③ 发生过流报警；

④ 过热或过载报警；

⑤ 保险丝熔断；

⑥ 电动机不转，即系统发出指令后，主轴伺服单元或直流主轴电动机不执行；

⑦ 主轴不能定向停止；

⑧ 电刷磨损严重或电刷面上有划痕；
⑨ 过电压吸收器烧坏，即通常情况下是由于外加电压过高或瞬间电网电压干扰引起的。

2. 直流主轴驱动系统使用注意点和日常维护

（1）安装注意事项

主轴伺服系统对安装有较高的要求，这些要求是保证驱动器正常工作的前提条件，在维修时必须引起注意。

① 安装驱动器的电柜必须密封。

为了防止电柜内温度过高，电柜设计时应将温升控制在15℃以下。电柜的外部空气引入口，应设置过滤器，并防止从排气口浸入尘埃或烟雾；电缆出入口、柜门应进行密封，冷却电扇不要直接吹向驱动器，以免粉尘附着。

② 维修完成后，进行重新安装时，要遵循下列原则：
    a. 安装面要平，且有足够的刚性；
    b. 电刷应定期维修及更换，安装位置应尽可能使其检修容易；
    c. 冷却进风口的进风要充分，安装位置要尽可能使冷却部分的检修容易；
    d. 应安装在灰尘少、湿度不高的场所，环境温度应在40℃以下；
    e. 应安装在切削液和油不能直接溅到的位置上。

（2）使用检查

1）伺服系统启动前的检查

检查伺服单元和电动机的信号线、动力线连接是否正常，是否松动以及绝缘是否良好；强电柜和电动机是否可靠接地；电动机的电刷的安装是否牢靠，电动机安装螺栓是否完全拧紧。

2）使用时的检查

① 检查速度指令与转速是否一致，负载指示是否正常。
② 是否有异常声音和异常振动。
③ 轴承温度是否急剧上升等不正常现象。
④ 电刷上是否有显著的火花发生痕迹。

（3）对于工作正常的主轴驱动系统应进行如下日常维护

① 电柜的空气过滤器每月应清扫一次。
② 电柜及驱动器的冷却风扇应定期检查。
③ 建议操作人员每天都应注意主轴的旋转速度、异常振动、异常声音、通风状态、轴承温度、外表温度和异常臭味。
④ 建议使用单位维护人员，每月应对电刷、换向器进行检查。
⑤ 建议使用单位维护人员，每半年应对测速发电动机、轴承、热管冷却部分、绝缘电阻进行检测。

3. 交流伺服主轴驱动系统常见故障及排除

交流主轴驱动系统按信号形式又可分为交流模拟型主轴驱动单元和交流数字型主轴驱动单元。交流主轴驱动除了有直流主轴驱动同样的过热、过载、转速不正常报警或故障外，还有另外的故障条目，总结如下。

（1）主轴不能转动且无任何报警显示

产生此故障的可能原因及排除方法如表5-16所列。

表 5-16 主轴不能转动,且无任何报警显示的故障综述

可能原因	检查步骤	排除措施
机械负载过大		尽量减轻机械负载
主轴与电动机连接传送带过松	在停机的状态下,查看传送带的松紧程度	调整传送带
主轴中的拉杆未拉紧夹持刀具的拉钉(在车床上就是卡盘未夹紧工件)	有的机床会设置敏感元件的反馈信号,检查此反馈信号是否到位	重新装夹好刀具或工件
系统处在急停状态	检查主轴单元的主交流接触器是否吸合	更具实际情况下,松开急停
机械准备好信号断路		排查机械准好信号电路
主轴动力线断线	用万用表测量动力线电压	确保电源输入正常
电源缺相		
正、反转信号同时输入	利用 PLC 监察功能查看相应信号	
无正、反转信号	通过 PLC 监视画面,观察正反转指示信号是否发出	一般为数控装置的输出有问题,排查系统的主轴信号输出端子
没有速度控制信号输出	测量输出的信号是否正常	
使能信号没有接通	通过 CRT 观察 I/O 状态,分析机床 PLC 梯形图(或流程图),以确定主轴的启动条件,如润滑、冷却等是否满足	检查外部启动的条件是否符合
主轴驱动装置故障	有条件的话,利用交换法,确定是否有故障	更换主轴驱动装置
主轴电动机故障		更换电动机

(2) 速度偏差过大

速度偏差过大,指的是主轴电动机的实际速度与指令速度的误差值超过允许值,一般是启动时电动机没有转动或速度上不去。引起此故障的原因如表 5-17 所列。

表 5-17 速度偏差过大报警综述

可能原因	检查步骤	排除措施
反馈连线不良	不启动主轴,用手盘动主轴使主轴电动机以较快速度转起来,估计电动机的实际速度,监视反馈的实际转速	确保反馈连线正确
反馈装置故障		更换反馈装置
动力线连接不正常	用万用表或兆欧表检查电动机或动力线是否正常(包括相序不正常)	确保动力线连接正常
动力电压不正常		确保动力线电压正常
机床切削负荷太重,切削条件恶劣		重新考虑负载条件,减轻负载,调整切削参数
机械传动系统不良		改善机械传动系统条件
制动器未松开	查明制动器未松开的原因	确保制动电路正常
驱动器故障	利用交换法,判断是否有故障	更换出错单元
电流调节器控制板故障		
电动机故障		

(3) 过载报警

削用量过大,频繁正、反转等均可引起过载报警。具体表现为主轴过热、主轴驱动装置显

示过电流报警等造成此故障的可能原因如表 5-18 所列。

表 5-18 过载报警综述

出现故障时间	可能原因	检查步骤	排除措施
长时间开机后再出现此故障	负载太大	检查机械负载	调整切削参数,改善切削条件,减轻负载
	频繁正、反转		减少频繁正、翻转次数
开机后即出现此报警	热控开关坏了	用万用表测量相应管脚	更换热控开关
	控制板有故障	用交换法判断是否有故障	如有故障,更换控制板

(4) 直流侧保险丝熔断报警

三相 220 V 交流电经整流桥整流到直流 300 V,经过一个保险后给晶体管模块,控制板检测此保险两端的电压,如果太大,则产生此报警。产生此报警的原因可能如表 5-19 所列。

表 5-19 直流侧保险丝熔断报警综述

可能原因	检查步骤	排除措施
保险已经断开	用万用表检查直流保险是否断开	确保保险在可工作状态
连线不良	检查主控制板与主轴单元的连接插座是否紧合	确保连线正常
电动机电枢线短路	用万用表测量各输出线,测量是否短路	确保没有短路现象
电动机电枢绕组短路或局部短路		
电动机电枢线对地短路		
输入电源存在缺相	用万用表测量电压	确保电源正常

(5) 外界干扰

主轴转速会出现随机和无规律性的波动,具体情况如表 5-20 所列。

表 5-20 主轴转速出现随机和无规律性的波动的故障综述

可能原因	检查步骤	排除措施
屏蔽和接地措施不良		做好屏蔽处理和接地
主轴转速指令信号受到干扰	测量输出信号是否与转速对应的模拟电压匹配	加抗干扰的磁环
反馈信号受到干扰	测量反馈信号是否与输出信号是否匹配	加抗干扰的磁环

(6) 主轴不能进行变速

主轴不能变速可能的原因如表 5-21 所列。

表 5-21 主轴不能进行变速的故障综述

可能原因	检查步骤	排除措施
CNC 参数设置不当	检查有关主轴的参数	依照参数说明书,正确设置参数
加工程序编程错误	检查加工程序	正确使用控制主轴的 M03、M04,S 指令
D/A 转换电路故障	用交换法判断是否有故障	更换相应电路板
主轴驱动器速度模拟量输入电路故障	测量相应信号,是否有输出且是否正常	更换指令发送口或更换数控装置

(7) 机床执行了主轴定向指令后,主轴定向位置出现偏差

主轴准停用于刀具交换、精镗进、退刀及齿轮换挡等场合,有以下三种实现方式。

① 机械准停控制 由带 V 型槽的定位盘和定位用的液压缸配合动作。

② 磁性传感器的电器准停控制 发磁体安装在主轴后端,磁传感器安装在主轴箱上,其安装位置决定了主轴的准停点,发磁体和磁传感器之间的间隙为(1.5±0.5) mm。

③ 编码器型的准停控制 通过主轴内置安装或在机床主轴上直接安装一个光电编码器来实现准停控制,准停角度可任意设定。

上述准停均要经过减速的过程,如减速或增益等参数设置不当,均可引起定位抖动。另外,准定方式①中定位液压缸活塞移动的限位开关失灵,准停方式②中发磁体和磁传感器之间的间隙发生变化或磁传感器失灵均可引起定位抖动。所以引起此故障的原因如表 5-22 所列。

表 5-22 主轴定位点不稳定的故障综述

可能原因	检查步骤	排除措施
如果是第二种定位方式,可能是此传感信号没到位	在系统端测量定位信号	确保定位信号正确传输到数控装置
反馈线连接不良	检查连线	确认连线
主轴编码器"零位脉冲"不良或受到干扰	用万用表测量编码器反馈信号,检查是否正常	更换编码器

(8) 主轴不能松刀

引起此故障的可能原因及排除措施见表 5-23。

表 5-23 主轴不能松刀的故障综述

可能原因	检查步骤	排除措施
液压或气压压力不足	检查后面的液压表或气压表	开启液压阀或气压阀,加大压力
弹簧损坏		更换弹簧
松拉刀汽缸损坏		修松拉刀汽缸
松拉刀电磁换向阀故障	直接给电磁换向阀上加上控制信号,电磁换向阀是否动作	修换电磁换向阀
松拉刀的检测开关故障	用手按下检测开关,另一人观看是否有信号输入	修换检测开关
松拉刀夹爪损坏	可目测	修换松拉刀夹爪

4. 交流伺服主轴驱动系统维护

为了使主轴伺服驱动系统长期可靠连续运行,防患于未然,应进行日常检查和定期检查。注意以下的作业项目。

(1) 日常检查

通电和运行时不取去外盖,从外部目检变频器的运行,确认没有异常情况。通常检查以下各点。

① 运行性能符合标准规范。

② 周围环境符合标准规范。

③ 键盘面板显示正常。

④ 没有异常的噪声、振动和气味。

⑤ 没有过热或变色等异常情况。

(2) 定期检查

定期检查时,应注意以下事项:

① 维护检查时,务必先切断输入变频器(R、S、T)的电源。
② 确定变频器电源切断,显示消失后,等到内部高压指示灯熄灭后,方可实施维护、检查。
③ 在检查过程中,绝对不可以将内部电源及线材,排线拔起及误配,否则会造成变频器不工作或损坏。
④ 安装时螺丝等配件不可置留在变频器内部,以免电路板造成短路现象。
⑤ 安装后保持变频器的干净,避免尘埃,油雾,湿气侵入。

注 意:

即使断开变频器的供电电源后,滤波电容器上仍有充电电压,放电需要一定时间。为避免危险,必须等待充电指示灯熄灭,并用电压表测试,确认此电压低于安全值(≤25 VDC),才能开始检查作业。

5. 主轴通用变频器常见报警及故障处理

(1) 通用变频器常见报警及保护

为了保证驱动器的安全,可靠的运行,在主轴伺服系统出现故障和异常等情况时,设置了较多的保护功能,这些保护功能与主轴驱动器的故障检测与维修密切相关。当驱动器出现故障时,可以根据保护功能的情况,分析故障原因。

1) 接地保护

在伺服驱动器的输出线路以及主轴内部等出现对地短路时,可以通过快速熔断器间切断电源,对驱动器进行保护。

2) 过载保护

当驱动器负载超过额定值时,安装在内部的热开关或主回路的热继电器将动作,对其进行过载保护。

3) 速度偏差过大报警

当主轴的速度由于某种原因,偏离了指令速度且达到一定的误差后,将产生报警,并进行保护。

4) 瞬时过电流报警

当驱动器中由于内部短路、输出短路等原因产生异常的大电流时,驱动器将发出报警并进行保护。

5) 速度检测回路断线或短路报警

当测速发电动机出现信号断线或短路时,驱动器将产生报警并进行保护。

6) 速度超过报警

当检测出的主轴转速超过额定值的115%时,驱动器将发出报警并进行保护。

7) 励磁监控

如果主轴励磁电流过低或无励磁电流,为防止飞车,驱动器将发出故障并进行保护。

8) 短路保护

当主回路发生短路时,驱动器可以通过相应的快速熔断器进行短路保护。

9) 相序报警

当三相输入电源相序不正确或缺相状态时,驱动器将发出报警。

(2) 通用变频器常见故障及处理

通用变频器常见故障及处理,常见报警如表5-24所列。

表 5-24 通用变频器常见故障与处理

故障现象	发生时的工作状况	处理方法
电动机不运转	变频器输出端子 U、V、W 不能提供电源	电源是否已提供给端子
		运行命令是否有效
		RS(复位)功能或自由运行停车功能是否处于开启状态
	负载过重	电动机负载是否太重
	任选远程操作器被使用	确保其操作设定正确
电动机反转	输出端子 U/T1,V/T2 和 W/T3 的连接是否正确	使得电动机的相序与端子连接相对应,通常来说:正转(FWD)=U-V-W;反转(REV)=U-W-V
	电动机正、反转的相序是否与 U/T1、V/T2 和 W/T3 相对应	
	控制端子(FW)和(RV)连线是否正确	端子(FW)用于正转,(RV)用于反转
电动机转速不能到达	如果使用模拟输入,电流或电压为零	检查连线
		检查电位器或信号发生器
	负载太重	减少负载
		重负载激活了过载限定(根据需要不让此过载信号输出)
转动不稳定	负载波动过大	增加电动机容量(变频器及电动机)
	电源不稳定	解决电源问题
	该现象只是出现在某一特定频率下	稍微改变输出频率,使用调频设定将此有问题的频率跳过
过流	加速中过流	检查电动机是否短路或局部短路,输出线绝缘是否良好
		延长加速时间
		变频器配置不合理,增大变频器容量
		减低转矩提升设定值
	恒速中过流	检查电动机是否短路或局部短路,输出线绝缘是否良好
		检查电动机是否堵转,机械负载是否有突变
		变频器容量是否太小,增大变频器容量
		电网电压是否有突变
		输出连线绝缘是否良好,电动机是否有短路现象
	减速中或停车时过流	延长减速时间
		更换容量较大的变频器
		直流制动量太大,减少直流制动量
		机械故障,送厂维修。
短路	对地短路	检查电动机连线是否有短路
		检查输出线绝缘是否良好
		送 修

续表 5-24

故障现象	发生时的工作状况	处理方法
过压	停车中过压	延长减速时间,或加装刹车电阻;
	加速中过压	改善电网电压,检查是否有突变电压产生
	恒速中过压	
	减速中过压	
低压		检查输入电压是否正常
		检查负载是否突然有突变
		是否缺相
变频器过热		检查风扇是否堵转,散热片是否有异物
		环境温度是否正常
		通风空间是否足够,空气是否能对流
变频器过载	连续超负载 150% 在 1 min 以上	检查变频器容量是否偏小,否则加大容量
		检查机械负载是否有卡死现象
		V/F 曲线设定不良,重新设定
电动机过载	连续超负载 150% 在 1 min 以上	机械负载是否有突变
		电动机配用太小
		电动机发热绝缘变差
		电压是否波动较大
		是否存在缺相
		机械负载增大
电动机过转矩		机械负载是否有波动
		电动机配置是否偏小

关于对表 5-24 的情况的几点说明。

① 电源电压过高。变频器一般允许电源电压向上波动的范围是 +10%,超过此范围时,就进行保护。

② 降速过快。如果将减速时间设定的太短,在再生制动过程中,制动电阻来不及将能量放掉,只是直流回路赂电压过高,形成高电压。

③ 电源电压低于额定值电压 10%。

④ 过电流可分为以下两种:

非短路性过电流:可能发生在严重过载或加速过快。

短路性过电流:可能发生在负载侧短路或负载侧接地。

另外,如果变频器逆变桥同一桥臂的上下两晶体管同时导通,形成"直通"。因为变频器在运行时,同一桥臂的上下两晶体管总是处于交替导通状态,在交替导通的过程中,必须保证只有在一个晶体管完全截止后,另一个晶体管才开始导通。如果由于某种原因,如环境温度过高等,使之器件参数发生飘移,就可能导致直通。

5.6.4 进给伺服系统的故障诊断与维修

当进给伺服系统出现故障时,通常有三种表现方式:第一,在 CRT 或操作面板上显示报警内容和报警信息,它是利用软件的诊断程序来实现的;第二,利用进给伺服驱动单元上的硬件(如报警灯或数码管指示、保险丝熔断等)显示报警驱动单元的故障信息;第三,进给运动不正常,但无任何报警信息。

其中前两类都可根据生产厂家或公司提供的产品《维修说明书》中有关"各种报警信息产生的可能原因"的提示进行分析判断,一般都能确诊故障原因、部位。对于第三类故障,则需要进行综合分析,这类故障往往是以机床上工作不正常的形式出现的,如机床失控、机床振动及工件加工质量太差等。

伺服系统的故障诊断,虽然由于伺服驱动系统生产厂家的不同,在具体做法上可能有所区别,但其基本检查方法与诊断原理却是一致的。诊断伺服系统的故障,一般可利用状态指示灯诊断法、数控系统报警显示的诊断法、系统诊断信号的检查法、原理分析法的等。

1. 进给伺服驱动系统常见的报警及处理

进给伺服驱动系统常见的报警通常为软件报警(CRT 显示)故障。

(1) 进给伺服系统出错报警故障

这类故障的起因,大多是速度控制单元方面的故障引起的,或是主控制印制线路板与位置控制或伺服信号有关部分的故障。例:下表为 FANUC PWM 速度控制单元的控制板上的 7 个报警指示灯,分别是 BRK、HVAL、HCAL、OVC、LVAL、TGLS 以及 DCAL;在它们下方还有 PRDY(位置控制已准备好信号)和 VRDY(速度控制单元已准备好信号)2 个状态指示灯,其含义如表 5-25 所列。

表 5-25　速度控制单元状态指示灯一览表

代　号	含　　义	备　注	代　号	含　　义	备　注
BRK	驱动器主回路熔断器跳闸	红色	TGLS	转速太高	红色
HCAL	驱动器过电流报警	红色	DCAL	直流母线过电压报警	红色
HVAL	驱动器过电压报警	红色	PRAY	位置控制准备好	绿色
OVC	驱动器过载报警	红色	VRDY	速度控制单元准备好	绿色
LVAL	驱动器欠电压报警	红色			

(2) 信号故障

检测元件(旋转变压器、脉冲编码器)或检测信号方面引起的故障。

(3) 参数被破坏

参数被破坏报警表示伺服单元中的参数由于某些原因引起混乱或丢失。引起此报警的通常原因及常规处理如表 5-26 所列。

表 5-26　"参数被破坏"报警综述

警报内容	警报发生状况	可能原因	处理措施
参数破坏	在接通控制电源时发生	正在设定参数时电源断开	进行用户参数初始化后重新输入参数
		正在写入参数时电源断开	
		超出参数的写入次数	更换伺服驱动器(重新评估参数写入法)
		伺服驱动器 EEPROM 以及外围电路故障	更换伺服驱动器
参数设定异常	在接通控制电源时发生	装入了设定不适当的参数	执行用户参数初始化处理

(4) 超　速

引起此报警的通常原因及常规处理如表 5-27 所列。

表 5-27 超速报警综述

警报内容	警报发生状况	可能原因	处理措施
超速	接通控制电源时发生	电路板故障	更换伺服驱动器
		电动机编码器故障	更换编码器
	电动机运转过程中发生	速度标定设定不合适	重设速度设定
		速度指令过大	使速度指令减到规定范围内
		电动机编码器信号线故障	重新布线
		电动机编码器故障	更换编码器
	电动机启动时发生	超调过大	重设伺服调整使启动特性曲线变缓
		负载惯量过大	伺服在惯量减到规定范围内

(5) 过热报警故障

过热是指伺服单元、变压器及伺服电动机过热。引起过热报警的原因如表 5-28 所列。

表 5-28 伺服单元过热报警原因综述表

	过热的具体表现	过热原因	处理措施
过热报警	过热的继电器动作	机床切削条件较苛刻	重新考虑切削参数,改善切削条件
		机床摩擦力矩过大	改善机床润滑条件
	热控开关动作	伺服电动机电枢内部短路或绝缘不良	加绝缘层或更换伺服电动机
		电动机制动器不良	更换制动器
		电动机永久磁钢去磁或脱落	更换电动机
	电动机过热	驱动器参数增益不当	重新设置相应参数
		驱动器与电动机配合不当	重新考虑配合条件
		电动机轴承故障	更换轴承
		驱动器故障	更换驱动器

(6) 伺服单元过电流报警

引起过流的通常原因及常规处理如表 5-29 所列。

表 5-29 伺服单元过电流报警综述

警报内容	警报发生状况	可能原因	处理措施
过电流(功率晶体管(IGBT)产生过电流)或者散热片过热	在接通控制电源时发生	伺服驱动器的电路板与热开关连接不良	更换伺服驱动器
		伺服驱动器电路板故障	
	在接通主电路电源时发生或者在电动机运行过程中产生过电流	U、V、W 与地线连接错误	检查配线,正确连接
		地线缠在其他端子上	
		电动机主电路用电缆的 U、V、W 与地线之间短路	修正或更换电动机主电路用电缆
		电动机主电路用电缆的 U、V、W 之间短路	
		再生电阻配线错误	检查配线,正确连接
		伺服驱动器的 U、V、W 与地线之间短路	更换伺服驱动器
		伺服驱动器故障(电流反馈电路、功率晶体管或者电路板故障)	
		伺服电动机的 U、V、W 与地线之间短路	更换伺服单元
		伺服电动机的 U、V、W 之间短路	
		因负载转动惯量大并且高速旋转,动态制动器停止,制动电路故障	更换伺服驱动器(减少负载或者降低使用转速)

(7) 伺服单元过电压报警

引起过压的通常原因及常规处理如表 5-30 所列。

表 5-30 伺服单元过电压报警综述

警报内容	警报发生状况	可能原因	处理措施
过电压（伺服驱动器内部的主电路直流电压超过其最大值限）在接通主电路电源时检测	在接通控制电源时发生	伺服驱动器电路板故障	更换伺服驱动器
	在接通主电源时发生	AC 电源电压过大	将 AC 电源电压调节到正常范围
		伺服驱动器故障	更换伺服驱动器
	在通常运行时发生	检查 AC 电源电压（是否有过大的变化）	
		使用转速高，负载转动惯量过大（再生能力不足）	检查并调整负载条件、运行条件
		内部或外接的再生放电电路故障（包括接线断开或破损等）	最好是更换伺服驱动器
		伺服驱动器故障	更换伺服驱动器
	在伺服电动机减速时发生	使用转速高，负载转动惯量过大	检查并重调整负载条件，运行条件
		加减速时间过小，在降速过程中引起过电压	调整加减速时间常数

(8) 伺服单元欠电压报警

引起欠电压的通常原因及常规处理如表 5-31 所列。

表 5-31 伺服单元欠电压报警综述

警报内容	警报发生状况	可能原因	处理措施
电压不足（伺服驱动器内部的主电路直流电压低于其最小值限）在接通主电路电源时检测	在接通控制电源时发生	伺服驱动器电路板故障	更换伺服驱动器
		电源容量太小	更换容量大的驱动电源
	在接通主电路电源时发生	AC 电源电压过低	将 AC 电源电压调节到正常范围
		伺服驱动器的保险丝熔断	更换保险丝
		冲击电流限制电阻断线（电源电压是否异常，冲击电流限制电阻是否过载）	更换伺服驱动器（确认电源电压，减少主电路 ON/OFF 的频度）
		伺服 ON 信号提前有效	检查外部使能电路是否短路
		伺服驱动器故障	更换伺服驱动器
	在通常运行时发生	AC 电源电压低（是否有过大的压降）	将 AC 电源电压调节到正常范围
		发生瞬时停电	通过警报复位重新开始运行
		电动机主电路用电缆短路	修正或更换电动机主电路用电缆
		伺服电动机短路	更换伺服电动机
		伺服驱动器故障	更换伺服驱动器
		整流器件损坏	建议更换伺服驱动器

2. 进给伺服驱动系统常见故障及排除

(1) 机床振动

机床振动指的是机床在移动时或停止时的振荡、运动时的爬行、正常加工过程中的运动不稳等。故障可能是机械传动系统的原因,亦可能是伺服进给系统的调整与设定不当等。

① 开停机时振荡的故障原因、检查和处理方法如下表 5-32 所列。

表 5-32 机床振动的原因与检查、处理方法

故障原因	检查步骤	措 施
位置控制系统参数设定错误	对照系统参数说明检查原因	设定正确的参数
速度控制单元设定错误	对照速度控制单元说明或根据机床厂提供的设定单检查设定	正确设定速度控制单元
反馈装置出错	反馈装置本身是否有故障	更换反馈装置
	反馈装置连线是否正确	正确连接反馈线
电动机本身有故障	用替换法检查是否电动机有故障	如有故障,更换电动机
振动周期与进给速度成正比	插补精度差,振动周期可能为位置检测器信号周期的 1 或 2 倍	更换或维修不良部分,调整或检测增益

② 工作过程中振动或爬行。

③ 工作台移动到某处时出现缓慢的正反向摆动。机床经过长期使用,机床与伺服驱动系统之间的配合可能会产生部分改变,一旦匹配不良,可能引起伺服系统的局部振动。

(2) 机床定位精度或加工精度差

机床定位精度或加工精度差可分为定位超调、单脉冲进给精度差、定位点精度不好、圆弧插补加工的圆度差等情况。其故障的原因、检查和处理方法如表 5-33 所列。

表 5-33 机床定位精度和加工精度差的原因与检查、处理方法

项 目	故障原因	检查步骤	措 施
超调	加/减速时间设定过小	检测启、制动电流是否已经饱和	延长加/减速时间设定
单脉冲精度差	需要根据不同情况进行故障分析	检查定位时位置跟随误差是否正确	若正确调整机床机械传动系统,否则提高位置环、速度环增益
	机械传动系统存在爬行或松动	检查机械部件的安装精度与定位精度	调整机床机械传动系统
	伺服系统的增益不足	调整速度控制单元的相应旋钮,提高速度环增益	提高位置环、速度环的增益
定位精度不良	需根据不同情况进行故障分析	检查定位是位置跟随误差是否正确	若正确调整机床机械传动系统,否则更换不良板
	位置控制单元不良	更换位置控制单元板(主板)	更换不良板
	位置检测器件(编码器、光栅)不良	检测位置检测器件(编码器、光栅)	更换不良位置检测期间(编码器、光栅)
	速度控制单元控制板不良		维修、更换不良板

续表 5-33

项 目	故障原因	检查步骤	措 施
圆弧插补加工的圆度差	需根据不同情况进行故障分析	测量不圆度,检查周向上是否变形,45°方向上是否成椭圆	若轴向变形,则调整机床,进行定位精度、反向间隙的补偿,若 45°方向上成椭圆,则见调整位置环增益以消除各轴间的增益差
	机床反向间隙大、定位精度差	测量各轴的定位精度与反向间隙	调整机床,进行定位精度、反向间隙补偿
	位置环增益设定不当	调整控制单元,使同样的进给速度下各插补轴的位置跟随误差的差值在±1%以内	调整位置环增益以消除各轴间的增益差
	各插补轴的检测增益设定不良	在调整位置环增益以消除各轴间的增益差后,在 45°上成椭圆	调整检测增益
	感应同步器或旋转变压器的接口板调整不良	检查接口板的调整	重新调整接口板

(3) 位置跟随误差超差报警

伺服轴运动超过位置允差范围时,数控系统就会产生位置误差过大的报警,包括跟随误差、轮廓误差和定位误差等。主要原因及排除如表 5-34 所列。

表 5-34 位置跟随误差超差报警的原因及处理

故障原因	检查步骤	措 施
伺服过载或有故障	查看伺服驱动器相应的报警指示灯	减轻负载,让机床工作在额定负载以内
动力线或反馈线连接错误	检查连线	正确连接电动机与反馈装置的连接线
伺服变压器过热	查看相应的工作条件和状态	观察散热风扇是否工作正常,做好散热措施
保护熔断器熔断	查看相应的工作条件和状态	更换熔体
输入电源电压太低	用万用表测量输入电压	确保输入电压正常
伺服驱动器与 CNC 间的信号电缆连接不良	检查信号电缆的连接,分别测量电缆信号线各引脚的通断	确保信号电缆传输正常
干扰	检查屏蔽线	处理好地线以及屏蔽层
参数设置不当	检查设置位置跟随误差的参数,如:伺服系统增益设置不当,位置偏差值设定错误或过小	依参数说明书正确设置参数
速度控制单元故障	可以用同型号的备用电路板来测试现在的电路板是否有故障	如果确认故障,更换相应电路板或驱动器
系统主板的位置控制部分故障	可以用同型号的备用主板来测试现在的电路板是否有故障	如果确定故障,更换相应主板
编码器反馈不良	用手转动电动机,看反馈的数值是否相符	如果确认不良,更换编码器
机械传动系统有故障	检查如:进给传动链累计误差过大或机械结构连接不好而造成的传动间隙过大	排除机械故障,确保工作正常

(4) 超　　程

当进给运动超过由软件设定的软限位或由限位开关决定的硬限位时,就会发生超程报警,一般会在 CRT 上显示报警内容,根据数控系统说明书,即可排除故障,解除超程。

(5) 过　　载

当进给运动的负载过大、频繁正、反向运动以及进给传动链润滑状态不良时,均会引起过载的故障。一般会在 CRT 上显示伺服电动机过载、过热或过流等报警信息。同时,在强电柜中的进给驱动单元上,用指示灯或数码管提示驱动单元过载、过电流等信息。

(6) 发生在启动加速段或低速进给时的爬行

一般是由于进给传动链的润滑状态不良、伺服系统增益过低及外加负载过大等因素所致。尤其要注意的是,伺服和滚珠丝杠连接用的联轴器,由于连接松动或联轴器本身的缺陷,如裂纹等,造成滚珠丝杠转动或伺服的转动不同步,从而使进给忽快忽慢,产生爬行现象。

(7) 回参考点故障

回参考点故障一般分为找不到参考点和找不准参考点两类,前一类故障一般是回参考点减速开关产生的信号或零位脉冲信号失效,可以通过检查脉冲编码器零标志位或光栅尺零标志位是否有故障。后一类故障时参考点开关挡块位置设置不当引起的,需要重新调整挡块位置。

3. 进给伺服电动机故障诊断维修与维护

(1) 直流伺服电动机的故障诊断及维修

1) 直流伺服电动机不转

当机床开机后,CNC 工作正常,"机床锁住"等信号已释放,按下方向键后系统显示动(坐标轴位置值在变化),但实际伺服电动机不转,可能原因如表 5-35 所列。

表 5-35　直流伺服电动机不转故障综述

可能原因	检查步骤	排除措施
动力线断线或接触不良	依次用万用表测量动力线 R、S、T 端子	正确连接动力线
使能信号(ENABLE)没有送到速度控制单元	如果没有使能信号,通常驱动器上的 PRDY 指示灯不亮	确保使能的条件,正常使能
速度指令电压(V_{CMD})为零	测量数控装置的速度指令电压输出端口是否有输出	确保数控装置由指令电压输出
速度指令电压(V_{CMD})不为零	如果数控装置端有输出,测量速度指令线的驱动器端是否有电压	确保指令输出电压传输到位
永磁体脱落		更换永磁体或电动机
制动器未松开	检查制动器,依次排查制动电路	确保制动器能工作正常
制动器断		更换制动器
整流桥或驱动器损坏	用交换法判断是否有故障	更换驱动器
电动机故障		更换电动机

2) 过　　热

可能的原因如表 5-36 所列。

表 5-36 直流伺服电动机过热报警综述

可能原因	检查步骤	排除措施
负载过大	校核工作负载是否过大	改善切削条件,重新考虑切削负载
换向器绝缘不正常或内部短路	由于切削液和电刷灰引起换向器绝缘不正常	做好电动机的密封处理,定期清理电刷灰
制动器不释放	制动线圈断线、制动器未松开、制动摩擦片间隙调整不当	更换制动器或调整制动摩擦片的间隙
	制动电路故障	依次排查制动电路,确保正常
温度检测开关不良	一般用手摸能感觉到温度	更换温控开关

(2) 交流伺服电动机的故障诊断及维修

1) 交流伺服电动机常见的故障

表 5-37 所列为交流伺服电动机的常见故障及排除措施。

表 5-37 交流伺服电动机常见故障

故障现象	可能原因	排除措施
接线故障如插座脱焊或端子接线松开	虚焊,连接不牢固	确保连接正常且稳定
位置检测装置故障	检验其是否有输出信号	更换反馈装置
得电不松开、失电不吸合制动	电磁制动故障	更换电磁阀

2) 交流伺服故障判断的方法

① 用万用表或电桥测量电枢绕组的直流电阻,检查是否断路,并用兆欧表查绝缘是否良好。

② 与机械装置分离,用手转动转子,正常情况下感觉有阻力,转一个角度后手放开,转子又返回现象;如果用手转动转子时能连续转几圈并自由停下,说明已损坏;如果用手不动或转动后无返回,机械部分可能有故障。

3) 脉冲编码器的更换

交流伺服的脉冲编码器不良,就应更换脉冲编码器。更换编码器应按规定步骤进行(请参照相应安装说明书)。注意,原连接部分无定位标记的,编码器不能随便拆离,不然会使相位错位;对采用霍尔元件换向的应注意开关的出线顺序。平时,不应敲击上安装位置检测装置的部位。另外,伺服一般在定子中埋设热敏电阻,当出现过热报警时,应检查热敏电阻是否正常。

4. 进给驱动系统的维护

(1) 直流伺服电动机的维护

1) 存放要求

不要将直流伺服电动机长期存放在室外,也要避免存放在湿度高,温度有急剧变化和多尘的地方,如需存放一年以上,应将电刷从电动机上取下来,否则容易腐蚀换向器造成损坏。

2) 机床长期不运行时的保养

当机床长达几个月不开动的情况下,要对全部电刷进行检查,并要认真检查换向器表面是否生锈。如有锈,要用特别缓慢的速度,充分、均匀的运转。经过 1~2 h 后再行检查,直至处于正常状态,方可使用机床。

3) 电动机的日常维护

① 每天在机床运行时的维护检查　在运行过程中要注意观察的旋转速度;是否有异常的振动和噪声;是否有异常臭味;检查电动机的机壳和轴承的温度。

② 定期维护　由于直流伺服电动机带有数对电刷,旋转时,电刷与换向器摩擦而逐渐磨损。电刷异常或过度磨损,会影响工作性能,所以对直流伺服电动机的日常维护也是相当必要的。要每月定期对电刷进行清理和检查。数控车床、铣床和加工中心的直流伺服应每年检查一次,频繁加、减速的机床(如冲床等)中的直流伺服应每两个月检查一次,检查步骤如下:

(a) 在数控系统处于断电状态且已经完全冷却的情况下进行检查。

(b) 取下橡胶刷帽,用螺钉旋具刀拧下刷盖取出电刷。

(c) 测量电刷长度,如 FANUC 直流伺服电动机的电刷由 10 mm 磨损到小于 5 mm 时,必须更换同型号的新电刷。

(d) 仔细检查电刷的弧形接触面是否有深沟或裂痕,以及电刷弹簧上有无打火痕迹,如有上述现象,则要考虑的工作条件是否过分恶劣或本身是否有问题。

(e) 用不含金属粉末及水分的压缩空气倒入装电刷的刷握孔吹净粘在刷握孔壁上的电刷粉末,如果难以吹净,可用螺钉旋具尖轻轻清理,直至孔壁全部干净为止,但要注意不要碰到换向器表面。

(f) 重新装上电刷,拧紧刷盖,如果是更换了新电刷,要使空运性跑合一段时间,以使电刷表面与换向器表面温和良好。

(2) 交流伺服电动机的维护

交流伺服电动机与直流伺服电动机相比,最大的优点是不存在电刷维护的问题。应用于进给驱动的交流伺服电动机多采用交流永磁同步电动机,其特点是磁极是转子,定子的电枢绕组与三相交流电枢绕组一样,但它有三相逆变器供电,通过转子位置检测其产生的信号去控制定子绕组的开关器件,使其有序轮流导通,实现换流作用,从而使转子连续不断地旋转。转子位置检测器与转子同轴安装,用于转子的位置检测,检测装置一般为霍尔开关或具有相位检测。

拓展知识

1. 直线形位置检测装置

(1) 光栅位移传感器

光栅是一种新型的位移检测元件,是一种将机械位移或模拟量转变为数字脉冲的测量装置。它的特点是测量精确度高(可达 ±1 μm)、响应速度快、量程范围大、可进行非接触测量等。它易于实现数字测量和自动控制,广泛用于数控机床和精密测量中。

1) 光栅的构造

所谓光栅就是在透明的玻璃板上,均匀地刻出许多明暗相间的条纹,或在金属镜面上均匀地划出许多间隔相等的条纹,通常线条的间隙和宽度是相等的。以透光的玻璃为载体的称为透射光栅,不透光的金属为载体的称为反射光栅;根据光栅的外形可分为直线光栅和圆光栅。

光栅位移传感器的结构如图 5-51 所示。它主要由标尺光栅、指示光栅、光电器件和光源组成。通常,标尺光栅和被测物体相连,随被测物体的直线位移而产生位移。一般标尺光栅和指示光栅的刻线密度是相同的,而刻线之间的距离 W 称为栅距。光栅条纹密度一般为每毫米 25、50、100、250 条。

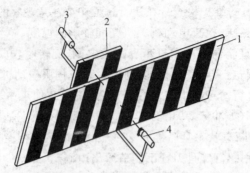

1—标尺光栅；2—指示光栅；3—光电器件；4—光源

图 5-51 光栅位移传感器的结构原理

2) 工作原理

如果把两块栅距 W 相等的光栅平行安装，且让它们的刻痕之间有较小的夹角 θ 时，这时光栅上会出现若干条明暗相间的条纹，这种条纹称莫尔条纹。莫尔条纹沿着与光栅条纹几乎垂直的方向排列，如图 5-52 所示。莫尔条纹是光栅非重合部分光线透过而形成的亮带，它由一系列四棱形图案组成，如图中的 $d—d$ 线区所示。$f—f$ 线区则是由于光栅的遮光效应形成的。

莫尔条纹具有如下特点：

① 莫尔条纹的位移与光栅的移动成比例。当指示光栅不动，标尺光栅向左右移动时，莫尔条纹将沿着近于栅线的方向上下移动；光栅每移动过一个栅距 W，莫尔条纹就移动过一个条纹间距 B，查看莫尔条纹的移动方向，即可确定主光栅的移动方向。

② 莫尔条纹具有位移放大作用。莫尔条纹的间距 B 与两光栅条纹夹角 θ 之间关系为

$$B = \frac{W}{2\sin\frac{\theta}{2}} \approx \frac{W}{\theta} \tag{5-6}$$

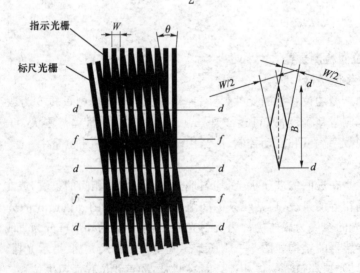

图 5-52 莫尔条纹

式中：θ 的单位为 rad，B、W 的单位为 mm。所以莫尔条纹的放大倍数为

$$K=\frac{B}{W}\approx\frac{1}{\theta} \qquad (5-7)$$

可见 θ 越小,放大倍数越大。实际应用中,θ 角的取值范围都很小。例如当 $\theta=10'$ 时,$K=1/\theta=1/0.029 \text{ rad}\approx 345$。也就是说,指示光栅与标尺光栅相对移动一个很小的 W 距离时,可以得到一个很大的莫尔条纹移动量 B,可以用测量条纹的移动来检测光栅微小的位移,从而实现高灵敏度的位移测量。

③ 莫尔条纹具有平均光栅误差的作用。莫尔条纹是由一系列刻线的交点组成,它反映了形成条纹的光栅刻线的平均位置,对各栅距误差起了平均作用,减弱了光栅制造中的局部误差和短周期误差对检测精度的影响。

通过光电元件,可将莫尔条纹移动时光强的变化转换为近似正弦变化的电信号,如图 5-53 所示。其电压为

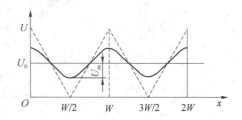

图 5-53 光栅输出波形

$$U=U_0+U_m\sin\frac{2\pi x}{W} \qquad (5-8)$$

式中:U_0 为输出信号的直流分量,U_m 为输出信号的幅值,x 为两光栅的相对位移。

将此电压信号放大、整形变换为方波,经微分转换为脉冲信号,再经辨向电路和可逆计数器计数,则可用数字形式显示出位移量,位移量等于脉冲与栅距乘积。测量分辨率等于栅距。

提高测量分辨率的常用方法是细分,且电子细分应用较广。这样可在光栅相对移动一个栅距的位移(即电压波形在一个周期内)时,得到 4 个计数脉冲,将分辨率提高 4 倍,这就是通常说的电子 4 倍频细分。

(2) 感应同步器

感应同步器是利用电磁感应原理把两个平面绕组间的位移量转换成电信号的一种位移传感器。按测量机械位移的对象不同可分为直线形和圆盘形两类,分别用来检测直线位移和角位移。由于它成本低,受环境温度影响小,测量精度高,且为非接触测量。

1) 感应同步器的结构

直线形感应同步器由定尺和滑尺两部分组成。图 5-54 为直线形感应同步器定尺和滑尺的结构。其制造工艺是先在基板(玻璃或金属)上涂上一层绝缘黏合材料,将铜箔粘牢,用制造印刷线路板的腐蚀方法制成节距 T(一般为 2 mm)的方齿形线圈。定尺绕组是连续的。滑尺上分布着两个励磁绕组,分别称为正弦绕组和余弦绕组。当正弦绕组与定尺绕组相位相同时,余弦绕组与定尺绕组错开 1/4 节距。滑尺和定尺相对平行安装,其间保持一定间隙(0.05~0.2 mm)。

2) 感应同步器的工作原理

在滑尺的正弦绕组中,施加频率为 f(一般为 2~10 kHz)的交变电流时,定尺绕组感应出频率为 f 的感应电势。感应电势的大小与滑尺和定尺的相对位置有关。当两绕组同向对齐时,滑尺绕组磁通全部交链于定尺绕组,所以其感应电势为正向最大。移动 1/4 节距后,两绕组磁通不交链,即交链磁通量为零;再移动 1/4 节距后,两绕组反向时,感应电势负向最大。依次类推,每移动一节距,周期性的重复变化一次,感应电势随位置按余弦规律变化。

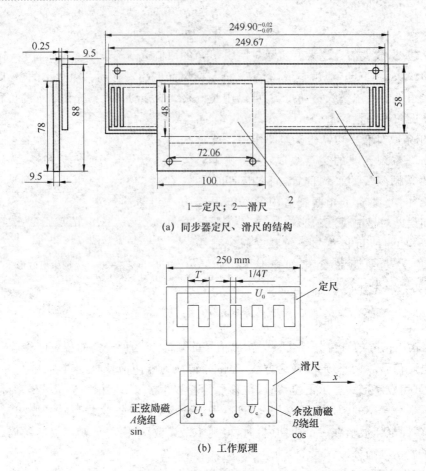

图 5-54 直线形感应同步器

感应同步器是利用感应电压的变化来进行位置检测的。根据对滑尺绕组供电方式的不同,以及对输出电压检测方式的不同,感应同步器的测量方式有相位和幅值两种工作法,前者是通过检测感应电压的相位来测量位移,后者是通过检测感应电压的幅值来测量位移。

(3) 磁栅位移传感器

磁栅是利用电磁特性来进行机械位移的检测。主要用于大型机床和精密机床作为位置或位移量的检测元件。磁栅和其他类型的位移传感器相比,具有结构简单,使用方便,动态范围大(1~20 m)和磁信号可以重新录制等特点。其缺点是需要屏蔽和防尘。

磁栅式位移传感器的结构原理如图 5-55 所示。它由磁尺(磁栅)、磁头和检测电路等部分组成。磁尺是采用录磁的方法,在一根基体表面涂有磁性膜的尺子上,记录下一定波长的磁化信号,以此作为基准刻度标尺。磁头把磁栅上的磁信号检测出来并转换成电信号。检测电路主要用来供给磁头激励电压和磁头检测到的信号转换为脉冲信号输出。

磁尺是在非导磁材料如铜、不锈钢、玻璃或其他合金材料的基体上,涂敷、化学沉积或电镀上一层 10~20 μm 厚的硬磁性材料(如 Ni-Co-P 或 Fe-Co 合金),并在它的表面上录制相等节距周期变化的磁信号。磁信号的节距一般为 0.05 mm、0.1 mm、0.2 mm、1 mm。为了防止磁头对磁性膜的磨损,通常在磁性膜上涂一层 1~2 μm 的耐磨塑料保护层。

磁栅按用途分为长磁栅与圆磁栅两种。长磁栅用于直线位移测量,圆磁栅用于角位移

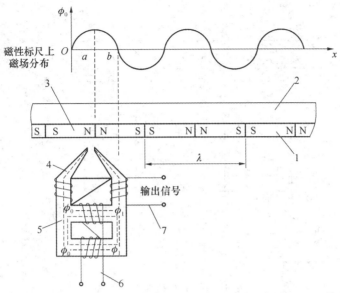

1—磁性膜；2—基体；3—磁尺；4—磁头；5—铁芯；6—励磁绕组；7—拾磁绕组

图 5-55 磁栅结构及工作原理

测量。

磁头是进行磁—电转换的变换器，它把反映空间位置的磁信号转换为电信号输送到检测电路中去。普通录音机、磁带机的磁头是速度响应型磁头，其输出电压幅值与磁通变化率成正比，只有当磁头与磁带之间有一定相对速度时才能读取磁化信号，所以这种磁头只能用于动态测量，而不用于位置检测。为了在低速运动和静止时也能进行位置检测，必须采用磁通响应型磁头。

磁通响应型磁头是利用带可饱和铁芯的磁性调制器原理制成的，其结构如图 5-56 所示。在用软磁材料制成的铁芯上绕有两个绕组，一个为励磁绕组，另一个为拾磁绕组，这两个绕组均由两段绕向相反并绕在不同的铁芯臂上的绕组串联而成。将高频励磁电流通入励磁绕组时，在磁头上产生磁通 Φ_1，当磁头靠近磁尺时，磁尺上的磁信号产生的磁通 Φ_0 进入磁头铁芯，并被高频励磁电流所产生的磁通 Φ_1 所调制。于是在拾磁线圈中感应电压为

$$U = U_0 \sin \frac{2\pi x}{\lambda} \sin \omega t \tag{5-9}$$

式中：U_0 为输出电压系数，λ 为磁尺上磁化信号的节距，x 为磁头相对磁尺的位移，ω 为励磁电压的角频率。

这种调制输出信号跟磁头与磁尺的相对速度无关。为了辨别磁头在磁尺上的移动方向，通常采用了间距为 $(m\pm 1/4)\lambda$ 的两组磁头（其中 m 为任意正整数）。如图 5-56 所示，i_1、i_2 为励磁电流，其输出电压分别为

$$U_1 = U_0 \sin \frac{2\pi x}{\lambda} \sin \omega t \tag{5-10}$$

$$U_2 = U_0 \cos \frac{2\pi x}{\lambda} \sin \omega t \tag{5-11}$$

U_1 和 U_2 是相位相差 90°的两列脉冲。至于哪个导前，则取决于磁尺的移动方向。根据两

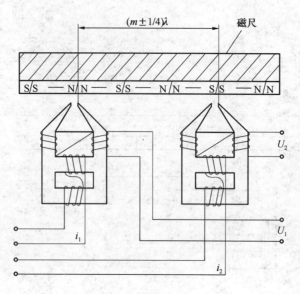

图 5-56 辨向磁头配置

个磁头输出信号的超前或滞后,可确定其移动方向。

2. 直线形位置检测装置

(1) 旋转变压器

旋转变压器是一种利用电磁感应原理将转角变换为电压信号的传感器。由于它结构简单,动作灵敏,对环境无特殊要求,输出信号大,抗干扰好,因此被广泛应用于机电一体化产品中。

旋转变压器在结构上与两相绕组式异步电动机相似,由定子和转子组成。当从一定频率(频率通常为 400 Hz、500 Hz、1 000 Hz 及 5 000 Hz)的激磁电压加于定子绕组时,转子绕组的电压幅值与转子转角成正弦、余弦函数关系,或在一定转角范围内与转角成正比关系。前一种旋转变压器称为正余弦旋转变压器,适用于大角位移的绝对测量;后一种称为线性旋转变压器,适用于小角位移的相对测量。

如图 5-57 所示,旋转变压器一般做成两极电动机的形式。在定子上有激磁绕组和辅助绕组,它们的轴线相互成 90°。在转子上有两个输出绕组——正弦输出绕组和余弦输出绕组,这两个绕组的轴线也互成 90°,一般将其中一个绕组(如 Z_1、Z_2)短接。

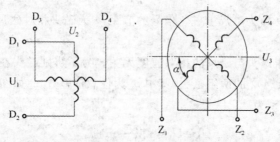

D_1D_2—激磁绕组;D_3D_4—辅助绕组;Z_1Z_2—余弦输出绕组;Z_3Z_4—正弦输出绕组

图 5-57 正余弦变压器原理图

(2) 光电编码器

光电编码器是一种码盘式角度数字检测元件。它有两种基本类型:一种是增量式编码器,一种是绝对式编码器。增量式编码器具有结构简单,价格低,精度易于保证等优点,所以目前采用最多。绝对式编码器能直接给出对应于每个转角的数字信息,便于计算机处理,但当进给数大于一转时,须作特别处理,而且必须用减速齿轮将两个以上的编码器连接起来,组成多级检测装置,使其结构复杂、成本高。

1) 增量式编码器

增量式编码器是指随转轴旋转的码盘给出一系列脉冲,然后根据旋转方向用计数器对这些脉冲进行加减计数,以此来表示转过的角位移量。增量式编码器的工作原理如图 5-58 所示。

它由主码盘、鉴向盘、光学系统和光电变换器组成。在图形的主码盘(光电盘)周边上刻有节距相等的辐射状窄缝,形成均匀分布的透明区和不透明区。鉴向盘与主码盘平行,并刻有 A、B 两组透明检测窄缝,它们彼此错开 1/4 节距,以使 A、B 两个光电变换器的输出信号在相位上相差 90°。工作时,鉴向盘静止不动,主码盘与转轴一起转动,光源发出的光投射到主码盘与鉴向盘上。当主码盘上的不透明区正好与鉴向盘上的透明窄缝对齐时,光线被全部遮住,光电变换器输出电压为最小;当主码盘上的透明区正好与鉴向盘上的透明窄缝对齐时,光线全部通过,光电变换器输出电压为最大。主码盘每转过一个刻线周期,光电变换器将输出一个近似的正弦波电压,且光电变换器 A、B 的输出电压相位差为 90°。经逻辑电路处理就可以测出被测轴的相对转角和转动方向。

2) 绝对式编码器

绝对式编码器是把被测转角通过读取码盘上的图案信息直接转换成相应代码的检测元件。编码盘有光电式、接触式和电磁式三种。

光电式码盘是目前应用较多的一种,它是在透明材料的圆盘上精确地印制上二进制编码。图 5-59 所示为四位二进制的码盘,码盘上各圈圆环分别代表一位二进制的数字码道,在同一个码道上印制黑白等间隔图案,形成一套编码。黑色不透光区和白色透光区分别代表二进制的"0"和"1"。在一个四位光电码盘上,有四圈数字码道,每一个码道表示二进制的一位,内侧是高位,外侧是低位,在 360°范围内可编数码数为 $2^4=16$ 个。

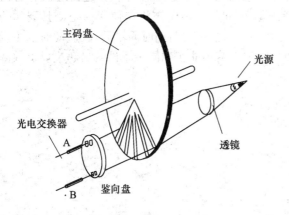

图 5-58 增量式编码器工作原理

图 5-59 四位二进制的码盘

工作时,码盘的一侧放置电源,另一边放置光电信号接收装置,每个码道都对应有一个光电管及放大、整形电路。码盘转到不同位置,光电元件接受光信号,并转成相应的电信号,经放大整形后,成为相应数码电信号。

思考与练习

5-1 简述电气故障诊断的一般步骤。

5-2 常见电气故障诊断有哪几种方法?

5-3 观察本校所用数控机床,指出故障报警信号有哪些?

5-4 分析电动机接触器互锁的正反转控制电路中各元器件的作用。

5-5 说明接触器常见故障及维修方法。

5-6 进行电动机接触器互锁的正反转控制电路测试。

5-7 数控机床中 CNC、PLC 与机床信息交换形式有哪些?

5-8 数控系统故障可用哪些方法来诊断?

5-9 进给伺服系统有哪些故障表现形式?哪些常见故障?

5-10 数控机床整个使用寿命可分为几个阶段,每阶段设备使用和故障发生各有什么特点?

5-11 数控机床的故障按故障发生的部件分类、按有无报警分类各有哪几种?

5-12 检查数控系统故障的方法有哪些?

5-13 某机床在回零时,有减速过程,但是找不到零点。根据故障现象和分析结果,讨论故障排除方法。

5-14 某加工中心在加工整圆时,发现加工出来的圆度误差超差,成椭圆状,尺寸超差,显示屏及伺服驱动器没有任何报警或异常。试分析故障原因。

5-15 某数控系统,机床送电,CRT 无显示,查 NC 电源 +24 V、+15 V、-15 V、+5 V 均无输出。试分析故障原因。

5-16 数控机床的主轴驱动系统有哪些常见故障?

5-17 数控机床的进给伺服驱动系统有哪些常见故障?

5-18 某系统的数控车床,在 G32 车螺纹时,出现起始段螺纹"乱牙"的故障。

分析与处理过程:数控车床加工螺纹,其实质是主轴的角位移与 z 轴进给之间进行的插补,"乱牙"是由于主轴与 z 轴进给不能实现同步引起的。由于该机床使用的是变频器作为主轴调速装置,主轴速度为开环控制,在不同的负载下,主轴的启动时间不同,且启动时的主轴速度不稳,转速亦有相应的变化,导致了主轴与 z 轴进给不能实现同步。试给出解决以上故障的两种方法?

第6章 数控设备典型故障诊断及维护实例

6.1 电源故障诊断与维护

学习目标

1. 掌握数控系统电源故障诊断思路和维修方法。
2. 了解电源供电电路常见故障维修过程。

工作任务

排除 XK714G 数控铣床 FANUC 系统控制电源不能接通的故障。

相关实践与理论知识

6.1.1 FANUC 电源模块原理

FANUC 电源模块(A14C-0061-B101~B104)的实测电气原理图如图 6-1 所示。为了便于与实物对照、比较,图中各元器件的代号均采用了与实物一致的代号,而未采用国家标准规定的代号(下同)。

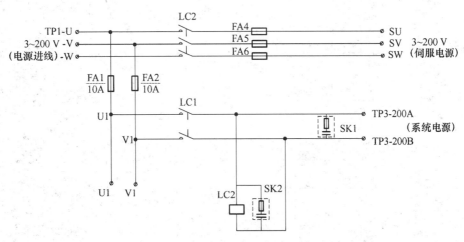

图 6-1 FANUC 输入单元主回路原理图

图 6-1 为输入单元的主回路,由图可知,外部电源经输入端子 TP1 的 U、V、W 端加入,其中一路经接触器 LC2、熔断器 FA4、FA5、FA6 输出,作为伺服驱动器的电源。另一路经熔断器 FA1、FA2、接触器 LC1 从端子 TP3 的 200A、200B 输出,作为数控系统的输入电源。输入单元本身的控制电源 U1、V1 亦来自熔断器 FA1、FA2 的输出端。

接触器 LC1 的线圈直接控制接触器 LC2 的主触点通断，因此伺服驱动器的电源接通必须在系统的输入电源已经接通（接触器 LC1 吸合）的情况下，才能正常接通。

图中 SK1，SK2 为 RC(0.1μF/200 Ω)吸收器，在线路中作为过电压保护与抗干扰器件。

图 6-2 为输入单元本身的辅助控制电源回路，U1、V1 经变压器降压、DS1 全波整流以及 Q1、ZD1 组成的稳压环节，为输入单元本身提供 DC24 V 辅助电源。当 DC24 V 电源正常后，发光二极管 PIL 正常发光。

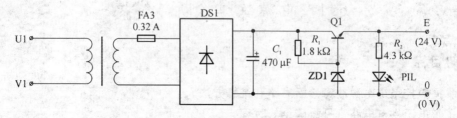

图 6-2　FANUC 输入单元辅助控制电源回路

图 6-3 为输入单元的电源通、断控制回路，它由中间继电器 RY1、AL、接触器 LC1 等组成。线路中综合考虑了电柜门互锁、MDI/CRT 单元上的电源 ON/OFF 控制、外部电源通/断（E-ON/E-OFF）控制、系统电源模块的报警（P.ALM 信号）等多种条件，为用户使用提供了便利。

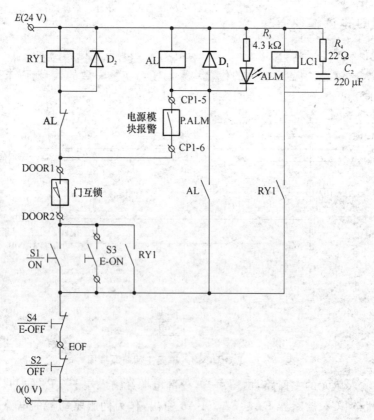

图 6-3　FANUC 输入单元 ON/OFF 控制电源回路

由图 6-3 可见，输入单元的电源通、断控制过程如下：

① 通过系统 MDI/CRT 单元上的系统 ON 按钮 S1 或外部电源接通(E-ON)按钮 S3，使 RY1 得电。

② RY1 的动合触点使 LC1 得电，图 6-1 中主回路系统电源(200A/200B)加入。

③ 通过 LC1 得电，200A/200B 使 LC2 得电，图 6-1 中主回路的伺服驱动主回路电源(SU、SV、SW)加入。

在图 6-3 中，输入单元的电源接通条件如下：

① 电柜门互锁(DOOR1/DOOR2)触点闭合。

② 外部电源切断 E-OFF(S4)触点闭合。

③ MDI/CRT 单元上的电源切断 OFF 按钮 S2 触点闭合。

④ 系统电源模块的无报警 P.ALM 触点断开。

6.1.2 故障分析与排查

1. 外部 200 V 短路引起的故障维修

【故障现象】

某配套 FANUC 系统的立式加工中心，在长期停用后首次开机，出现电源无法接通的故障。

【分析及处理过程】

对照以上原理图 6-1，经测量电源输入单元 TP1，输入 U、V、W 为 200 V 正常，但检查 U1、V1 端无 AC200 V。其故障原因应为 FA1、FA2 熔断，经测量确认 FA1、FA2 已经熔断。进一步检查发现，输入单元的 TP3 上 200A/200B 间存在短路。为了区分故障部位，取下 TP3 上的 200A、200B 连线，进行再次测量，确认故障在输入单元的外部。检查线路发现 200A、200B 电缆绝缘破损。在更换电缆，熔断器 FA1、FA2，排除短路故障后，机床恢复正常。

2. RC 吸收器短路引起的故障维修

【故障现象】

一台配套 FANUC 系统的立式加工中心，在加工过程中突然停电，再次开机后，系统电源无法正常接通。

【分析及处理过程】

检查机床电源输入单元，发现发光二极管 PIL 不亮，检查熔断器 FA1、FA2 已经熔断。通过测量，确认该机床的 200A/200B 间存在短路。为了迅速判定故障部位，维修时断开了端子 TP3 的 200A/200B 的连接，再次测量发现短路现象依然存在，因此判定故障存在于输入单元内部。

对照原理图 6-1，首先测量 FA1、FA2 的输出端 U1、V1，确认无短路；因此，故障范围被缩小到 SK1、SK2、LC2 上。逐一检查以上各元器件，最终确认故障是由于 RC 吸收器组成的 SK1 短路引起的。

取下 SK1，并更换同规格(0.1 μF/200 Ω)RC 吸收器后，故障排除，机床恢复正常工作。

3."电源断开"信号引起的故障维修

【故障现象】

某配套 FANUC 系统的立式加工中心(自立型电柜)，在车间进行日常维护后，系统电源无法接通。

【分析及处理过程】

经检查该机床电源输入单元的熔断器 FA1～FA6 均正常;输入电源正确;发光二极管 PIL 正常发光,图 6-2 中的 E/O 端 DC24 V 正常。但按下 S1 按钮,LC1/LC2 均不吸合。对照图 6-3 进行线路测量、检查,发现电柜门互锁开关(触点 DOOR1/DOOR2)开路。进一步检查发现,电柜门开关中有一个开关损坏,经更换后,机床恢复正常。

4. 系统电源无法正常接通的故障维修

【故障现象】

配套 FANUC 系统的卧式加工中心,开机时系统电源无法正常接通。

【分析及处理过程】

经检查输入单元中的发光二极管 PIL 灯亮,但按下 MDI/CRT 上的 ON 按钮(S1),LC1/LC2 不吸合。对照原理图 6-3,经测量发现 0 V 与 COM 间、门互锁触点、AL 触点均可靠闭合,+24 V 电源正常,但按下 S1 仍无法接通系统电源。由此初步判断其故障是由按钮 S1 故障或连接不良引起的。维修时通过短接线,瞬间对 EON-COM 端进行了短接试验,CNC 电源即接通。由此证明,故障原因在 S1 或 S1 的连接上。进一步检查发现,故障原因是 S1 损坏,经更换后,机床即恢复正常。

5. 负载对地短路的故障诊断

当一个电源同时供几个负载使用时,若其中一个负载发生短路,就可能引起其他负载的失电故障。

【故障现象】

某台配备 FANUC 系统的数控机床,当按下 CNC 启动按钮时,系统开始自检,在显示器上出现基本画面时,数控系统失电。

【分析及处理过程】

这种现象与 CNC 系统+24 V 直流电源有关,当+24 V 直流电压下降到一定数值时,NC 系统采取保护措施,自动断开系统电源。稳压电源输出的+24 V 直流电压除了供 CNC 系统外,还作为限位开关的电源、中间继电器线圈及伺服电机中电磁制动器线圈的驱动电源,因此它们中任何一个短路,均可使其他元件失电。

在不通电的情况下,经检测确认 CNC 系统的电源模块、中间继电器线圈无短路、漏电现象。断开 x、y 和 z 轴各两个限位开关共同的电源线时,CNC 系统供电正常,检测限位开关时没有发现有对地短路现象。为进一步确认故障,将六个限位开关逐个接到电源上,x 轴和 y 轴的限位开关接上电源后,CNC 上电正常,但 z 轴的两个限位开关接上电源后出现以下情况。

① 主轴箱没有到达+z 和-z 方向的限位位置时,CNC 系统供不上电。

② 当主轴箱到达+z 和-z 方向限位位置并压上其中一个限位开关时,系统能供上电。

本例机床 Z 轴伺服电动机配有电磁制动器,如图 6-4 所示。电磁制动器具有得电松开、失电制动的特性。分析 Z 轴的伺服条件,在正常运行的条件下,+z 和-z 的限位开关均未压上,PLC 的 I/O 模块输出点 Q3.4 为"1",所以中间继电器 KA3.4 线圈得电,KA3.4 触点闭合,使电磁制动器 YB3.4 线圈得电,则抱闸松开,z 轴伺服电机处于驱动状态。当碰到+z 或-z 其中一个限位开关时,PLC 的输出点 Q3.4 位变成"0",KA3.4 线圈失电,KA3.4 触点释放,电磁制动器 YB3.4 线圈失电,z 轴伺服电机制动。现 z 轴两个限位开关未压上,YB3.4 线圈应得电,但 CNC 失电,而其中一个限位开关压上时,YB3.4 线圈应失电,但 CNC 上电正常,分析过程和故障现象相吻合。显然,电磁制动器 YB3.4 线圈＋24 V 短路,引起 CNC 系统的失电,测量 YB3.4 线圈对地电阻后证实判断是正确的。

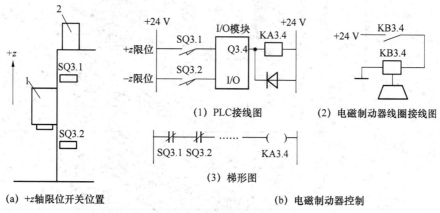

图 6-4 z 轴伺服电机电磁制动器控制

6.2 回参考点故障诊断

学习目标

1. 初步掌握数控机床回参考点故障诊断思路和维修方法。
2. 进一步掌握回参考点的原理。

工作任务

排除下列故障现象:
1. 回参考点动作过程异常,根本找不到回参考点;
2. 回参考点动作过程正常,但所回参考点位置不准确。

相关实践与理论知识

1. 回参考点意义及常见故障形式

(1) 数控机床回参考点的意义及工作原理

数控机床位置检测装置若采用绝对编码器时,由于系统断电后位置检测装置靠内部电池来维持坐标值实际位置的记忆,所以机床开机时,不需要进行返回参考点操作。

目前,大多数数控机床采用增量编码器作为位置检测装置,系统断电后,工件坐标系的坐标值就失去记忆,机械坐标值尽管靠内部电池维持坐标值的记忆,但只是记忆机床断电前的坐标值而不是机床的实际位置,所以机床首次开机后要进行返回参考点操作。

目前,数控机床多数采用"减速挡块＋栅格信号"来控制返回参考点,控制原理如图 6-5 所示。

系统转换到返回参考点状态(REF),按下各轴点动(＋J)按钮,机床以快移速度向机床参考点方向移动,当减速开关(＊DEC)碰到减速挡块时,系统开始减速,以低速向参考点方向移

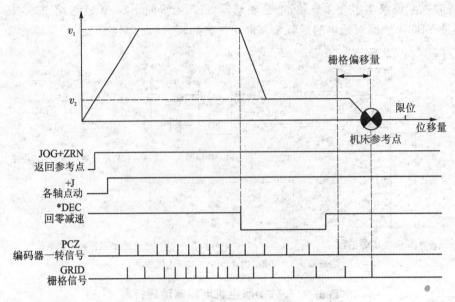

图 6-5 回参考点原理图

动。当减速开关离开减速挡块时,系统开始找栅格信号(编码器一转信号),系统接收到一转信号后,以低速移动一个栅格偏移量。如果是加工中心,对于 z 轴参考点的设置,应与刀库的位置配合调整;如果有交换工作台,应与工作台交换位置配合调整。

v_1 速度由系统参数 1 420 决定,设定范围为 30～24 000 mm/min,本机分别设定为 4 000 mm/min 和 6 000 mm/min。v_2 速度由系统参数 1 425(所有轴)决定,设定范围为 7～15 000 mm/min,本机床设定为 200 mm/min。栅格偏移量根据机床实际调整由参数 1 850 确定。

(2) 回参考点常见的故障形式

回参考点的故障一般可分为找不到参考点和找不准(偏离)参考点两类。前一类故障主要是回参考点减速开关产生的信号或零标志脉冲信号失效(包括信号未产生或在传输处理中丢失)所致。排除故障时先要搞清机床回参考点的方式,再对照故障现象来分析,可采用先"外"后"内"和信号跟踪法查找故障部位。这里的"外"是指安装在机床外部的挡块和参考点开关,可以用 CNC 系统 PLC 接口 I/O 状态指示直接观察信号的有无;"内"是指脉冲编码器中的零标志位或光栅尺上的零标志位,可以用示波器检测零标志脉冲信号。

后一类故障往往是参考点开关挡块位置设置不当引起的,只要重新调整即可。

2. 回参考点方式

回参考点的方式因数控系统类型和机床生产厂家而异,目前,采用脉冲编码器或光栅尺作为位置检测的数控机床多采用栅格法来确定机床的参考点。脉冲编码器或光栅尺均会周期性产生零标志信号,脉冲编码器的零标志信号又称一转信号。每相对于坐标轴移动一个基准距离产生一个零标志信号,将该基准距离按一定等分数分割得到的数据即为栅格间距,其大小由参数确定。当伺服电动机(带脉冲编码器)与滚珠丝杠采用 1:1 直联时,一般设定栅格间距为丝杠螺距,光栅尺的栅格间距为光栅尺上两个零标志之间的距离。采用这种增量式检测装置的数控机床一般有以下四种回参考点的方式。

(1) 方式一

如图 6-6 所示,回参考点前,先用手动方式以速度 v_1 快速将轴移到参考点附近。然后起动回参考点操作,轴便以速度 v_2 慢速向参考点移动。碰到参考点开关后,数控系统即开始寻找位置检测装置上的零标志。当到达零标志时,发出与零标志脉冲相对应的栅格信号,轴即在此信号作用下开始制动直到速度为零,然后再前移参考点偏移量而停止,所停位置即为参考点。偏移量的大小通过测量由参数设定。

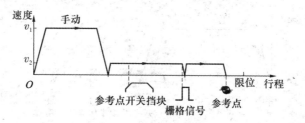

图 6-6　回参考点方式一

(2) 方式二

如图 6-7 所示,回参考点时,轴先以速度 v_1 向参考点快速移动,碰到参考点开关后,在减速信号的控制下,减速到速度 v_2 并继续前移,脱开挡块后,开始寻找零标志。当轴到达测量系统零标志并发出栅格信号时,轴即开始制动直到速度为零,然后再以 v_2 速度前移参考点偏移量而停止于参考点。

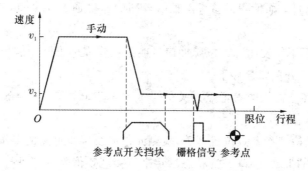

图 6-7　回参考点方式二

(3) 方式三

如图 6-8 所示,回参考点时,轴先以速度 v_1 快速向参考点移动,碰到参考点开关后速度制动到零,然后反向以速度 v_2 慢速移动,到达测量系统零标志并产生栅格信号时,轴即开始制动直到速度为零,再前移参考点偏移量而停止于参考点。

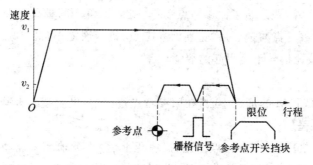

图 6-8　回参考点方式三

(4) 方式四

如图6-9所示,回参考点时,轴先以速度 v_1 向参考点快速移动,碰到参考点开关后制动到速度为零,再反向微动直至脱离参考点开关,然后又沿原方向微动撞上参考点开关,并且以速度 v_2 慢速前移,到达测量系统零标志产生栅格信号时,轴即开始制动直到速度为零,再前移参考点偏移量而停止于参考点。

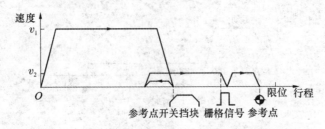

图6-9 回参考点方式四

3. 故障分析与排查

(1) 回参考点动作过程异常,根本找不到参考点

这一类故障大多与以下因素有关:

① 参考点开关损坏不能发出使控制系统减速的信号或系统将参考点开关发出的信号丢失,导致未产生查询动作,而使得回参考点轴以较高的速度通过参考点,直到碰到限位开关紧急停下。

② 检测元件损坏不能发出零标志脉冲信号或系统将零标志脉冲信号丢失,导致参考点查询失败,直到碰到限位开关紧急停下。

③ 接口电路损坏不能接收参考点开关信号或参考点脉冲信号,导致回参考点操作失败,直到碰到限位开关紧急停下。

这类故障应重点检查参考点位置开关、检测元件以及接口电路的工作状态,可采用外部诊断仪器或CNC系统的PLC接口I/O状态指示来直接观察信号状态进行诊断。

(a) 因操作不当引起回参考点出现超程报警。

【故障现象】

某配套FANUC OM的加工中心,在开机手动回参考点过程中,出现报警。

【分析及处理过程】

经了解,该机床为用户新添设备,操作人员未进行过系统的培训,在开机后,未将工作台移出参考点减速区域之外,即开始了回参考点动作,造成了机床的越位。在退出超程保护后,手动移动工作台,移出参考点减速区后,重新回参考点,机床恢复正常。

(b) 因参考点减速信号不良引起的故障。

【故障现象】

某配套FANUC 11M的加工中心,在回参考点过程中,发生超程报警。

【分析及处理过程】

经检查,发现该机床在"回参考点减速"挡块压上后,坐标轴无减速动作,由此判断故障原因应在减速信号上。通过系统的诊断显示,发现该信号的状态在"回参考点减速"挡块压上及松开后,均无变化。

对照原理图检查线路,最终确认该轴的"回参考点减速"开关由于浸入切削液而损坏;更换开关后,机床恢复正常。

(c) 因减速挡块固定不良引起回参考点故障。

【故障现象】

某配套 SIEMENS 810M 的加工中心,在回参考点过程中,发生超程报警。

【分析及处理过程】

经检查,发现该机床的回参考点减速挡块放开位置,处在机床行程极限开关之后,与系统回参考点设置要求不符。机床参考点减速挡块尚未脱开,超程保护信号已经发出,导致了机床超程报警。

进一步检查发现,该挡块未可靠固定于卡轨内,在开关与挡块长期接触后,位置产生了移动,导致超程报警。重新固定挡块后,机床恢复正常。

(d) 回参考点时发生 ALM091 报警故障。

【故障现象】

某配套 FANUC 6M 的卧式加工中心,在回参考点时发生 ALM091 报警。

【分析及处理过程】

FANUC 6M 发生"ALM091"的含义是"脉冲编码器同步出错",在 FANUC 6M 中可能的原因有以下两个方面:

- 编码器"零脉冲"不良。
- 回参考点时位置跟随误差值小于 128 μm。

维修时对回参考点的跟随误差(诊断参数 DGN800)进行了检查,检查发现此值为 200 μm 左右,达到了规定的值。进一步检查该机床的位置环增益为 16.67 s^{-1},回参考点速度设置为 200 mm/min,属于正常范围,因此初步排除了参数设定的原因。可能的原因是脉冲编码器"零脉冲"不良。

经测量,在电动机侧,编码器电源(+5 V 电压)只有+4.5 V 左右,但伺服单元上的+5 V 电压正确。因此,可能的原因是线路压降过大而导致的编码器电压过低。进一步检查发现,编码器连接电缆的+5 V 电源线中只有一根可靠连接,其余 3 根虚焊脱落;经重新连接后,机床恢复正常。

(2) 回参考点动作过程正常,但所回参考点不准确(以 FANUC 0i 系统为例)

1) 回参考点后机床无法继续操作的故障

【故障现象】

某配套 FANUC OM 的数控机床,在回参考点时发现:机床在参考点位置停止后,参考点指示灯不亮,机床无法进行下一步操作;机床关机再开机后,又可手动操作,执行回参考点后上述现象又出现。

【分析及处理过程】

根据以上现象判断,机床回参考点动作属于正常。考虑到机床已在参考点附近停止运动,因此,初步判断其原因可能是参考点定位精度未达到规定的要求所引起的。通过机床的诊断功能,在诊断页面下对系统的"位置跟随误差"(DGN800~802)进行了检查,发现机床的 y 轴跟踪误差超过了定位精度的允许范围。经调整伺服驱动器的"偏移"电位器,使"位置跟随误差"DGN800~802 的值接近"0"后,机床恢复正常工作。

2) 参考点位置不稳定的故障

【故障现象】

某配套 FANUC O 系统的数控机床,回参考点动作正常,但参考点位置随机性大,每次定位都有不同的值。

【分析及处理过程】

由于机床回参考点动作正常,证明机床回参考点功能有效。进一步检查发现,参考点位置虽然每次都在变化,但却总是处在参考点减速挡块放开后的位置上。因此,可以初步判定故障的原因是由于脉冲编码器"零脉冲"不良或丝杠与电动机间的连接不良引起的。

为确认问题的原因,鉴于故障机床伺服系统为半闭环结构,维修时脱开了电动机与丝杠间的联轴器,并通过手动压参考点减速挡块,进行回参考点试验;多次试验发现,每次回参考点完成后,电动机总是停在某一固定的角度上。

以上证明,脉冲编码器"零脉冲"无故障,问题的原因应在电动机与丝杠的连接上。仔细检查发现,该故障是由于丝杠与联轴器间的弹性胀套配合间隙过大,产生连接松动;修整胀套,重新安装后机床恢复正常。

3) 参考点发生整螺距偏移的故障

【故障现象】

某配套 FANUC OM 的数控铣床,在批量加工零件时,某一天加工的零件产生批量报废。

【分析及处理过程】

经对工件进行测量,发现零件的全部尺寸相对位置都正确,但 x 轴的全部坐标值都相差了整整 10 mm。分析原因,导致 x 轴尺寸整螺距偏移(该轴的螺距是 10 mm)的原因是由于参考点位置偏移引起的。

对于大部分系统,参考点一般设定于参考点减速挡块放开后的第一个编程器的"零脉冲"上;若参考点减速挡块放开时刻,编码器恰巧在零脉冲附近,由于减速开关动作的随机性误差,可能使参考点位置发生 1 个整螺距的偏移。这一故障在使用小螺距滚珠丝杠的场合特别容易发生。

对于此类故障,只要重新调整参考点减速挡块位置,使得挡块放开点与"零脉冲"位置相差在半个螺距左右,机床即可恢复正常工作。本机床经以上处理后,故障排除,机床恢复正常,全部零件加工正确。

4) 更换编码器后出现参考点位置不稳定的故障

【故障现象】

某配套 FANUC 6M 的立式加工中心,在更换编码器后,回参考点时出现参考点位置不稳定,定位精度差的故障。

【分析及处理过程】

位置不稳和定位精度差原因有两个方面:编码器"零脉冲"不良;或回参考点时位置跟随误差值小于规定值。

维修时检查回参考点的跟随误差(诊断参数 DGN800),发现此值达到了规定的值。进一步检查位置环增益参数、回参考点速度设置值,属于正常范围,因此初步排除参数原因。而最可能的原因是脉冲编码器"零脉冲"不良。

经检查发现该机床编码器+5 V 电压正常,编码器全部线路焊接可靠,机床手轮及增量进给值均正确无误,故排除了与连接有关的问题。

考虑到该编码器已进行更换,维修时利用示波器对该编码器的零位脉冲进行了测量,最后检查出原因是:编码器"零脉冲"的输出端引脚与原编码器的插脚正巧相反,使得编码器的

"零脉冲"信号总是为"1"(只有在"零位"的瞬间为"0")。因此,机床只要减速挡块放开,"零脉冲"就已经存在,参考点的定位精度完全决定于减速挡块的精度;从而导致了参考点位置不稳定,定位精度差的故障。经对换"零脉冲"的输出端信号两端后,机床随即恢复了正常。

6.3 主轴系统故障诊断

学习目标

1. 初步掌握数控机床主轴伺服驱动/传动系统故障诊断思路和维修方法。
2. 进一步掌握主轴驱动系统、传动机构的工作原理。

工作任务

排除下列故障现象:
1. 主轴伺服驱动系统异常,对加工的影响。
2. 主轴机械传动系统异常,对加工的影响。

相关实践与理论知识

6.3.1 主轴伺服驱动系统(以 FANUC 为例)

1. FANUC 直流主轴伺服驱动系统的保护功能

为了保证驱动器的安全、可靠运行,FANUC 直流主轴伺服系统在出现故障和异常等情况时,设置了较多的保护功能,这些保护功能与直流主轴驱动器的故障检测与维修密切相关。当驱动器出现故障时,可以根据保护功能的情况,分析故障原因。

(1)接地保护

在伺服单元的输出线路以及主轴电动机内部出现对地短路时,可以通过快速熔断器瞬间切断电源,对驱动器进行保护。

(2)过载保护

当驱动器、电动机负载超过额定值时,安装在电动机内部的热开关或主回路的热继电器将动作,对电动机进行过载保护。

(3)速度偏差过大报警

当主轴电动机的速度由于某种原因,偏离了指令速度且达到一定的误差后,将产生警报,并进行保护。

(4)瞬时过电流报警

当驱动器中由于内部短路、输出短路等原因产生异常的大电流时,驱动器将发出报警并进行保护。

(5)速度检测回路断线或短路报警

当测速发电机出现信号断线或短路时,驱动器将生报警并进行保护。

(6)速度超过报警

当检测出的主轴电动机转速超过额定值的 115 %时,驱动器将发出报警并进行保护。

（7）励磁监控

如果主轴电动机励磁电流过低或无励磁电流,为防止飞车,驱动器将发出报警并进行保护。

（8）短路保护

当主回路发生短路时驱动器可以通过相应的快速熔断器进行短路保护。

（9）相序报警

伺服驱动系统对电源有严格的相序要求。当三相输入电源相序不正确或缺相状态时,驱动器将发出报警。

2. FANUC 直流主轴伺服驱动系统的故障分析

（1）主轴电动机不转

原因有:① 印制电路板不良或表面太脏;② 触发电路故障,晶闸管无触发脉冲产生;③ 主轴电动机动力线断线或电动机与主驱动器连接不良;④ 机械连接脱落,如高/低挡齿轮切换用的离合器啮合不良;⑤ 机床负载太大;⑥ 控制信号未满足主轴旋转的条件,如转向信号、速度给定电压未输入。

（2）电动机转速异常或转速不稳定

原因有:① D/A 转换器故障;② 测速发电动断线或测速机不良;③ 速度指令电压不良;④ 电动机不良,如励磁丧失;⑤ 电动机负荷过重;⑥ 驱动器不良。

（3）主轴电动机振动或噪声太大

原因有:① 电源缺相或电源电压不正常;② 驱动器上的电源开关设定错误(如:50/60 Hz 切换开关设定错误);③ 驱动器上的增益调整电路或颤动调整电路的调整不当;④ 电流反馈回路调整不当;⑤ 三相电源相序不正确;⑥ 电动机轴承存在故障;⑦ 主轴齿轮啮合不良或主轴负载太大。

（4）发生过流报警

原因有:① 驱动器电流极限设定错误;② 触发电路的同步触发脉冲不正确;③ 主轴电动机的电枢线圈内部存在局部短路;④ 驱动器的 +15 V 控制电源存在故障。

（5）速度偏差过大

原因有:① 机床切削负荷太重;② 速度调节器或测速反馈回路的设定调节不当;③ 主轴负载过大、机械传动系统不良或制动器未松开;④ 电流调节器或电流反馈回路的设定调节不当。

（6）熔断器熔丝熔断

原因有:① 驱动器控制印制电路板不良(此时,通常驱动器的报警指示灯 LED1 亮);② 电动机不良,如电枢线短路、电枢绕组短路或局部短路、电枢线对地短路等;③ 测速发电机不良(此时,通常驱动器的报警指示灯 LED1 亮);④ 输入电源相序不正确(此时,通常驱动器的报警指示灯 LED3 亮);⑤ 输入电源存在缺相。

（7）热继电器保护

若驱动器的 LED4 灯亮,表示电动机存在过载。

（8）电动机过热

若驱动器的 LED4 灯亮,表示电动机连续过载,导致电动机温升起。

（9）过电压吸收器烧坏

通常情况下,它是由于外加电压过高或瞬间电网电压干扰引起的。

(10) 运转停止

若驱动器的 LED5 灯亮,可能的原因有电源电压太低、控制电源有故障等。

(11) LED2 灯亮

驱动器 LED2 灯亮,表示主电动机励磁丧失,可能的原因是励磁线、励磁回路不良等。

(12) 速度达不到最高转速

原因有:① 电动机励磁电流调整过大;② 励磁控制回路存在不良;③ 晶闸管整流部分太脏,造成直流母线电压过低或绝缘性能降低。

(13) 主轴在加/减速时工作不正常

原因有:① 电动机加/减速电流极限设定、调整不当;② 电流反馈回路设定、调整不当;③ 加/减速回路时间常数设定不当或电动机/负载间的惯量不匹配;④ 机械传动系统不良。

(14) 电动机电刷磨损严重或电刷面上有划痕

原因有:① 主轴电动机连续长时间过载工作;② 主轴电动机换向器表面太脏或有伤痕;③ 电刷上有切削液进入;④ 驱动器控制回路的设定、调整不当。

3. FANUC 模拟式交流主轴驱动系统的故障分析

FANUC 交流主轴驱动系统的维修工作量相对于直流驱动要小得多,故障检测通常可以通过驱动器上的指示灯状态进行分析、诊断,以判断故障原因。

(1) 电源指示灯 PIL 不亮

在主轴驱动器(A06B-6044)上设有的电源指示灯 PIL(绿),用于指示驱动器电源。这一指示灯在正常工作状态下应一直保持"亮"的状态,若驱动器上电源指示灯 PIL 不亮,其原因主要有以下几种:

① 驱动器无电源输入;
② 驱动器电源输入熔断器中,有部分存在熔断;
③ 驱动器的控制板上有熔断器熔断;
④ 驱动器的连接器存在连接不良;
⑤ 驱动器控制板不良。

(2) 驱动器故障报警显示

FANUC 模拟式交流主轴驱动器(A06B-6044)上有 4 个发光二极管,专门用于显示驱动器报警,它们从右至左分别代表 16 进制的 1、2、4、8,根据以上 4 只发光二极管的显示,可以组成相应的报警号,报警号对应的内容与引起报警的原因如下:

报警号 1:主轴电动机过热。引起的原因有:① 电动机过载;② 电动机冷却系统不良;③ 风扇故障或通风不良;④ 电动机温度检测开关或其连接不良。

报警号 2:电动机速度偏离指令值。引起的原因有:① 负载过大;② 转矩极限设定太小;③ 功率管损坏;④ 再生放电回路中熔断器熔断;⑤ 速度反馈信号不正确;⑥ 驱动器连接电缆断线或接触不良。

报警号 3:直流母线短路。引起的原因有:① 逆变大功率管模块损坏;② 直流母线电容器不良;③ 再生放电回路不良;④ 直流母线局部短路或对地短路。

报警号 4:主回路交流输入电压过低或缺相。引起的原因有:① 交流电源侧的输入阻抗太高;② 逆变晶体管模块不良;③ 整流二极管模块或晶闸管模块损坏;④ 交流电源侧的输入端的浪涌吸收器、电容器损坏;⑤ 驱动器控制板不良;⑥ 驱动器交流输入熔断器熔断;⑦ 外部交流输入熔断器熔断。

报警号5：驱动器控制板上的熔断器熔断。引起的原因有：① 驱动器控制板上的 AF2 或 AF3 熔断；② 驱动器控制电源回路不良；③ 驱动器控制板有故障。

报警号6：电动机超过最高转速。引起的原因有：① 驱动器设定不正确；② 驱动器调整不良；③ 存储器的 ROM 版本不正确；④ 驱动器控制板不良；⑤ 主电动机编码器不良或连接错误。

报警号7：电动机超过最高转速。引起的原因有：同报警号6。

报警号8：+24 V 太高。引起的原因有：① 输入交流电压太高；② 驱动器电源电压转换开关设定错误；③ 主轴变压器连接错误。

报警号9：大功率晶体管模块过热。引起的原因有：① 主轴驱动器连接过载；② 驱动器冷却风扇不良；③ 驱动器灰尘太多，导致散热不良；④ 环境温度过高。

报警号10：+15 V 太低。引起的原因有：① 交流输入电压太低；② +15 V 辅助电源回路故障；③ 主轴变压器连接错误。

报警号11：直流母线电压太高。引起的原因有：① 如同时存在 FA5、FA6 熔断器熔断，此时直流母线可能存在短路，应按报警号3的方法处理；② 交流电源的输入阻抗太高；③ 驱动器故障。

报警号12：直流母线过电流。引起的原因有：① 电动机绕组局部短路；② 电动机电枢接线存在短路；③ 逆变晶体管模块损坏；④ 驱动器控制板不良。

报警号13：驱动器的 CPU 不良。引起的原因有：① 驱动器控制板不良；② 驱动器接地连接不良。

报警号14：驱动器上的 ROM 不良。引起的原因有：① ROM 安装位置、版本错误；② ROM 片插接不良；③ ROM 不良。

报警号15：附加选择板报警。引起的原因有：① 附加选择板的连接不良；② 附加选择板不良。

(3) 运行过程中的噪声、振动

若主轴电动机在加减速过程中出现不正常的噪声与振动，则应进行如下检查。

① 检查再生回路的 FA5、FA6 熔断器是否熔断；晶体管模块 TM7 和 TM8 的 C-E 极之间是否短路。

② 确认反馈回路电压 TSA(CH20 端)和 ER(CH28 端)信号是否有异常；如有异常进行第④步检查，否则执行第③步。

③ 在电动机旋转过程中立即拔下 CN2 插头，并观察电动机是否有异常噪声。如有，则说明机床机械部分存在故障，否则是主轴驱动单元控制部分不良。

④ 检查振动周期是否与速度有关，如无关则应进行第⑤步检查；如有关，则可能的原因有：

- 主轴电动机与主轴之间的齿轮比不合适；
- 主轴电动机的脉冲编码器不良；
- 主轴电动机存在不良；
- 主轴机械传动系统存在不良。

⑤ 确认脉冲编码器的反馈测量端(CH7)的波形占空比是否为 1:1，如是，则可能是控制

板不良或机械有故障;否则可能是电位器 RV18、RV19 调整不当或是脉冲编码器故障。

(4) 电动机不转或旋转异常

当出现主电动机不转或旋转异常的现象,应根据以下步骤进行分析检查。

① 如果有报警指示灯亮,则按报警号作相应的处理。

② 检查 CH1 端的 VCMD 指令是否正常,如果正常,则执行第③步;如果不正常,则应检查 CNC 的速度给定 S 模拟量输出。

若 CNC 的 S 模拟量输出正常,则可能是驱动器的 S 模拟量接收回路不良;若 CNC 无 S 模拟量输出,则应检查 CNC 及 CNC 与驱动器的连接。

③ 确认是否有定向准停信号存在。如无,则执行第④步;如有,则撤销定向准停信。

④ 在测量端 CH13 上检查 VCMD 指令是否正确,如正确,则可能是速度调节器控制回路不良或伺服驱动器故障;如不正确,则可能的原因有:

a. 无正、反转指令信号(SFR、SRV)输入;

b. 驱动器设定端 S2 设定不正确;

c. 速度调节器调整不良;

d. 主轴定向准停控制用的磁传感器安装不良。

4. FANUC 数字式交流主轴驱动系统的基本检查(驱动器 A06-6059)

(1) 内部电源电压的检查

在 A06-6059 系列数字式交流主轴驱动器主控制板上设有内部电压的测量检测端,在正常工作时,应对这些检测端进行测量。

(2) 驱动器的设定与调整

在 A06-6059 驱动器控制板上安装有若干设定端、检测端与调整电位器,供维修与检测、调整使用。根据驱动器的规格、软件版本的不同,设定端、检测端与调整电位器略有不同,在维修时应注意区别。

① 主轴驱动器设定端。主轴驱动器的设定端用于改变驱动器工作状态及外部功能,在不同的驱动器中,其含义见具体型号资料。

② 主轴驱动器的调整。在 1S~3S 主轴驱动器中,除具有上述设定端外,还安装有 6 只调整电位器,分别用来调整:正/反转最高转速、转速偏移、+5 V 电压、驱动增益、低速时测速反馈增益等。

③ 检测端信号及含义。

在 A06B-6059 主轴驱动器上安装有若干测试端,用于驱动器的检测与优化。

6.3.2 主轴伺服驱动系统故障分析与排查

1. FANUC 主轴伺服驱动系统故障维修实例

(1)机床出现强烈振动、驱动器显示 AL-04 报警

【故障现象】

一台配套 FANUC 6 系统的立式加工中心,在加工过程中,机床出现强烈振动、交流主轴驱动器显示 AL-04 报警。

【分析及处理过程】

FANUC 交流主轴驱动系统 AL-04 报警的含义为"交流输入电路中的 FA1、FA2、FA3 熔断器熔断",故障可能的原因有:

① 交流电源输出阻抗过高；

② 逆变晶体管模块不良；

③整流二极管（或晶闸管）模块不良；

④ 浪涌吸收器或电容器不良。

针对上述故障原因，逐一进行检查。检查交流输入电源，在交流主轴驱动器的输入电源，测得 R、S 相输入电压为 220 V，但 T 相的交流输入电压仅为 120 V，表明驱动器的三相输入电源存在问题。

进一步检查主轴变压器的三相输出，发现变压器输入、输出，机床电源输入均同样有不平衡，从而说明故障原因不在机床本身。

检查车间开关柜上的三相熔断器，发现有一相阻抗为数百欧姆。将其拆开检查，发现该熔断器接线螺钉松动，从而造成三相输入电源不平衡；重新连接后，机床恢复正常。

(2) 驱动器出现过电流报警

【故障现象】

一台配套 FANUC 11M 系统的卧式加工中心，在加工时主轴运行突然停止，驱动器显示过电流报警。

【分析及处理过程】

经查交流主轴驱动器主回路，发现再生制动回路、主回路的熔断器均熔断，经更换后机床恢复正常。但机床正常运行数天后，再次出现同样故障。

由于故障重复出现，证明该机床主轴系统存在问题，根据报警现象，分析可能存在的主要原因有：

① 主轴驱动器控制板不良；

② 电动机连续过载；

③ 电动机绕组存在局部短路。

在以上几点中，根据现场实际加工情况，电动机过载的原因可以排除。考虑到换上元器件后，驱动器可以正常工作数天，故主轴驱动器控制板不良的可能性亦较小。因此，故障原因可能性最大的是电动机绕组存在局部短路。

维修时仔细测量电动机绕组的各相电阻，发现 U 相对地绝缘电阻较小，证明该相存在局部对地短路。

拆开电动机检查发现，电动机内部绕组与引出线的连接处绝缘套已经老化；经重新连接后，对地电阻恢复正常。

再次更换元器件后，机床恢复正常，故障不再出现。

(3) 主轴驱动器 AL-12 报警

【故障现象】

一台配套 FANUC 11M 系统的卧式加工中心，在加工过程中，主轴运行突然停止，驱动器显示 12 号报警。

【分析及处理过程】

交流主轴驱动器出现 12 号报警的含义是"直流母线过电流"，由本章前述可知，故障可能的原因如下：

① 电动机输出端或电动机绕组局部短路；

② 逆变功率晶体管不良；

③ 驱动器控制板故障。

根据以上原因，维修时进行了仔细检查。确认电动机输出端、电动机绕组无局部短路。然后断开驱动器（机床）电源，检查了逆变晶体管组件。通过打开驱动器，拆下电动机电枢线，用万用表检查逆变晶体管组件的集电极（C1、C2）和发射极（E1、E2）、基极（B1、B2）之间，以及基极（B1、B2）和发射极（E1、E2）之间的电阻值，与正常值比较，检查发现 C1－E1 之间短路，即晶体管组件已损坏。

为确定故障原因，又对驱动器控制板上的晶体管驱动回路进行了进一步的检查。检查法如下：

① 取下直流母线熔断器 FA7，合上交流电源，输入旋转指令；

② 对照资料测量驱动器的连接插座，测定 8 个晶体管（型号为 ET191）的基极 B 与发射极 E 间的控制电压，并根据插脚与各晶体管引脚的对应关系逐一检查（以发射极为参考，测量 B－E 正常值一般在 2 V 左右）；检查发现 1C－1B 之间电压为 0 V，证明 C～B 极击穿，同时发现二极管 D27 也被击穿。

在更换上述部件后，再次启动主轴驱动器，显示报警成为 AL－19。根据本章前述，驱动器 AL－19 报警为 U 相电流检测电路过流报警。

为了进一步检查 AL－19 报警的原因，维修时对控制回路的电源进行了检查。

检查驱动器电源测试端子，交流输入电源正常；直流输出＋24 V、＋15 V、＋5 V 均正常，但－15 V 电压为"0"。进一步检查电源回路，发现集成稳压器（型号：7915）损坏。更换 7915 后，－15 V 输出电压正常，主轴 AL－19 报警消除，机床恢复正常。

（4）主轴只有漂移转速的故障

【故障现象】

一台配套 FANUCOM 的二手数控铣床，采用 FANUC S 系列主轴驱动器，开机后，不论输入 S＊＊M03 或 S＊＊M04 指令，主轴仅仅出现低速旋转，实际转速无法达到指令值。

【分析及处理过程】

在数控机床上，主轴转速的控制，一般是数控系统根据不同的 S 代码，输出不同的主轴转速模拟量值，通过主轴驱动器实现主轴变速的。

在本机床上，检查主轴驱动器无报警，且主轴出现低速旋转，可以基本确认主轴驱动器无故障。

根据故障现象，为了确定故障部位，利用万用表测量系统的主轴模拟量输出，发现在不同的 S＊＊指令下，其值改变，由此确认数控系统工作正常。

分析主轴驱动器的控制特点，主轴的旋转除需要模拟量输入外，作为最基本的输入信号还需要给定旋转方向。

在确认主轴驱动器模拟量输入正确的前提下，进一步检查主轴转向信号，发现其输入模拟量的极性与主轴的转向输入信号不一致；交换模拟量极性后重新开机，故障排除，主轴可以正常旋转。

（5）主轴慢转、"定向准停"不能完成的故障

【故障现象】

一台采用 FANUC 1OT 系统的数据车床，在加工过程中，主轴不能按指令要求进行正常的"定向准停"，主轴驱动器"定向准停"控制板上的 ERROR（错误）指示灯亮，主轴一直保持慢

速转动,定位不能完成。

【分析及处理过程】

由于主轴在正常旋转时动作正常,故障只是在进行主轴"定向准停"时发生,由此可以初步判定主轴驱动器工作正常,故障的原因通常与主轴"定向准停"检测磁性传感器、主轴位置编码器等部件,以及机械传动系统的安装连接等因素有关。

根据机床与系统的维修说明书,对照故障的诊断流程,检查了 PLC 梯形图中各信号的状态,发现在主轴 360°范围旋转时,主轴"定向准停"检测磁性传感器信号始终为"0",因此,故障原因可能与此信号有关。

检查该磁性传感器,用螺钉旋具作为"发信挡铁"进行试验,发现信号动作正常,但在实际发信挡铁靠近时,检测磁性传感器信号始终为"0"。

重新进行检测磁性传感器的检测距离调整后,机床恢复正常。

(6) 不执行螺纹加工的故障

【故障现象】

某配套 FANUC O-TD 系统的数控车床,在自动加工时,发现机床不执行螺纹加工程序。

【分析及处理过程】

数控车床加工螺纹,其实质是主轴的转角与 z 轴进给之间进行的插补。主轴的角度位移是通过主轴编码器进行测量的。

在本机床上,由于主轴能正常旋转与变速,分析故障原因主要有以下几种:

① 主轴编码器与主轴驱动器之间的连接不良;

② 主轴编码器故障;

③ 主轴驱动器与数控之间的位置反馈信号电缆连接不良。

经查主轴编码器与主轴驱动器的连接正常,故可以排除第 1 项;且通过 CRT 的显示,可以正常显示主轴转速,因此说明主轴编码器的 A、*A、B、*B 信号正常;再利用示波器检查 Z、*Z 信号,可以确认编码器零脉冲输出信号正确。

根据检查,可以确定主轴位置检测系统工作正常。根据数控系统的说明书,进一步分析螺纹加工功能与信号的要求,可以知道螺纹加工时,系统进行的是主轴每转进给动作,因此它与主轴的速度到达信号有关。

在 FANUC O-TD 系统上,主轴的每转进给动作与参数 PRM24.2 的设定有关,当该位设定为"0"时,Z 轴进给时不检测"主轴速度到达"信号;设定为"1"时,Z 轴进给时需要检测"主轴速度到达"信号。

在本机床上,检查发现该位设定为"1",因此只有"主轴速度到达"信号为"1"时,才能实现进给。

通过系统的诊断功能,检查发现当实际主轴转速显示值与系统的指令值一致时,"主轴速度到达"信号仍然为"0"。

进一步检查发现,该信号连接线断开;重新连接后,螺纹加工动作恢复正常。

2. 主轴机械传动机构故障维修实例

(1) 主轴定位不良的故障

【故障现象】

加工中心主轴定位不良,引发换刀过程发生中断。

【分析及处理过程】

某加工中心主轴定位不良,使换刀过程发生中断。开始时,出现的次数不很多,重新开机后又能工作,但故障反复出现。经仔细观察故障出现后的主轴定位过程(位置),才发现故障的真正原因是主轴在定向后发生位置偏移,且主轴在定位后如用手碰一下(和工作中在换刀时当刀具插入主轴时的情况相近),主轴则会产生相反方向的漂移。检查电气单元无任何报警,该机床的定位采用的是编码器,从故障的现象和可能发生的部位来看,电气部分的可能性比较小;机械部分又很简单(见图6-10),最主要的是连接,所以决定检查连接部分。在检查到编码器的连接时发现编码器上连接套的紧定螺钉松动,使连接套后退造成与主轴的连接部分间隙过大使旋转不同步。将紧定螺钉按要求固定好后故障消除。

注意:发生主轴定位方面的故障时,应根据机床的具体结构进行分析处理,先检查电气部分,如确认正常后再考虑机械部分。

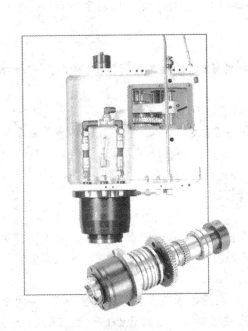
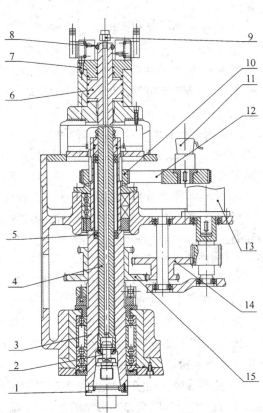

1—刀架;2—拉钉;3—主轴;4—拉杆;5—碟形弹簧;6—活塞;7—液压缸;8—行程开关;9—管接头;10—同步带轮;11—编码器;12—同步带;13—主轴电动机;14—变速滑移齿轮;15—主轴传动齿轮

图6-10 带有变速齿轮的主传动

(2)主轴齿轮变速箱噪声大的故障

【故障现象】

加工中心主传动系统(图6-10),采用齿轮变速传动。工作中不可避免地要产生振动噪声、摩擦噪声和冲击噪声。数控机床的主传动系统的变速是在机床不停止工作的状态下,由计算机控制完成的。因此它比普通机床产生的噪声更为连续,更具有代表性。机床起初使用时,噪声就较大，并且噪声声源主要来自主传动系统。经使用了多年后噪声越来越大。用声级计在主轴 4 000 r/min 的最高转速下，测得噪声为 85.2 dB。

【分析及处理过程】

我们知道，机械系统受到任何激发力都会产生振动，当振动能量传播到系统的辐射表面时，就转换成压力波在空气中传播，即声辐射。这就是振动噪声、摩擦噪声和冲击噪声的形成过程。

加工中心的主传动系统在工作时由于齿轮、轴承等零部件经过相互接触激发而产生振动，并在系统内部传递和辐射出现了噪声，而这些部件又由于出现了异常情况，使激发力加大，从而使噪声增大。

齿轮传动噪声主要有以下几种情况：

① 在齿轮啮合中，齿与齿之间出现连续冲击，使齿轮产生啮合频率下的受迫振动，带来冲击噪声。

② 齿轮传动时受到激振力的作用，产生齿轮固有频率的瞬态自由振动，带来噪声。

③ 因齿轮与传动轴及轴承的装配出现偏心引起动平衡失衡惯性力，由此产生与转速相一致的低频振动，每转一周发出一次共鸣噪声。

④ 齿轮啮合摩擦导致齿轮的自激振动，产生摩擦噪声。如啮合面凸凹不平，会引起快速、周期性的冲击噪声。

轴承的运行噪声主要有以下两种。

① 轴承装配、运行时，其装配预紧力、同轴度、润滑条件、轴承的运行负荷、径向间隙等都对噪声有很大影响。

② 轴承零件本身的制造偏差，在很大程度上决定了轴承噪声。

可以说，滚动轴承噪声是机床主轴变速系统的另一个主要噪声源，特别在高转速下表现更为强烈。滚动轴承最易产生变形的部位就是其内外环。内外环在外部因素和自身精度的影响下，有可能产生摇摆振动、轴向振动、径向振动、轴承环本身的径向振动和轴向弯曲振动。

综上所述，大致可以从以下几个方面对噪声进行控制。

1）齿轮的噪声控制

由于齿轮噪声的产生是多因素引起的，其中有些因素是由齿轮的设计参数决定的。针对该机床出现的主轴传动系统的齿轮噪声的特点，在不改变原设计的基础上，有下列在原有齿轮上进行修整和改进的做法。

① 齿形修缘　由于齿形误差和法向齿距的影响，在轮齿承载产生了弹性变形后，会使齿轮啮合时造成瞬时顶撞和冲击。因此，为了减小齿轮在啮合时由于齿顶凸出而造成的啮合冲击，可进行齿顶修缘。齿顶修缘的目的就是校正齿的弯曲变形和补偿齿轮误差，从而降低齿轮噪声。修缘量取决于法向齿距误差和承载后齿轮的弯曲变形量以及弯曲方向。齿形修缘时，可根据这几对齿轮的具体情况只修齿顶，或只修齿根，只有在修齿顶或修齿根能得到良好效果时，才将齿顶和齿根同时修复。

② 控制齿形误差　齿形误差是由多种因素造成的，观察该机床主传动系统中齿轮的齿形误差主要是加工过程中出现的，以及长期运行条件不好所致。因齿形误差而在齿轮啮合时产生的噪声在该机床中是比较明显的。一般情况下，齿形误差越大，产生的噪声也就越大。

③ 控制啮合齿轮的中心距　啮合齿轮的实际中心距的变化将引起压力角的改变,如果啮合齿轮的中心距出现周期性变化,那么也将使压力角发生周期性变化,噪声也会周期性增大。对啮合中心距的分析表明,当中心距偏大时,噪声影响并不明显;而中心距偏小时,噪声就明显增大。在控制啮合齿轮的中心距时,将齿轮的外径,传动轴的弯曲变形及传动轴与齿轮、轴承的配合都控制在理想状态,这样可尽量消除由于啮合中心距的改变而产生的噪声。

④ 润滑油对控制噪声的作用　润滑油在润滑和冷却的同时,还起一定的阻尼作用,噪声随润滑油的数量和黏度的增加而变小。若能在齿面上维持一定的油膜厚度,就能防止啮合齿面直接接触、衰减振动能量,从而有效降低噪声。实际上,齿轮润滑需油量很少,而大量给油是为了冷却作用。实验证明,齿轮润滑以啮出侧给油最佳,这样既起到了冷却作用,又在进入啮合区前,在齿面上形成了油膜;如果能控制油少量进入啮合区,降噪效果更佳。据此,将各个油管重新布置,使润滑油按理想状态溅入每对齿轮,以控制由于润滑不利而产生的噪声。

2) 轴承的噪声控制

① 控制内外环质量　在加工中心的主传动系统中,所有轴承都是内环转动、外环固定。这时内环如出现径向偏摆就会引起旋转时的不平衡,从而产生振动噪声。如果轴承的外环与配合孔形状公差和位置公差超过一定限度,外环就会出现径向跳动,破坏轴承部件的同轴度。内环与外环出现较大端面跳动,还会导致轴承内环相对于外环发生歪斜。轴承的精度越高,上述的偏摆量就越小,产生的噪声也就越小。除控制轴承内外环几何形状偏差外,还应控制内外环滚道的波纹度,减小表面粗糙度,严格控制在装配过程中使滚道表面磕伤、划伤,否则不可能降低轴承的振动噪声。经观察和实验发现,滚道的波纹度为密波或疏波时滚珠在滚动时的接触点显然不同,由此引起振动频率差别很大。

② 控制轴承与孔和轴的配合精度　在该机床的主传动系统中,轴承与轴和孔配合时,应保证轴承有必要的径向间隙。径向工作间隙的最佳数值,是由内环与轴、外环与孔的配合以及在运行状态下内环和外环所产生的温差所决定的。因此,轴承中初始间隙的选择对控制轴承的噪声具有重要意义。过大的径向间隙会导致低频部分的噪声增加,而较小的径向间隙又会引起高频部分的噪声增加。只有松紧适当的配合才有利,这样可使轴承与孔接触处的油膜对外环振动产生阻尼,从而降低噪声。配合部位的形位公差和表面加工的粗糙度,应符合所选轴承精度等级的要求。如果轴承很紧地安装在加工不精确的轴上,那么轴的误差就会传递给轴承内环滚道上,并以较高的波纹度形式表现出来,噪声也就随之增大。

通过上述对加工中心主传动系统的噪声分析和控制,取得了明显的效果。在同样条件下,用声级计对修复后的机床噪声又进行了测试,主传动系统经过噪声控制后为 74 dB,降低了 11.2 dB。经过几年的使用,该机床的噪声一直稳定在这个水平上。

6.4 进给轴系统故障诊断

学习目标

1. 掌握数控机床进给轴伺服驱动系统故障诊断思路和维修方法。
2. 掌握数控机床进给轴机械传动系统故障诊断思路和维修方法。
3. 掌握进给轴驱动系统、传动机构的工作原理。

工作任务

分析诊断下列故障产生的原因：
1. 进给轴伺服驱动系统伺服驱动器过电流报警。
2. 位置反馈不良引起的故障。
3. 滚珠丝杠副、导轨副传动间隙大，出现加工误差。

相关实践与理论知识

6.4.1 FANUC 进给伺服驱动系统

1. 晶闸管(SCR)速度控制单元主要故障与原因有以下几种

(1) 速度控制单元熔断器熔断

原因有：① 机械故障造成负载过大；② 切削条件不合适；③ 控制单元故障；④ 速度控制单元与电动机间的连接错误；⑤ 电动机选用不合适或电动机不良；⑥ 相序不正确。

(2) 状态指示灯显示的报警

PRDY 指示灯不亮。原因有：① 数控系统或伺服驱动器(速度控制单元)存在报警；② 速度控制单元熔断器熔断；③ 伺服变压器过热、变压器温度检测开关动作；④ 来自机床侧的原因；⑤ 系统的位置控制或驱动器速度控制的印制电路板不良；⑥ 辅助电源电压异常；⑦ 安装、接触不良。

TGLS 灯亮。原因有：① 速度反馈测量信号线断线或连接不良；② 电动机电枢线断线或连接不良。

OVC 灯亮。原因有：① 过电流设定不当；② 电动机负载过重；③ 电动机运动有振动；④ 负载惯量过大；⑤ 位置环增益过高；⑥ 交流输入电压过低。

(3) 超过速度控制范围

超速范围的原因有：① 测速反馈连接错误；② 在全闭环系统中，联轴器、电动机与工作台的连接不良，造成速度检测信号不正确或无速度检测信号；③ 位置控制板发生故障，使来自 F/V 转速的速度反馈信号未输入到速度控制单元；④ 速度控制单元设定不当。

(4) 机床振动

机床振动的原因有：① 机械系统连接不良；② 脉冲编码器或测速发电机不良；③ 电动机电枢线圈不良；④ 速度控制单元不良；⑤ 外部干扰；⑥ 系统振荡。

(5) 超　调

超调的原因有：① 伺服系统速度环增益太低或位置环增益太高；② 提高伺服进给系统和机械进给系统的刚性。

(6) 单脉冲进给精度差

单脉冲进给精度差的原因有：① 机械传动系统的间隙、死区或精度不足；② 伺服系统速度环或位置环增益太低。

(7) 低速爬行

低速爬行的原因有：① 系统不稳定，产生低速振荡；② 机械传动系统惯量过大。

(8) 圆弧切削时切削面出现条纹

出现条纹原因有：① 伺服系统增益设定不当；② 电枢电流波形不连续；③ 机械传动系统连接松动。

2. 模拟式交流速度控制单元的故障分析

(1) 速度控制单元上的指示灯报警

VRDY 灯不亮。原因有：① 主回路受到瞬时电压冲击或干扰；② 速度控制单元主回路的三相整流桥 DS 的整流二极管有损坏；③ 速度控制单元交流主回路的浪涌吸收器 ZNR 有短路现象；④ 速度控制单元直流母线上的滤波电容器 C1～C4 有短路现象；⑤ 速度控制单元逆变晶体管模块 TM1～TM3 有短路现象；⑥ 速度控制单元不良；⑦ 断路器 NBF1、NBF2 不良。

HV 灯报警。原因有：① 输入交流电压过高；② 直流母线的直流电压过高；③ 加减速时间设定不合理；④ 机械传动系统负载过重。

HC 灯报警。原因有：① 主回路逆变晶体管 TM1～TM3 模块不良；② 电动机不良，电枢线间短路或电枢对地短路；③ 逆变晶体管的直流输出端短路或对地短路；④ 速度控制单元不良。

OVC 灯报警。原因有：表示速度控制单元发生了过载，其可能的原因是电动机过流或编码器连接不良。

LV 灯报警。原因有：① 速度控制单元的辅助控制电压输入 AC18V 过低或无输入；② 速度控制单元的辅助电源控制回路故障；③ 速度控制单元的＋5 V 熔断器熔断；④ 瞬间电压下降或电路干扰引起的偶然故障；⑤ 速度控制单元不良。

TG 灯报警。原因有：指示灯亮表示伺服电动机或脉冲编码器断线、连接不良，或速度控制单元设定错误。

DC 灯报警。原因有：DC 为直流母线过电压报警，原因主要是直流母线的斩波管 Q1、制动电阻 RM2、二极管以及外部制动电阻不良。

(2) 系统 CRT 上有报警的故障

系统 CRT 上的报警依配套的数控系统不同而异，应参见相应的维修资料，依相应说明进行维修。这里仅针对 FANUC-0 系统的报警而述。

① 4n0 报警：报警号中的 N 代表轴号（如：1 代表 x 轴；2 代表 y 轴，下同），报警的含义是表示 n 轴在停止时的位置误差超过了设定值。

② 4n1 报警：表示 n 轴在运动时，位置跟随误差超过了允许的范围。

③ 4n3 报警：表示 n 轴误差寄存器超过了最大允许值（±327 67）；或 D/A 转换器达到了输出极限。

④ 4n4 报警：表示 n 轴速度给定太大。

⑤ 4n6 报警：表示 n 轴位置测量系统不良。

⑥ 940 报警：它表示系统主板或速度控制单元线路板故障。

3. 数字式交流速度控制单元的故障分析

(1) 驱动器上的状态指示灯报警

FANUC S 系列数字式交流伺服驱动器，设有 11 个状态及报警指示灯，其中 HC、HV、OVC、TG、DC、LV 的含义与模拟式交流速度控制单元相同，主回路结构与原理亦与模拟式速度控制单元相同，不再赘述。不同之处如下。

OH 灯报警：为速度控制单元过热报警，原因有：① 印制电路板上 S1 设定不正确；② 伺服单元过热；③ 再生放电单元过热；④ 电源变压器过热；⑤ 电柜散热器的过热开关动作，原因是电柜过热。

OFAL 灯报警：数字伺服参数设定错误。

FBAL 灯报警：FBAL 是脉冲编码器连接出错报警，原因有：① 编码器电缆连接不良或脉冲编码器本身不良；② 外部位置检测器信号出错；③ 速度控制单元的检测回路不良；④ 电动机与机械间的间隙太大。

(2) 伺服驱动器上的 7 段数码管报警

FANUCC 系列、α/αi 系列数字式交流伺服驱动器通常无状态指示灯显示，驱动器的报警是通过驱动器上的 7 段数码管进行显示的。根据 7 段数码管的不同状态显示，可以指示驱动器报警的原因。

同前述。

6.4.2 进给轴典型故障分析与排查

1. 进给轴伺服驱动系统的故障排除

(1) 进给运动失控故障

【故障现象】

一台配套 FANUC 6ME 系统的加工中心，由于伺服电动机损伤，在更换了 x 轴伺服电动机后，机床一接通电源，x 轴电动机即高速转动，CNC 发生 ALM410 报警并停机。

【分析及处理过程】

机床一接通电源，x 轴电动机即高速转动，CNC 发生 ALM410 报警并停机的故障，在机床厂第一次开机调试时经常遇到，故障原因通常是由于伺服电动机的电源相序或测速反馈极性接反引起的。

考虑到本机床 x 轴电动机已经进行过维修，实际存在测速发电机极性接反的可能性，维修时将电动机与机械传动系统的连接脱开后（防止电动机冲击对传动系统带来的损伤），直接调换了测速发电机极性，通电后试验，机床恢复正常。

(2) 速度控制单元上无灯报警而有 CRT 报警的故障

【故障现象】

一台配套 FANUC 7M 系统的加工中心，开机时，系统 CRT 显示 ALM05、ALM07 报警。

【分析及处理过程】

FANUC7M 系统 ALM05 报警的含义是"系统处于急停状态"；ALM07 报警的含义是"伺

服驱动系统未准备好"。

在 FANUC7M 系统中,引起 05、07 号报警的常见原因有:数控系统的机床参数丢失或伺服驱动系统存在故障。

检查机床参数正常;但速度控制单元上的报警指示灯均未亮,表明伺服驱动系统未准备好,且故障原因在速度控制单元。

进一步检查发现,z 轴伺服驱动器上的 30 A(晶闸管主回路)和 1.3A(控制回路)熔断器均已经熔断,说明 z 轴驱动器主回路存在短路。

分析驱动器主回路存在短路的原因,通常都是由于晶闸管被击穿引起的。故利用万用表逐一检查主回路的晶闸管,发现其中的两只晶闸管已被击穿,造成了主回路的短路。更换晶闸管后,驱动器恢复正常。

(3) 速度控制单元上有 TGLS 灯报警且有 CRT 报警的故障

【故障现象】

一台配套 FANUC7M 系统的加工中心,开机时,CRT 显示 ALM05、ALM07 报警。

【分析及处理过程】

FANUC7M 系统发生 05、07 号报警的检查:检查机床伺服驱动系统,发现 x 轴速度控制单元上的 TGLS 报警灯亮,即:x 轴存在测速发电机断线报警,分析故障可能的原因有:① 测速发电机或脉冲编码器不良;② 电动机电枢线断线或连接不良;③ 速度控制单元不良。

测量、检查 x 轴速度控制单元,发现外部条件正常;速度控制单元与伺服电动机、CNC 的连接正确,表明故障与速度控制单元或电动机有关。

为了确定故障部位,维修时首先通过互换 x、y 轴速度控制单元的控制板,发现故障现象不变,初步判定故障在伺服电动机或电动机内装的测量系统上。

由于故障都与伺服电动机有关,维修时再次进行了同规格电动机的互换确认,故障随着伺服电动机转移。

将 x 轴电动机拆下,通过加入直流电,单独旋转电动机,电动机转动平稳、调速正常,表明电动机本身无故障。用示波器测量测速发电机输出波形,发现波形异常。拆下测速发电机检查,发现测速发电机电刷弹簧已经断裂,引起了接触不良。通过清扫测速发电机,并更换电刷后,机床恢复正常。

(4) 测速发电机引起的位置跟随误差报警

【故障现象】

一台配套 FANUC 7M 系统的立式加工中心,开机时系统出现 ALM 05、07 和 37 号报警。

【分析及处理过程】

FANUC 7M 系统 ALM05、07 的含义同前;ALM37 是由于 y 轴位置误差过大报警。

分析以上报警,ALM05 报警是由于系统"急停"信号引起的,通过检查可以排除;ALM07 报警是系统中的速度控制单元未准备好,可能的原因有:① 电动机过载;② 伺服变压器过热;③ 伺服变压器保护熔断器熔断;④ 输入单元的 EMG(IN1) 和 EMG(IN2) 之间的触点开路;⑤ 输入单元的交流 100 V 熔断器熔断(FA5);⑥ 伺服驱动器与 CNC 间的信号电缆连接不良;⑦ 伺服驱动器的主接触器(MCC)断开。

ALM37 报警的含义是"位置跟随误差超差"。

综合分析以上故障,当速度控制单元出现报警时,一般均会出现 ALM07 报警,因此故障维修应针对 ALM37 报警进行。

在确认速度控制单元与 CNC、伺服电动机的连接无误后,考虑到机床中使用的 x、y、z 伺服驱动系统的结构和参数完全一致,为了迅速判断故障部位,加快维修进度,维修时首先将 x、z 两个轴的 CNC 位置控制器输出连线 XC(z 轴)和 XF(y 轴)以及测速反馈线 XE(z 轴)与 XH(y 轴)进行了对调。这样,相当于用 CNC 的 y 轴信号控制 z 轴,用 CNC 的 z 轴信号控制 y 轴,以判断故障部位是在 CNC 侧还是在驱动侧。经过以上调换后开机,发现故障现象不变,说明本故障与 CNC 无关。

在此基础上,为了进一步判别故障部位,区分故障是由伺服电动机或驱动器引起的,维修时再次将 y、z 轴速度控制单元进行了整体对调。经试验,故障仍然不变,从而进一步排除了速度控制单元的原因,将故障范围缩小到 y 轴直流伺服电动机上。

为此,拆开了直流伺服电动机,检查发现,该电动机的内装测速发电机与伺服电动机间的连接齿轮存在松动,其余部分均正常。将其连接紧固后,故障排除。

(5) 编码器不良引起运动过程中出现振动故障

【故障现象】

一台配套 FANUC 11ME 系统的加工中心,在长期使用后 x 轴作正向运动时发生振动。

【分析及处理过程】

伺服进给系统产生振动、爬行的原因主要有以下几种:① 机械部分安装、调整不良;② 伺服电动机或速度、位置检测部件不良;③ 驱动器的设定和调整不当;④ 外部干扰、接地、屏蔽不良等。

为了分清故障部位,考虑到机床伺服系统为半闭环结构,脱开电动机与丝杠的连接后再次开机试验,发现故障仍然存在,因此初步判定故障原因在伺服驱动系统的电气部分。

为了进一步判别故障原因,维修时更换了 x、y 轴的伺服电动机,进行试验,结果发现故障转移到了 y 轴,由此判定故障原因是由 x 轴电动机不良引起的。

利用示波器测量伺服电动机内装式编码器的信号,最终发现故障是由于编码器不良而引起的;更换编码器后,机床恢复正常工作。

(6) 驱动器同时出现 OV、TG 报警

【故障现象】

一台配套 FANUC OTE-A2 系统的数控车床,x 轴运动时出现 ALM401 报警。

【分析及处理过程】

检查报警时 x 轴伺服驱动板 PRDY 指示灯不亮,驱动器的 OV、TG 两报警指示灯同时亮,CRT 上显示 ALM401 号报警。OV 表示驱动器过载报警,TG 表示速度控制单元断线。而 ALM401 号报警表示伺服驱动系统没有准备好。断电后 NC 重新启动,按 x 轴正/负向运动键,工作台运动,经约 2~3 s 又出现 ALM401 号报警,驱动器报警不变。

由于每次开机时,CRT 无报警,且工作台能运动,一般来说,NC 与伺服系统应工作正常,故障原因多是由于伺服系统的过载。

为了确定故障部位,考虑到本机床为半闭环结构,维修时首先脱开了电动机与丝杠间的同步齿型带,检查 x 轴机械传动系统,用手转同步带轮及 x 轴丝杠,刀架上下运动平稳正常,确认机械传动系统正常。

检查伺服电动机绝缘、电动机电缆、插头均正常。但用电流表测量 x 轴伺服电动机电流,

发现 x 轴静止时,电流值在 6~11 A 范围内变动。因 x 轴伺服电动机为 A06B-0512-B205 型电动机,额定电流为 6.8 A,在正常情况下,其空载电流不可能大于 6 A,判断可能的原因是电动机制动器未松开。

进一步检查制动器电源,发现制动器 DC 90 V 输入为"0",仔细检查后发现熔断器座螺母松动,连线脱落,造成制动器不能松开。重新连接后,确认制动器电源已加入,开机故障排除。

(7) 加工工件尺寸出现无规律的变化的故障

【故障现象】

某配套 FANUC PM0 的数控车床,在工作过程中,发现加工工件的 x 向尺寸出现无规律的变化。

【分析及处理过程】

数控机床的加工尺寸不稳定通常与机械传动系统的安装、连接与精度,以及伺服进给系统的设定与调整有关。在本机床上利用百分表仔细测量 x 轴的定位精度,发现丝杠每移动一个螺距,x 向的实际尺寸总是要增加几十微米,而且此误差不断积累。

根据以上现象分析,故障原因似乎与系统的"齿轮比"、参考计数器容量、编码器脉冲数等参数的设定有关,但经检查,以上参数的设定均正确无误,排除了参数设定不当引起故障的原因。

为了进一步判定故障部位,维修时拆下 x 轴伺服电动机,并在电动机轴端通过画线做上标记,利用手动增量进给方式移动 x 轴,检查发现 x 轴每次增量移动一个螺距时,电动机轴转动均大于 360°。同时,在以上检测过程中发现伺服电动机每次转动到某一固定的角度上时,均出现"突跳"现象,且在无"突跳"区域,运动距离与电动机轴转过的角度基本相符。因此,可以进一步确认故障与测量系统的电缆连接、系统的接口电路无关,原因是编码器本身的不良。

通过更换编码器试验,确认故障是由于编码器不良引起的,更换编码器后,机床恢复正常。

2. 进给轴机械传动系统故障排除实例

(1) 滚珠丝杠副传动故障排除实例

1) 零件尺寸存在不规则的偏差故障

【故障现象】

由龙门数控铣削中心加工的零件,在检验中发现工件 y 轴方向的实际尺寸与程序编制的理论数据存在不规则的偏差。

【分析及处理过程】

① 故障分析

从数控机床控制角度来判断,y 轴尺寸偏差是由 y 轴位置环偏差造成的。该机床数控系统为 SINUMERIK 810M,伺服系统为 SIMODRIVE 611A 驱动装置,y 轴进给电动机为 1FT5 交流伺服电动机,其带内装式的 ROD320。

a. 检查 y 轴有关位置参数,发现反向间隙、夹紧允差等均在要求范围内,故可排除由于参数设置不当引起故障的因素。

b. 检查 y 轴进给传动链。图 6-11 所示为该机床 y 轴进给传动图,从图中可以看出,传动链中任何连接部分存在间隙或松动,均可引起位置偏差,从而造成加工零件尺寸超差。

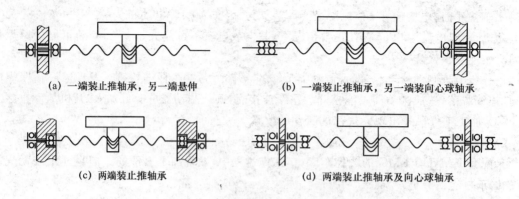

图 6-11 滚珠丝杠副的四种安装方式

② 故障诊断

a. 如图 6-12(a)所示,将一个千分表座吸在横梁上,表头找正主轴 y 运动的负方向,并使表头压缩到 50 μm 左右,然后把表头复位到零。

b. 将机床操作面板上的工作方式开关置于增量方式(INC)的"×10"挡,轴选择开关置于 y 轴挡,按负方向进给键,观察千分表读数的变化。理论上应该每按一下,千分表读数增加 10 μm。经测量,y 轴正、负方向的增量运动都存在不规则的偏差。

c. 找一粒滚珠置于滚珠丝杠的端部中心,用千分表的表头顶住滚珠,如图 6-12(b)所示。将机床操作面板上的工作方式开关置于手动方式(JOG),按正、负方向的进给键,主轴箱沿 y 轴正、负方向连续运动,观察千分表读数无明显变化,故排除滚珠丝杠轴向窜动的可能。

d. 检查与 y 轴伺服电动机和滚珠丝杠连接的同步齿形带轮,发现与伺服电动机转子轴连接的带轮锥套有松动,使得进给传动与伺服电动机驱动不同步。由于在运行中松动是不规则的,从而造成位置偏差的不规则,最终使零件加工尺寸出现不规则的偏差。

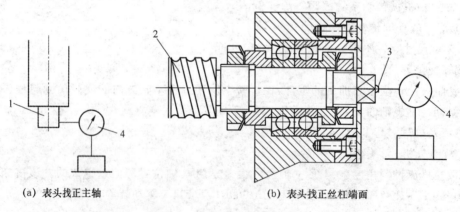

1—主轴;2—滚珠丝杠;3—滚珠;4—千分表

图 6-12 安装千分表示意图

2) 位移过程中产生机械抖动

【故障现象】

某加工中心运行时,工作台 y 轴方向位移过程中产生明显的机械抖动故障,故障发生时系统不报警。

【分析及处理过程】

因故障发生时系统不报警,同时观察 CRT 显示出来的 y 轴位移脉冲数字量的速率均匀,故可排除系统软件参数与硬件控制电路的故障影响。由于故障发生在 y 轴方向,故可以采用交换法判断故障部位。通过交换伺服控制单元,故障没有随伺服控制单元转移,故障部位应在 y 轴伺服电动机与丝杠传动链一侧。为区别电动机故障,可拆卸电动机与滚珠丝杠之间的弹性联轴器,单独通电检查电动机。检查结果表明,电动机运转时无振动现象,显然故障部位在机械传动部分。脱开弹性联轴器,用扳手转动滚珠丝杠进行手感检查。通过手感检查,感觉到这种抖动故障的存在,且丝杠的全行程范围均有这种异常现象。折下滚珠丝杠检查,发现滚珠丝杠轴承损坏。换上新的同型号规格的轴承后,故障排除。

3) 丝杠窜动引起的故障

【故障现象】

TH6380 卧式加工中心,启动液压后,手动运行 y 轴时,液压自动中断,CRT 显示报警,驱动失效,其他各轴正常。

【分析及处理过程】

该故障涉及电气、机械、液压等部分。任一环节存在问题均可导致驱动失效。故障检查的顺序如下:

伺服驱动装置→电动机及测量器件→电动机与丝杠连接部分→液压平衡装置→开口螺母和滚珠丝杠→轴承→其他机械部分。

① 检查驱动装置外部接线及内部元器件的状态良好,电动机与测量系统正常;② 拆下 y 轴液压抱闸后情况同前,将电动机与丝杠的同步传动带脱离,手摇 y 轴丝杠,发现丝杠上下窜动;③ 拆开滚珠丝杠下轴承座后发现轴向推力轴承的紧固螺母松动,导致滚珠丝杠上下窜动。

由于滚珠丝杠上下窜动,造成伺服电动机转动带动丝杠空转约一圈。在数控系统中,当 NC 指令发出后,测量系统应有反馈信号,若间隙的距离超过了数控系统所规定的范围,即电动机空走若干个脉冲后光栅尺无任何反馈信号,则数控系统必报警,导致驱动失效,机床不能运行。拧好紧固螺母,滚珠丝杠不再窜动,则故障排除。

(2) 导轨副的故障排除实例

1) 行程终端产生明显的机械振动

【故障现象】

某加工中心运行时,工作台 x 轴方向位移接近行程终端过程中产生明显的机械振动故障,故障发生时系统不报警。

【分析及处理过程】

因故障发生时系统不报警,但故障明显,故通过交换法检查,确定故障部位应在 x 轴伺服电动机与丝杠传动链一侧。为区别电动机故障,可拆卸电动机与滚珠丝杠之间的弹性联轴器,单独通电检查电动机。检查结果表明,电动机运转时无振动现象,显然故障部位在机械传动部分。脱开弹性联轴器,用扳手转动滚珠丝杠进行手感检查;通过手感检查,发现工作台 x 轴方向位移接近行程终端时,感觉到阻力明显增加。拆下工作台检查,发现滚珠丝杠与导轨不平行,故而引起机械转动过程中的振动现象。经过认真修理、调整后,重新装好,故障排除。

2) 电动机过热报警

【故障现象】

x 轴电动机过热报警。

【分析及处理过程】

电动机过热报警,产生的原因有多种,除伺服单元本身的问题外,可能是切削参数不合理,亦可能是传动链上有问题。而该机床的故障原因是导轨镶条与导轨间隙太小调得太紧。松开镶条防松螺钉,调整镶条螺栓,使运动部件运动灵活,保证 0.03 mm 的塞尺不得塞入,然后锁紧防松螺钉,即故障排除。

3) 机床定位精度不合格

【故障现象】

某加工中心运行时,工作台 y 轴方向位移接近行程终端过程中丝杠反向间隙明显增大,机床定位精度不合格。

【分析及处理过程】

故障部位明显在 x 轴伺服电动机与丝杠传动链一侧;拆卸电动机与滚珠丝杠之间的弹性联轴器,用扳手转动滚珠丝杠进行手感检查。通过手感检查,发现工作台 x 轴方向位移接近行程终端时,感觉到阻力明显增加。拆下工作台检查,发现 y 轴导轨平行度严重超差,故而引起机械转动过程中阻力明显增加,滚珠丝杠弹性变形,反向间隙增大,丝杠未预紧,机床定位精度不合格。经过认真修理、调整后,重新装好,故障排除。

4) 移动过程中产生机械干涉

【故障现象】

某加工中心采用直线滚动导轨,安装后用扳手转动滚珠丝杠进行手感检查,发现工作台 x 轴方向移动过程中产生明显的机械干涉故障,运动阻力很大。

【分析及处理过程】

故障明显出现在机械结构部分。拆下工作台,首先检查滚珠丝杠与导轨的平行度,检查合格。再检查两条直线导轨的平行度,发现导轨平行度严重超差。拆下两条直线导轨,检查中滑板上直线导轨的安装基面的平行度,检查合格。再检查直线导轨,发现一条直线导轨的安装基面与其滚道的平行度严重超差(0.5 mm)。更换合格的直线导轨,重新装好后,故障排除。

5) 滚珠丝杠螺母松动

【故障现象】

其配套西门子公司生产的 SINUMEDIK-8MC 数控装置的数控镗铣床,机床 z 轴运行(方滑枕为 z 轴)抖动,瞬间即出现 123 号报警;机床停止运行。

【分析及处理过程】

出现 123 号报警的原因是跟踪误差超出了机床数据 TEN345/N346 中所规定的值。导致此种现象有三个可能:① 位置测量系统的检测器件与机械位移部分连接不良;② 传动部分出现间隙;③ 位置闭环放大系数 KV 不匹配。通过详细检查和分析,初步断定是后两个原因,使方滑枕(z 轴)运行过程中产生负载扰动而造成位置闭环振荡。基于这个判断,首先修改了设定 z 轴 KV 系数的机床数据 TEN152,将原值 S1333 改成 S800,即降低了放大系数,有助于位置闭环稳定;经试运行发现虽振动现象明显减弱,但未彻底消除。这说明机械传动出现间隙的可能性增大;可能是滑枕镶条松动、滚珠丝杠或螺母窜动。对机床各部位采用先易后难、先外后内逐一否定的方法,最后查出故障源:滚珠丝杠螺母预紧螺母松动,使传动出现间隙,当 z 轴运动时由于间隙造成的负载扰动导致位置闭环振荡而出现抖动现象。紧好松动的背帽,调整好间隙,并将机床数据 TEN152 恢复到原值后,故障消除。

6.5 自动换刀系统故障诊断

学习目标

1. 掌握数控机床自动换刀系统(ATC)故障诊断思路和维修方法。
2. 掌握自动换刀系统的工作原理。

工作任务

分析诊断自动换刀系统 ATC 产生如下故障的原因:
1. 刀库运动故障。
2. 机械手夹持刀柄不稳定。

相关实践与理论知识

1. 机械手无法从主轴和刀库中取出刀具

【故障现象】

卧式加工中心 756/2,配用 FANUC-6MB 数控系统。机械手无法从主轴和刀库中取出刀具。换刀过程中动作中断,报警(ALARM)指示灯闪烁,CRT 显示器报警显示,报警号为 2012,显示内容为"ARM EXPANDING TROUBLE"(机械手伸出故障)。

【分析及处理过程】

机床操作面板上状态显示灯 TC 一直亮着,表示仍在换刀过程中。此灯只有当结束换刀程序时才熄灭。很显然,根据"报警内容",机床是因为无法执行换刀第 4 步(从主轴和刀库中取出刀具),而使换刀过程中断并报警。换刀详细程序如下:

① 主轴箱回到换刀(z、y 轴回零点),同时主轴定位;
② 机械手夹爪同时抓住主轴和刀库中的刀具松开;
③ 液压系统把卡紧在主轴和刀库中的刀具松开;
④ 机械手从主轴和刀库中取出刀具(机械手伸出);
⑤ 机械手旋转 180°,交换新旧刀具;
⑥ 将更换后的刀具插入主轴和刀库;
⑦ 分别夹紧主轴和刀库中的刀具;
⑧ 机械手松开主轴和刀库中的刀具。

当机械手夹爪松开刀具,接近松开位置后,接近感应开关发出"换刀结束"信号,主轴自由,可以进行加工。程序第④步未动作,是因为第③步未完成;或者执行第④步时,本身条件无法建立。产生故障的原因有以下几个方面。

(1) 松刀感应开关失灵

在换刀过程中,各动作的完成信号均由感应开关发出,只有上一个动作完成后才能进行下一个动作。第三步"刀库松刀"和"主轴松刀",如果有一个感应开关未发信号,则机械手拔刀电磁阀就不会动作。检查两感应开关,信号正常。

(2) 松刀电磁阀失灵

刀具与主轴的松刀是由电磁阀接通液压缸来完成的。如电磁阀失灵,则液压缸未进油,刀具就"松"不了。检查刀库和主轴的松刀电磁阀动作均正常。

(3) 松刀液压缸因液压系统压力不够或漏油而不动作,或行程不到位

检查刀具库松刀液压缸,动作正常,行程到位;打开主轴箱后盖,检查主轴松刀液压缸,发现也已到达松刀位置,油压也正常,液压缸无漏油现象。

(4) 机械手系统的问题

建立不起拔刀条件其原因可能是:拔刀电磁阀失灵或拔刀液压缸有故障。检查结论:拔刀电磁阀已激磁,拔刀液压缸系统正常。

(5) 主轴系统有问题

主轴结构示意图如图 6-13 所示。刀具是靠碟簧通过拉杆、椎套,压迫 6 个钢球而将刀具柄尾端的拉钉拉紧的;松刀时,液压缸的活塞杆顶压顶杆,顶杆通过空心螺钉推动拉杆,一方面使钢球松开刀具的拉钉,另一方面又顶动拉钉使刀具左移而在主轴椎孔中变松。主轴系统不松刀的原因估计有 4 个:

① 刀具尾部拉钉的长度不够,致使液压缸虽已运动到位,而仍未将刀具顶松;

② 拉杆尾部空心螺钉位置起了变化,使液压缸行程满足不了"松刀"的要求;

③ 顶杆出了问题(曾出现过折断)而使刀具无法松开;

④ 主轴装配调整时,刀具左移量(使刀具在锥孔中松开)调得太小,致使在使用过程中一些综合因素导致不能满足"松刀"条件。

由于结构设计上的缺陷有以上原因,无法简便地检查确定;刀具取不出来,空心螺钉在主轴箱中,松刀液压缸不易拆卸。如果能方便地拆下液压缸,则修正液压缸端盖可增大液压缸行程,从而间接排除某些故障原因,可能一举解决"松刀"问题。

排除故障后,再对机床做以下几方面的调整。

① 主轴系统的拆检与调整。

② 将在拆卸主轴系统时影响到的其他部位进行相应调整。

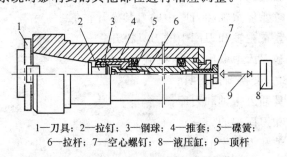

1—刀具;2—拉钉;3—钢球;4—椎套;5—碟簧;
6—拉杆;7—空心螺钉;8—液压缸;9—顶杆

图 6-13 主轴结构示意图

③ 换刀参考点的检查与修正。在下列情况下必须检查 y 坐标零点位置并做必要的修正,以确保换刀的正常进行;刀库或机械手拆过;主轴箱拆卸过;y 向挡块或限位开关拆卸过;y 向感应同步器重新安装;y 向丝杠重新调过。

重新检测:令主轴箱回到 y 坐标零点,测得其与换刀正确位置之间的差值为 5 mm 左右,于是移动 y 向回零挡块后再测,测得差值为 0.7 mm 左右,已经接近,则将此差值以 0.001 mm

为单位补入 NC 参数"♯83"中。

用手动方式分解换刀动作,检查换刀的正确性;再以自动换刀运转,检查主轴松刀、机械手松紧刀的情况,并应确保在主轴转动时,刀柄不与机械手相摩擦;最后使用考机程序,使机床进行 500 次连续自动换刀,要求不得出现任何故障。

2. 机械手动作失灵,升降、旋转不到位

【故障现象】

配置 FANUC 7M 的 JCS-018A 立式加工中心(北京精密机床厂生产)机械手失灵,手臂旋转速度快慢不均,气液转换器失油频率加快,机械手旋转不到位,手臂升降不动作,手臂复位不灵。调整 SC-15 节流阀配合手动调整,只能维持短时间正常运行,且排气声音逐渐浑浊,不像正常动作时清晰,最后到不能换刀为止。

【分析及处理过程】

① 手臂旋转 75°抓主轴和刀套上的刀具,必须到位抓牢,才能下降脱刀。动作到位后旋转 180°,换刀位置上升分别插刀,手臂再复位到刀套上。手臂 75°、180°旋转,其动力传递是压缩空气源推动气液转换器转换成液压油由电控程序指令控制,其旋转速度由 SC-15 节流阀调整;换向由 5ED-ION18F 电磁阀控制。一般情况下,这些元器件的寿命很长,可以排除这类元器件存在的问题。

② 因刀套上下和手臂上下是独立的气源推动,排气也是独立的消声排气口,所以不受手臂旋转力传递的影响;但旋转不到位时,手臂升降是不可能的。根据这一原理,着重检查手臂旋转系统执行元器件成为必要的工作。

③ 观察 75°、180°手臂旋转或不旋转时液压缸伸缩对应气液转换各油标升降、高低情况,发觉左右配对的气液转换器,左边呈上极限右边就呈下极限,反之亦然,且公用的排气口有较大量油液排出。分析气液转换器、尼龙管道均属密闭安装,所以此故障原因应在执行器件液压缸上。

④ 拆卸机械手液压缸,解体检查,发现活塞支承环 O 形圈均有直线性磨损,已不能密封。液压缸内壁粗糙,环状刀绞明显,精度太差。更换上北京精密机床厂生产的 80 缸筒,重装调整后故障消失。

3. 换刀过程中刀库换刀位置错误的故障

【故障现象】

德国马豪公司的 MH800C 加工中心,装配飞利浦公司 CNC5000 系列数控系统。换刀系统在执行某步换刀指令时不动作,CRT 显示 E98 报警"换刀系统机械臂位置检测开关信号为 0"和 E116 报警"刀库换刀位置错误"。

【分析及处理过程】

从 CRT 提供的信息可以判定故障发生在换刀系统和刀库两部分,相应的位置检测开关无信号送至 CNC 单元的输入接口,从而导致机床自我保护,中断换刀。造成开关无信号输出的原因有两个:由于液压或机械上的原因造成动作不到位而使开关得不到感应;开关失灵。根据机床结构的实际情况,先决定检查开关。首先检查刀库,用一薄铁片去感应开关,先排除了刀库部分 3 个开关失灵的可能性,接着对结构紧凑的换刀系统机械进行了拆卸,检测装在其内部的两个开关,结果发现机械臂停在行程中间位置上。"臂移出"开关 21S1 和"臂缩回"开关 21S2 均得不到感应,造成输出信号均为 0("臂移出"开关信号应为 1,换刀系统才有动作)。

【故障处理】

　　使用工具顶相应的 21Y2 电磁阀芯,把机械臂缩回至"臂缩回"位置,使机床恢复正常,接着进一步分析产生故障的原因。考虑到机床在此之前换刀正常,手控电磁阀能使换刀系统回位,从而先否定了液压或机械上阻滞造成换刀系统不到位的可能性。为此怀疑换刀动作与程序换刀指令不协调是造成故障的原因。《操作员手册》中要求"连续运行中,两次换刀间隔时间不得小于 30 s",经计时发现引发故障的程序段两次换刀时间间隔仅为 21 s。由此,可以对程序做相应的修改,随即故障排除。

参考文献

[1] 张安全. 机电设备安装修理与实训[M]. 北京:中国轻工业出版社,2008.
[2] 吴兆祥. 机电设备原理及应用[M]. 北京:机械工业出版社 2004.
[3] 刘成志. 机电设备概论[M]. 北京:机械工业出版社 2008.
[4] 安维胜. 现代机电设备[M]. 北京:电子工业出版社 2008.
[5] 田景亮 刘丽华. 车床维修教程[M]. 北京:化学工业出版社 2008.
[6] 许忠美 朱仁盛. 数控设备管理和维护技术基础[M]. 北京:高等教育出版社 2008.
[7] 刘 江. 数控机床故障诊断与维修[M]. 北京:高等教育出版社 2007.
[8] 王侃夫. 数控机床故障诊断及维护[M]. 北京:机械工业出版社 2008.
[9] 娄锐. 数控机床[M]. 大连:大连理工大学出版社 2007.
[10] 卢胜利. 现代数控系统[M]. 北京:机械工业出版社 2006.
[11] 韩鸿鸾. 数控机床的应用[M]. 北京:机械工业出版社 2008.
[12] 韩鸿鸾. 数控机床的结构与维修[M]. 北京:机械工业出版社 2004.
[13] 周炳文. 实用数控机床故障诊断及维修技术 500 例[M]. 北京:中国知识出版社 2006.
[14] 龚仲华. 数控机床故障诊断与维修 500 例[M]. 北京:机械工业出版社 2006.